天然ガスのすべて

— その資源開発から利用技術まで —

社団法人 日本エネルギー学会 天然ガス部会 編

コロナ社

◆「天然ガスのすべて」刊行編集委員会◆

委員長 藤田 和男（日本エネルギー学会天然ガス部会長, 芝浦工業大学）

委　員
浅野 嘉章（JFEエンジニアリング）　小俣 光司（東北大学）　原口 芳徳（東京電力）
朝見 賢二（北九州市立大学）　熊澤 稔雄（東京電力）　湯浅 和昭（ロイド船級協会）
安藤 純一郎（石油資源開発）　坂倉 淳（東京ガス）　吉武 惇二（慶応義塾大学）
大平 弘之（三菱重工業）　島田 荘平（東京大学）　本間 勲（学会事務局）
奥井 智治（東京ガス）　鈴木 信市（JOGMEC）
奥田 誠（東京ガス）　能勢 吉弘（IHI）

（50音順）

◆ 執筆者一覧 ◆

青柳 敏行（石油資源開発）2.2.3項
浅野 嘉章（JFEエンジニアリング）3.5.1項, 3.5.3項
朝見 賢二（北九州市立大学）5.1節, 5.3節
安藤 純一郎（石油資源開発）2.4節
伊藤 浩文（日揮）5.2.2項〔4〕, 5.2.2項〔7〕
宇野 和則（千代田化工建設）5.2.1項
遠藤 立樹（Schlumberger）2.2.2項
大澤 理（Schlumberger）2.2.2項
大瀬戸 一仁（元JOGMEC）2.5.1項
大竹 重夫（東邦ガス）4.6.1項
大平 弘之（三菱重工業）3.3節
岡津 弘明（JOGMEC）2.6.1項
奥井 智治（東京ガス）2.3.3項
奥田 誠（東京ガス）1.2節
小俣 光司（東北大学）5.3節
金森 秀樹（東邦ガス）4.3.1項, 4.3.2項
熊澤 稔雄（東京電力）4.1.1項, 4.2節
栗原 正典（日本オイルエンジニアリング）2.5.2項
小嶋 保彦（東洋エンジニアリング）5.2.2項〔5〕, 5.5.4項
佐伯 龍男（JOGMEC）2.2.1項
坂口 隆昭（JOGMEC）2.1.2項
坂倉 淳（東京ガス）4.1.2項, 4.5節

島田 荘平（東京大学）2.6.2項
白崎 義則（東京ガス）5.2.2項〔6〕
鈴木 德行（北海道大学）2.1.1項
鈴木 信市（JOGMEC）5.4節, 5.5.1項
竹内 由実（東京ガス）4.4節
冨田 哲也（みずほ情報総研）3.1節
新川 智史（東邦ガス）4.3.3項, 4.3.4項
沼田 義文（千代田化工建設）3.2節
野神 隆之（JOGMEC）2.3.1項, 2.3.2項
能勢 吉弘（IHI）3.4.1項, 3.4.2項, 3.4.4項
萩野 卓朗（東邦ガス）4.6.2項
藤田 和男（芝浦工業大学）1.1節, 2.1.3項
藤本 健一郎（新日本製鐵）5.2.2項〔1〕
本田 一規（日揮）5.2.2項〔4〕, 5.2.2項〔7〕
本村 真澄（JOGMEC）1.5節
松本 潤一（石油資源開発）2.2.4項
柳川 達彦（三菱ガス化学）5.2.2項〔3〕, 5.5.3項
湯浅 和昭（ロイド船級協会）3.6節
吉武 惇二（慶応義塾大学）1.3～1.4節, 3.5.2項
吉原 純（三菱ガス化学）5.2.2項〔2〕, 5.5.2項
若林 雅樹（清水建設）3.4.3項, 3.5.4項

（50音順）

注）JOGMEC：石油天然ガス・金属鉱物資源機構
（所属は2008年8月現在）

序

社団法人 日本エネルギー学会会長
東京工業大学教授
柏 木 孝 夫

　天然ガスは炭化水素の中では最も水素リッチな化合物で，当然燃焼時の炭酸ガス排出量も相対的に小さく，環境性に優れ，かつその資源量は世界的に開発の進展につれて，いまや石油をしのぐ勢いの貴重な化石資源である。

　わが国の１次エネルギー源に占める天然ガスの割合は10％を超えて増加基調であるが，それでも欧米先進国の半分以下にすぎず，またアジア全体で見るとその割合はさらに低く，アジアが天然ガス普及に大きく遅れをとっていることは否めない。

　したがって，日本が当面天然ガスのエネルギーシェアを大きく増やすことはきわめて重要で，日本エネルギー学会としても天然ガス部会を活性化し，その開発，利用にあたっての諸問題を本格的に検討してきている。本書は天然ガスに関る基礎知識を読本の形にまとめたもので，広くエネルギー関係者にご一読いただき，今後のわが国およびアジアでの天然ガスのエネルギーシェアの大幅な拡大に寄与していただきたいと考える。

　本学会は活動の機軸を永年石炭に置いてきたが，ここ十数年，天然ガスに関しても本格的な取組みを進めており，この読本はその一つの成果といえる。今後はさらに高度な，また深みのある諸論文が数多く追随することを心から願うものである。

推薦の言葉

経済産業事務次官
望 月 晴 文

　昨今のエネルギーを巡る国際情勢を見ると，原油価格は未曾有の高値で推移し，さらにはアジア諸国を中心としたエネルギー需要の増大と資源保有国における資源ナショナリズムの高まりに伴う「資源獲得競争」の激化など，われわれは，これまでに経験したことのない大きな構造変化の時代を迎えているといえましょう。

　一方で，世界のエネルギー消費は急速に拡大し，また世界の人々は，身近な問題として，地球温暖化問題をはじめとするエネルギー起源の環境問題への意識を高めてきております。いわば，「エネルギーと環境」という問題が，世界的な取組を必要とするきわめて深刻な問題だと世界の人々に理解されるようになってきているともいえるのではないでしょうか。

　このような状況の中で，天然ガスは，アジア太平洋を含む世界各地に分散して賦存しており，石油に比べて地域偏在性が少ないことから供給安定性に優れるとともに，石油・石炭などに比べてCO_2やSOxなどの排出量が相対的に少なく，環境に与える負荷が小さいとして，急速に世界の注目度が高まってきている化石燃料であります。

　こうした点を踏まえ，政府としては，首脳レベル・閣僚レベルをはじめとした資源外交の積極的な推進や，わが国の総合力を結集したエネルギー分野にとどまらない多層的・重層的な互恵的協力関係の構築などを通じて，産ガス国との関係を抜本的に強化し，天然ガス資源のわが国への安定供給の確保を目指しているところであります。

　また，古くから世界各地で消費されてきている天然ガスではありますが，世界に残る炭化水素資源の中では，新たな利用方法や運搬方法の開発を通じて，まだまだ利用の拡大を図る余地が多く残っています。こうした中，資源エネルギー庁としては，例えば，CO_2を多く含む天然ガスを埋蔵している中小ガス田の有効利用を可能とするようなGTL (gas_to_liquid) 製造技術の開発をはじめとする，天然ガスの生産・利用関連技術の開発などの取組を通じて，新しい天然ガス資源の生産・利用拡大にも積極的に取り組んでいるところであります。

　本書は，産学界の各分野の専門家により執筆された著書であります。本書を通じて，天然ガスに関する知識のますますの普及が図られ，天然ガスの利用拡大がさらに進むことを期待いたしまして，巻頭のご挨拶とさせていただきます。

発刊の言葉

日本エネルギー学会　天然ガス部会長
芝浦工業大学教授，東京大学名誉教授
藤　田　和　男

　1990年以来の地球環境問題の高まりの中で，石炭，石油，天然ガスの化石燃料の大量消費から発生する炭酸ガス（CO_2）に起因する地球温暖化問題は人類にとっていよいよ現実味を帯びて参りました。加えて2003年ごろから顕著となった原油価格の高騰によって石油需要が抑制されるどころか，むしろ中国，インド，ロシア，ブラジルなどの新興国の発展の源泉となる石油消費量の急増が世界の原油供給量の増加を加速させ，石油資源の枯渇問題，いわゆるピークオイル時機の到来が騒がれ始めました。当学会では2006年の年次大会において，いち早くピークオイル問題を取り上げたパネル討論会を開催しました。

　世界の1次エネルギー利用の変遷から分析される超長期予測概念図に示されるように，21世紀は「石油」に替わり，石油の仲間でメタンガスを主成分とする「天然ガス」が，利用を拡大されるべきエネルギー資源として期待されております。エネルギー資源に乏しい島国のわが国では，天然ガスの利用は1969年にアラスカからLNGとして初輸入して以来40年足らずの歴史しかありません。現在，日本の全エネルギー需要の13.8％を天然ガスにより調達しているものの，そのすべてがLNG一辺倒で近隣国からパイプラインによる天然ガスの輸入はない状態です。

　天然ガスの資源開発，輸送・貯蔵技術，利用促進そして科学技術研究の分野から多くの専門家が集まり，議論，研究発表，人的交流をするため，（社）日本エネルギー学会内に1998（平成10）年，天然ガス部会が設立され，岡本洋三初代部会長のもとで，4分野のエキスパートにお願いし「21世紀を目指す天然ガス」と題する総説特集を学会誌に連載しました。その後その成果を体系立て，最新のデータや資料に更新し，1999年2月に「よくわかる天然ガス」と題する啓蒙書を世に出版したところ大変好評を博しました。

　あれから8年が経った現在，原油価格高騰の時世の中で石油に依存するわが国のエネルギー政策は抜本的に見直す必要性に迫られ「新・国家エネルギー戦略」のもと，天然ガス資源の利用拡大が命題の一つとなっております。そこで天然ガス部会は2006年8月に「天然ガスの総合的高度利用を目指して」と題する21世紀エネルギー社会への提言冊子を世に発信しました。続いてこのたび，天然ガス部会の四つの分科会委員の協力のもとに新時代の知見とデータを満載した「天然ガスのすべて」を出版する運びとなりましたことは誠に喜ばしい限りです。本書がわが国の天然ガスの普及に少しでも役立ち，地球環境問題の解決の一助となれば望外の幸せです。

目　　　次

1. 天然ガスの新潮流

1.1　概　　要 ……………………………………………………………………… 1
1.2　地球にやさしい天然ガス ……………………………………………………… 5
　　1.2.1　天然ガスの環境性　5
　　1.2.2　地球温暖化対策における天然ガスの役割　8
1.3　世界のエネルギー需給における天然ガスの動向 ……………………………… 9
　　1.3.1　世界の1次エネルギー供給に占める天然ガスのシェア　10
　　1.3.2　天然ガスの埋蔵量　10
　　1.3.3　天然ガスの生産量　11
　　1.3.4　天然ガスの消費量　12
　　1.3.5　天然ガス（LNG）の取引　13
　　1.3.6　天然ガス（LNG）の価格　13
1.4　日本のエネルギー需給における天然ガスの位置付け ………………………… 15
　　1.4.1　エネルギー政策における天然ガスの位置付け　15
　　1.4.2　天然ガスの流通・調達の円滑化に向けた取組み　15
　　1.4.3　需要拡大のための方策　16
　　1.4.4　天然ガス利用技術（GTLおよびDME），メタンハイドレートの開発加速　17
　　1.4.5　天然ガスの普及拡大　17
1.5　天然ガスのジオポリティクス ………………………………………………… 18
　　1.5.1　天然ガスと石油は市場でどのように異なるか？　18
　　1.5.2　天然ガスにおけるパイプライン輸送の持つ特殊性　18
　　1.5.3　欧州での天然ガスパイプラインを巡る競争　19
　　1.5.4　欧州における現在のロシアの天然ガスパイプライン戦略　20
　　1.5.5　ウクライナにおける天然ガス供給停止問題をどう見るか？　21
　　1.5.6　東アジアでの天然ガスパイプラインを巡る競争　22

2. 天然ガス資源の開発

2.1　在来型天然ガスの成因と資源量 ……………………………………………… 26
　　2.1.1　天然ガスの成因　26
　　2.1.2　資源量評価方法　28
　　2.1.3　世界の資源量　31
2.2　天然ガスの開発技術 …………………………………………………………… 34
　　2.2.1　探査技術　34
　　2.2.2　検層技術　36
　　2.2.3　掘削技術　38
　　2.2.4　生産技術　41
2.3　非在来型天然ガス ……………………………………………………………… 44
　　2.3.1　タイトサンドガスとシェールガス　44
　　2.3.2　コールベッドメタン　46
　　2.3.3　メタンハイドレート　49
2.4　世界の天然ガス開発状況 ……………………………………………………… 52

  2.4.1　天然ガス開発事業の動向　*52*
  2.4.2　天然ガス開発事業－プレイヤーたち　*58*
 2.5　ガス田開発と経済性 ………………………………………………………… *60*
  2.5.1　開発評価技術　*60*
  2.5.2　プロジェクトの経済性試算　*63*
 2.6　天然ガス増進回収技術 ……………………………………………………… *67*
  2.6.1　在来型ガス田の増進回収　*67*
  2.6.2　コールベッドメタンの増進回収　*69*

3.　天然ガスの輸送と貯蔵

 3.1　世界のLNGプロジェクト …………………………………………………… *71*
  3.1.1　天然ガス供給とLNGの経済性　*71*
  3.1.2　LNGプロジェクトの現状　*74*
  3.1.3　LNGプロジェクトの将来動向　*76*
  3.1.4　LNGプロジェクトの課題　*83*
 3.2　天然ガス液化プラント ……………………………………………………… *84*
  3.2.1　天然ガス液化プラントの概要　*84*
  3.2.2　LNGプラントをとりまく環境　*90*
 3.3　LNGの海上輸送 ……………………………………………………………… *91*
  3.3.1　タンク方式の技術と特徴　*91*
  3.3.2　推進プラント　*97*
  3.3.3　LNG船の経済性　*99*
  3.3.4　ガスオペレーション　*102*
  3.3.5　近年の技術動向　*105*
 3.4　LNGの受入基地と貯蔵タンク ……………………………………………… *106*
  3.4.1　国内・海外のLNG受入基地　*106*
  3.4.2　LNG受入基地の主要設備・安全対策　*108*
  3.4.3　LNG貯蔵タンクの概要　*111*
  3.4.4　LNG受入基地をとりまく環境　*113*
 3.5　天然ガスパイプラインと地下貯蔵 ………………………………………… *113*
  3.5.1　国内の天然ガスパイプライン　*113*
  3.5.2　欧米の天然ガスパイプライン　*115*
  3.5.3　天然ガスパイプラインの最新技術動向　*117*
  3.5.4　天然ガスの地下貯蔵の概要　*119*
 3.6　天然ガスの新たな輸送技術 ………………………………………………… *121*
  3.6.1　天然ガスハイドレート（NGH）の輸送技術　*121*
  3.6.2　CNGの輸送技術　*122*
  3.6.3　DMEの輸送技術　*124*
  3.6.4　新たな輸送技術の経済性と実現性　*125*

4.　天然ガスの利用

 4.1　天然ガス利用の概要 ………………………………………………………… *126*
  4.1.1　電力事業へのLNG利用　*126*
  4.1.2　都市ガス事業における天然ガス利用　*128*

4.2 LNG火力発電 …………………………………………………………… 130
4.2.1 電力会社が保有するLNG基地とガス導管設備　130
4.2.2 LNG火力発電所　132
4.3 産業用分野 ……………………………………………………………… 136
4.3.1 バーナー　136
4.3.2 ボイラー　139
4.3.3 コージェネレーションシステム　141
4.3.4 新エネルギーとの組合せシステム　145
4.4 業務用分野 ……………………………………………………………… 147
4.4.1 業務用厨房　147
4.4.2 ガス空調　149
4.4.3 ガスコージェネレーションシステム　153
4.4.4 地域冷暖房　156
4.4.5 特定電気事業　157
4.5 家庭用分野 ……………………………………………………………… 159
4.5.1 家庭用ガス機器の歴史　159
4.5.2 最近のおもな家庭用ガス機器　160
4.5.3 家庭用コージェネレーション　162
4.5.4 家庭用のガス機器の安全対策　167
4.6 運輸用分野 ―天然ガス自動車などの取組み― ………………………… 169
4.6.1 天然ガス自動車　169
4.6.2 燃料電池自動車　173

5. 天然ガスの転換とその利用

5.1 転換技術の概要 ………………………………………………………… 178
5.2 合成ガス経由技術 ……………………………………………………… 179
5.2.1 合成ガス製造技術　179
5.2.2 合成ガス転換技術　186
5.3 直接転換技術 …………………………………………………………… 206
5.3.1 脱水素カップリング　207
5.3.2 酸化的カップリング　208
5.3.3 炭素材料　209
5.3.4 その他　209
5.4 DME利用技術 …………………………………………………………… 210
5.4.1 概要　211
5.4.2 おもな利用技術開発の特徴・ポイント　213
5.5 天然ガス転換技術を利用した商業プロジェクト ……………………… 214
5.5.1 GTLプロジェクト　214
5.5.2 メタノールプロジェクト　217
5.5.3 DMEプロジェクト　219
5.5.4 アンモニア・尿素プロジェクト　220

付　録 ……………………………………………………………………………… 223
索　引 ……………………………………………………………………………… 229

1 天然ガスの新潮流

1.1 概　　　要

　21世紀に人類は①地球環境保全（environment protection）②世界のエネルギー安定供給（energy security）③先進国と途上国のバランスある経済発展（economic growth）の3Eトリレンマを解決すべきエネルギー需給のベストミックスを探ることが命題となっている。地球上における1次エネルギー利用の変遷が19世紀は石炭（固体），そして20世紀は石油（液体）が主役であったことから，21世紀はおそらく天然ガス（気体）が主力となるという見方があるにもかかわらず，世界全体の在来型天然ガスの2005年の年間消費量98.2兆立方フィート†（約2.8兆 m^3/年）は地球上の1次エネルギー全消費の24％を賄うに過ぎない。一方，現在37％を占めている石油資源も21世紀の前半には生産量の頂点（ピークオイル）に達し枯渇が懸念され始めている。

　近年のわが国を取り巻くエネルギー情勢を眺めると，エネルギー自給率は依然として低く20％弱の水準にあり，1次エネルギーの50％弱を占める石油は調達先の多角化努力にもかかわらず，中東依存度は90％となっている。また，2003年に始まった原油価格の高騰にもかかわらず米国やアジア地域の中国とインドの石油需要の増加はめざましく，ピークオイル時期を近付ける心配とわが国への石油の安定供給の懸念が現実を帯びてきた。そこで経済産業省は2006年5月末に「新・国家エネルギー戦略」を発表して，省エネルギー対策と脱石油を志向したエネルギー需給のベストミックスを模索し始めた。

　天然ガス資源の弱点として，過去の歴史では天然ガスは引火性や爆発性が高く目に見えない危険なエネルギー資源と見なされ，石油に比べて輸送と貯蔵が困難であるため利用が遅れ，生産地近辺と陸域の遠隔地へパイプラインで輸送された。そのためわが国のような島国へは海外の産ガス国から主成分のメタン分をLNG（liquefied natural gas：液化天然ガス）に液化して特殊タンカーで輸送する高価な方法により天然ガスを調達してきた。

---

† 1兆立方フィート≒283億 m^3，天然ガスの埋蔵量，体積などを数字で示す場合に多用される。1 Tcf（trillion cubic feet）と表されることもある。

地球環境問題の一つとして地球温暖化を防ぐ気候変動枠組条約の温室効果ガス排出削減目標の履行期限が2008～12年に迫ったため，天然ガスは地球温暖化問題に貢献できる化石燃料としてますます注目され始めた。石炭のCO_2排出原単位（24.13 g/MJ）を100として比較すると，燃焼時のCO_2排出量に加え化石燃料の採掘現場や輸送，精製，燃焼までのライフサイクルを考慮したLCA（life cycle assessment）環境負荷評価によるCO_2の排出原単位は，石炭，石油，LPG（liquefied petroleum gas：液化石油ガス），LNGの順に100：73：70：60と天然ガスの環境負荷特性の優位性は揺るがないものがある。そこで本節では，見過ごしていた天然ガス資源の利便性を指摘してみたい。

〔1〕 資源量的視点から見た天然ガスの有利な側面

石油鉱業連盟の2005年末資源量評価報告[1]†によると地球上の天然ガスの究極可採資源量15 515兆立方フィート（約440兆m^3）に対して①既発見埋蔵量（生産済み＋確認埋蔵量）は究極可採資源量のいまだ63％と石油に比べて未成熟である。（石油の場合は71％が発見済み）②既発見埋蔵量の36％が生産済み（石油の場合は48％が生産済み）であり，残存する天然ガスの既発見埋蔵量は原油より豊富に残存している。

成因論に基づくとガス鉱床は石油より深部に熟成し埋蔵しているので地温160℃以上の4 000 m以深の高圧地殻内に巨大ガス田の発見確率は高いといわれる。近年では大深度，大水深海洋掘削が可能となり，掘削コストも大幅に削減され，数10兆立方フィート規模の超巨大ガス田の発見も十分期待できる。つまり③石油に比べて天然ガスの探鉱は未成熟であったため，今後，大深度，大水深域に3兆立方フィート以上の巨大ガス田が数多く発見されよう。

BP（British Petroleum）統計[2]によると④2005年末の天然ガス残存埋蔵量は年間消費量97.5兆立方フィートに対し可採年数は65年分であり，石油の可採年数の41年に比べて24年も長いのである。このほかに米国のガス生産量の3割を占めるほどとなった非在来型のガス資源であるタイトサンドガス，コールベッドメタン，シェールガスやわが国の近海に眠るメタンハイドレートなどの非在来型メタンガスの商業規模の探査，開発，利用がクローズアップされるに違いない。

〔2〕 環境にやさしい高効率輸送・貯蔵システムの構築

現状，世界全体の天然ガス商業生産量の30％分が国際貿易量であり，その75％がパイプラインで輸送され，25％がLNGタンカー輸送である。つまりLNG貿易量は全体の7.3％に過ぎず，その量は年間1億5 800万トン（2006年）の規模である。わが国はLNG貿易の40％を占め，2位の韓国の16％を大きく引き離している。高効率輸送とは，海外からの

---

† 肩付数字は節末の引用・参考文献番号を示す。

LNG 船輸送および 2 次基地への内航 LNG 船輸送に加え，サハリンのような近隣の巨大ガス田からわが国への国土幹線パイプライン方式も比較検討し，バランスある天然ガスの安定供給を保障する輸送システムを構築すべきという考え方である。このほかに，例えば東南アジア海域の未開発の中小規模ガス田で GTL（gas to liquid），DME（dimethyl ether），NGH（natural gas hydrate）を生産し輸送することや，国内でマイクロガスタービンの分散型エネルギー利用や高蓄熱輸送媒体の利用など高密度エネルギー輸送システムを構築すべきであろう。

〔3〕 コージェネ高効率発電による総合的高度利用

エネルギー利用面において天然ガスは，熱量が高く経済性に優れており，空気より比重が軽いため，安全性にも優れている。1 kg の化石燃料の発熱量を比較すると，石炭（輸入一般炭）の発熱量は 26.0 MJ/kg である。比重 0.86 の標準原油の発熱量は 45.0 MJ/kg となる。また，天然ガスは 47.7 MJ/kg であるから，同じ重量の石炭：石油：天然ガスの発熱量の比は 1.00：1.73：1.83 となり，天然ガスの優位性は明らかである。

天然ガスは水素組成が高く，発熱量，燃焼温度がきわめて高いので，エネルギー効率が高くいわゆるエネルギーのカスケードシステム（滝の流れのように高温度領域から熱を効率的に利用）に最適である。物質の発熱量はその成分元素の燃焼熱の和にほぼ等しくなるので，炭化水素の組成元素の発熱量は，水素が 142.3 MJ/kg で，炭素が 32.7 MJ/kg をもとに計算される。つまり天然ガスのように水素含有量が多い炭化水素ほど発熱量が大きくなる。H/C 比を比較すると，木材：石炭：石油：天然ガス = 1/10：1/1：2/1：4/1 と増加することから，天然ガス（メタン）は化石燃料の中でも究極の高エネルギー資源といえる。

わが国では 1980 年代から天然ガスを燃焼させてガスタービンエンジンを回し，同時にその高温排気ガスを利用して蒸気タービンを回し高い発電効率を実現するコンバインドサイクル（GTCC：gas turbine combined cycle）発電システムを各電力会社が技術導入した。初期のプラントでは，燃焼温度は 1 100 ℃ で，熱効率約 47 %（LHV 基準[†]）であったが，その後，1 300 ℃ に引き上げられ熱効率も約 54 % に向上した。最近実用化されたものは，さらに燃焼温度を 1 500 ℃ に高め，約 59 % の熱効率を実現している。

新宿副都心のビル街の効率的エネルギー利用方式として実用化されたコージェネレーションシステムとは，一つのエネルギー源から複数のエネルギー形態，例えば，ガスタービン発電機で電気を送ると同時に，排気ガスや冷却水の廃熱を温水または蒸気として回収し，冷房，給湯，暖房に利用することによって，高い総合エネルギー効率を得るシステムである。

[†] LHV（lower heating value）：低位発熱量。燃料の燃焼で得られる発熱量のうち，発生する水蒸気の潜熱分を加えない熱量。加えたものは高位発熱量（HHV）で約 1 割の差がある。したがい，発熱量の数値としては LHV が低い値となり，機器の熱効率（= 利用熱量/燃料発熱量）を計算するときは LHV 基準のほうが高い値になる。本書においては，特に断りのない限り，LHV 基準で記述している。

〔4〕 ガス化転換ハブ構想による化石燃料資源の総合的高度利活用

　天然ガスをただ燃やすばかりでなく，化学工業原料など付加価値を高める技術を開発して，高度化学的利用システムを推進することも重要である。例えば ① 合成ガスの経済的製造技術（水蒸気改質，部分酸化，オートサーマル）② 輸送性，貯蔵性に優れたクリーン燃料合成技術（DME，メタノール，FT（Fischer-Tropsch 合成）ディーゼル）③ 天然ガスからの石油化学原料への変換技術開発（ベンゼン，オレフィン）④ 高機能性カーボン製造法の技術開発などを産官学の連携のもとに推進すべきであろう。

　21 世紀のエネルギービジネスが，電力であれ，ガスであれ石油であれ，いままでの規制下の固定的垂直統合から，「市場」の存在を前提とした「価値連鎖（バリューチェーン）型」のビジネスモデルに変化していくことは，米国をはじめとする多くの国ですでに模索中である。究極の化石燃料資源の総合的高度利活用として，このエネルギー構造の変化に柔軟に対応することができる，マイケル・ポーターが唱える価値連鎖のクラスター理論に基づく「エネルギー転換ハブ（結節点）ガス化プロセス構想」が考えられる。

　この構想は製油所内の遊休スペース，または今後閉鎖される可能性のある製油所の跡地を活用することにより，製油所における残渣油発電の有効性の差別化戦略として，ガス化技術を石油精製の下流側に展開する価値連鎖の可能性を具現化していこうというものである。ガス化の原理からガス化の原料選択は柔軟であり，減圧残渣（アスファルト），熱分解残渣（石油ピッチ，石油コークス），オリマルジョン，オイルサンド，石炭，天然ガス，廃プラスチック，廃タイヤ，油性スラッジ等々，炭素分を含むものであれば固体，液体，気体を問わず非常に幅広い原料に対応可能となる。

　一方，製油所，石油化学工場の残渣をガス化し，電力，蒸気，水素，一酸化炭素に転換して供給するほか，窒素（N_2），酸素（O_2）などの汎用工業ガスを副産物として供給できる。これらの化学製品は製薬，肥料産業にとって最も基本的なエネルギー原料であり，地域で展開されるエネルギー・ユーティリティ供給基地としての役割を果たすことができ，それこそわが国の世界に誇る技術イノベーションとして若い世代に夢をもたらす「天然ガスのすべて」ではなかろうか。

〔引用・参考文献〕

1) 藤田和男ほか：石鉱連資源評価スタディ 2007 年「世界の石油・天然ガス等の資源に関する 2005 年末評価」，石油鉱業連盟（2007）
2) BP Statistical Review of World Energy 2007（2007）

1.2 地球にやさしい天然ガス

1.2.1 天然ガスの環境性

図1.1に石炭を100とした場合の，CO_2，SOx[†1]，NOx[†2]の排出量比較を示す。この図は化石燃料（石炭，石油，天然ガスなど炭化水素（C_mH_n）系燃料）の中で，天然ガスがCO_2，SOx，NOxの排出量が少なく，最も環境性に優れていることを端的に示している。

CO_2の排出とSOx，NOxの排出とでは要因が異なり，また天然ガスが環境性に優れるとして注目を集めた時期も異なっているので，分けて捉えるとよい。

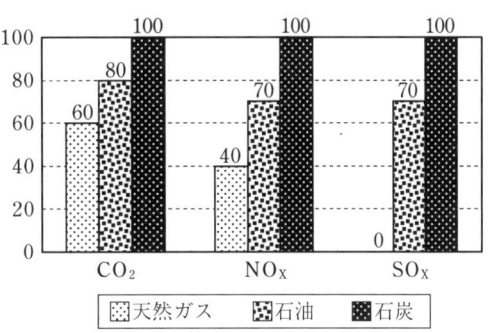

図1.1 石炭を100とした場合の排出量比較（燃焼時）[1),2)]

一つは，昭和30年代後半から40年代にかけての国内の高度成長期にSOx，NOxおよび煤塵による大気汚染による公害問題が深刻になり，これら有害物質の排出が少ない天然ガスへの燃料転換が始まったことである。その画期的事例が1969年（昭和44年）の東京電力および東京ガスによるLNGの輸入開始である。もう一つは，97年に京都で開催された気候変動枠組条約第3回締約国会議（COP 3，京都会議）から現在に至る時期であり，大気へのCO_2大量排出による地球温暖化の進行に対応する手段として，石炭・石油と比較してCO_2排出量が少ない天然ガスの利用促進が世界規模で行われていることである。

両者に共通するのは，化石燃料の中で最も環境性に優れる天然ガスの特性が注目されたという点である。以下に，それぞれを解説する。

〔1〕 SOx，NOxおよび煤塵の排出低減

天然ガスはメタン（CH_4）を主成分とする炭化水素系ガスであり，元々重質の炭化水素分や硫黄分（H_2Sなど）などの不純物が少ない気体燃料である。

日本では新潟県，千葉県などで少量の天然ガスが産出されるのみであるので，国内需要を賄うために海外からのLNG輸入に90％以上を頼っている。天然ガスをLNGにするプロセスにおいてH_2Sなどの不純物，CO_2およびペンタン以上（C_5^+）の重質分が除去されるの

[†1] SOx：化石燃料の燃焼で生じるSO_2，SO_3などの総称。大気汚染で特に問題になった亜硫酸ガスはSO_2。
[†2] NOx：化石燃料の燃焼で生じるNO，NO_2などの総称。毒性が強く環境基準値が定められているのはNO_2。

で，LNGは表 **1.1** に示す輸入LNGの平均組成の例に見られるようにさらにクリーンな燃料となっている。

表 **1.1** 輸入LNGの平均組成の例[4],†

〔モル％〕

	CH_4	C_2H_6	C_3H_8	$i-C_4H_{10}$	$n-C_4H_{10}$	$i-C_5H_{12}$	$n-C_5H_{12}$	N_2
アラスカ	99.81	0.07	0.00	0.00	0.00	0.00	0.00	0.12
ブルネイ	89.97	5.06	3.26	0.71	0.93	0.02	0.01	0.04
バダック	90.77	5.92	2.39	0.44	0.44	0.01	0.01	0.01
アルン	89.10	8.67	1.69	0.23	0.27	0.01	0.00	0.03
西豪州	88.96	7.37	2.58	0.41	0.64	0.01	0.00	0.04

SOxは，燃料中のH_2Sなど硫黄分が燃焼過程で空気中のO_2と結合してできるので，元々硫黄分の少ない天然ガスからさらに硫黄分が取り除かれたLNGでは燃焼によるSOxの発生はほとんどない。

NOxは，燃料中に含まれる窒素分が燃焼過程で空気中のO_2と結合してできる「フューエルNOx」と燃焼による高温状態で空気中のN_2とO_2が結合してできる「サーマルNOx」（1 000℃を超えると顕著に発生してくる）がある。LNGは元々窒素成分比が低いのでフューエルNOxの生成が少なく，さらに固体燃料の石炭，液体燃料の石油と比較して燃焼制御がしやすい気体燃料であるためサーマルNOxの発生も低く抑えることが可能である。

煤塵は，化石燃料の燃焼で生じる「すす」などの固体微粒子の総称である。これは重質のC_mH_nを多く含む固体であり，燃えにくい石炭で非常に多く，気体で燃えやすいLNGできわめて少ない。

表 **1.2** に燃焼中の排ガスに含まれるSOx，NOxなどの成分比を示す。大気汚染が深刻となった高度成長期に石炭，石油を原料に都市ガスを製造し供給していた東京ガス，石炭火力発電所・石油火力発電所を主力としていた東京電力が，このような天然ガスおよびLNG

表 **1.2** 化石燃料燃焼中の排ガスの含有成分比
（CO_2，H_2O除く）の例[5]

〔kg/石油換算トン〕

排出物質	石 炭 （1％硫黄，10％灰分含）	石 油 （1％硫黄含）	天然ガス
PM（微粒子）	100	1.8	0.1～0.3
SOx	29.2	20.0	0
CO	1.5	0.7	0.3
炭化水素	1.5	0.1	0
NOx	11.5	8.2	2.3～4.3

---

† $n-C_4H_{10}$（ノルマルブタン），$i-C_4H_{10}$（イソブタン）：同じ分子量であるが，n（ノルマル）は直線状につながったCにHが結合した直鎖飽和炭化水素を示し，i（イソ）は枝分かれしたCにHが結合した構造異性体を示す。

の導入をいち早く進めたのは，この環境性の良さに注目したゆえんである。1970年に大気汚染防止法が大幅に強化され，国内における石炭・石油から天然ガスへの燃料転換の流れが加速され，1973年の第1次石油ショック，1979年の第2次石油ショックが，その流れを決定付けた要因といってよいだろう。

〔2〕 CO_2 の排出低減

化石燃料の燃焼（$C_mH_n+(m+n/4)O_2 \rightarrow mCO_2+(n/2)H_2O$：完全燃焼の場合）により CO_2 が発生するが，同じ量（体積）の燃料で比較すれば m 数が小さいほど CO_2 の発生量が少なく，n 数が大きい程排ガス中の CO_2 濃度は低くなる。したがって，CO_2 排出に関してメタン（CH_4, $m=1$, $n=4$）は炭化水素の中で最良であり，そのメタンを主成分とする天然ガスあるいは LNG は化石燃料の中で最も優れている。

水素は炭素分を含まず燃焼による CO_2 排出がまったくない究極の燃料といわれるが，資源としては存在しない2次エネルギーであり，天然ガスの改質（$CH_4+2H_2O \rightarrow 4H_2+CO_2$：メタンの燃焼と同量の CO_2 を排出する）や水の電気分解（$2H_2O+$電気$\rightarrow 2H_2+O_2$，電気を得るのに火力発電所で CO_2 が発生する）などにより得る必要があり，現実的には CO_2 の排出はなくならない。

CO_2 排出を低減するためには，火力発電所・自動車・暖房機器などの燃料使用量の原単位低減（すなわち，省エネルギー）を図ること，および石炭・石油から CO_2 排出量が相対的に少ない天然ガスへの燃料転換を促進することが最も現実的かつ効果的な対策である（太陽光・風力などの再生可能エネルギー，原子力は CO_2 排出に関して優れているが，その普及・拡大には別の課題を抱えている）。

ここで，CO_2 の排出量を比較する場合，採掘から利用までの全工程（ライフサイクル）の排出量で行うことが重要である。**表1.3** は化石燃料のライフサイクル CO_2 排出量の例であり，表中の数値は CO_2 由来の炭素量である。

採掘・液化などの工程では，ポンプや圧縮機を使用するための電力が必要であり，火力発電による CO_2 発生を加算しているが，特に天然ガスを LNG に変換するためには -162 ℃ の超低温に冷却することが必要なため，冷却機用電力の消費が大きいのが特徴である。随伴 CO_2 排出は，液化プロセスで燃料中の CO_2

表1.3 ライフサイクル CO_2 排出量の例[6]

〔g-C/Mcal〕

ライフサイクル	石 炭	石 油	LPG	天然ガス(LNG)
採掘・液化など	3.08	0.27	3.68	6.78
フレア燃焼	—	0.32	0.70	0.58
メタン放散※	6.35	2.36	3.87	0.97
随伴 CO_2 排出	—	0.03	0.49	2.20
洋上輸送	2.79	0.81	2.12	2.22
国内製造	—	1.86	1.01	0.29
冷熱利用	—	—	—	▲0.32
（小 計）	〈12.2〉	〈5.7〉	〈11.9〉	〈12.7〉
燃 焼	103.2	78.1	68.3	56.4
合 計	115	84	80	69
石炭を100としたときの指数	(100)	(73)	(70)	(60)

※メタン放散は地球温暖化係数：21で CO_2 量に換算

が除去される天然ガスで大きい値になっている。一方，LNG の超低温は冷凍倉庫や液化酸素・窒素製造に利用されている（冷熱利用）が，これによる電力使用量の削減（CO_2 排出量の削減）が図られていることも大きな特徴である。

天然ガス（LNG）は燃焼過程で最も CO_2 排出量が少ないが，さらにライフサイクルで見ても CO_2 排出量が 69 g-C/Mcal と化石燃料の中で最も CO_2 排出量が少なく，ここでも環境性に優れた化石燃料であることがわかる。なお，メタン放散は採掘・液化の工程で派生するものであり，表 1.3 ではメタンの地球温暖化係数[†]を 21 として換算している。

1.2.2　地球温暖化対策における天然ガスの役割

CO_2 の大気への大量放出を主要因とする地球温暖化の影響は近年目に見える形で現れ始めており，より一層強力な温暖化阻止対策の必要性が全世界的に認識されるようになってきている。COP 3 で採択された京都議定書における CO_2 削減目標（日本は 1990 年比 6 ％減）はすでに甘い目標であり，国連が今世紀中の気温上昇を 2 ℃以内に抑えるには 2050 年までに 50 ％の削減が必要と警告しており，日本でも 2050 年までの 50 ％削減を目指すことが表明されている（2007 年 5 月安倍首相（当時）の提案「美しい星 50」）。

CO_2 削減の手段としては，化石燃料の中で最も CO_2 排出原単位の少ない天然ガスの利用促進が従来進められており，新・国家エネルギー戦略（2006 年 5 月）においても「化石燃料の中では，石油，石炭，原子力等の他のエネルギー源とのバランスを踏まえつつ，二酸化炭素排出量のより少ないエネルギー，特にガス体エネルギーへの転換を進めます。」と 1 次エネルギー供給における天然ガスの比率を高めていくことが改めて強調されている。図 1.2 における日本の 1 次エネルギー供給の推移に示すように天然ガスの

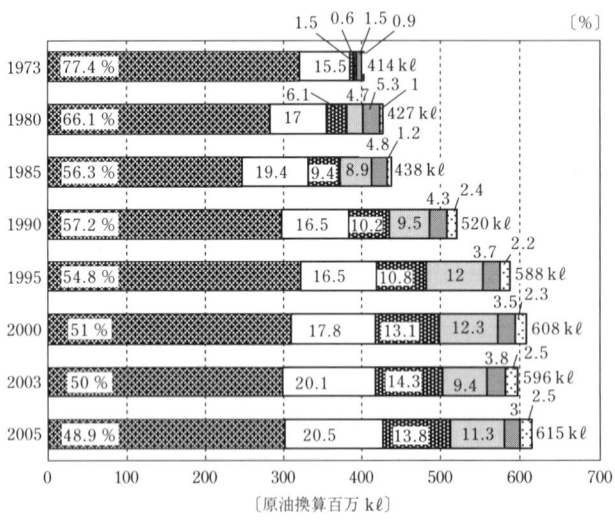

図 1.2　日本の 1 次エネルギー供給の推移[7]（四捨五入の関係により 100 ％にならない場合がある）

[†] 地球温暖化係数：その気体の大気中における濃度当りの温室効果の 100 年間の強さを，CO_2 を基準の 1 として比較したもの。なお，メタンの温暖化係数は 21 と高いこともあり地球温暖化への寄与率は 20 ％程度と CO_2 について高い。ただし，その 17 ％は反すう動物を中心とする家畜などのげっぷに含まれているという説もある。

比率は，2005年度で13.8%まで伸びてきているが，図1.3に示すように2030年にはこれを18%（～16%）程度までさらに増加させることが国の方針として掲げられている。

天然ガスが環境性に優れていることは前述のとおりであるが，石油・石炭からの燃料転換というエネルギー供給の側面か

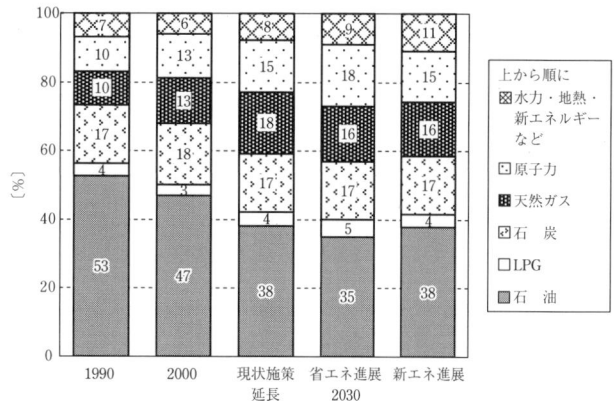

図1.3　日本の1次エネルギー供給構成[8]

らだけではなく，後節で記載されるような天然ガス燃料の高効率システム（高効率LNG火力発電所，燃料電池など）の導入・普及による省エネルギーでCO_2排出量が低減するというエネルギー利用の側面からも天然ガスの拡大を図っていくことが今後ますます求められている。

〔引用・参考文献〕

1) 経済産業省 編：エネルギー白書2007年版 (2007)
2) IEA：Natural Gas Prospects to 2010 (1986)
3) 石油学会 編：新石油事典，朝倉書店 (1982)
4) 大阪ガス（株）坂本・中西："天然ガスの諸物性"日本エネルギー学会誌，Vol.75，No.6 (1996)
5) OECD/IEA（国際エネルギー問題研究会 訳）：天然ガス（2010年への展望），天然ガス工業会 (1987)
6) 小川芳樹，尹性二："採掘から燃焼までグローバルにみた各化石エネルギー源の温室効果の比較"，エネルギー経済，Vol.24，No.5 (1998)
7) 経済産業省ホームページ：総合エネルギー統計，http://www.enecho.meti.go.jp/info/statistics/jukyu/index.htm （2008年8月20日現在）
8) 総合資源エネルギー調査会：2030年のエネルギー需給展望（答申）(2005)

1.3　世界のエネルギー需給における天然ガスの動向

天然ガスはいうまでもなく，化石燃料（石油，石炭など）の一つである。化石燃料とは太古の生物が起源と考えられ，化石化して地中に埋蔵されている燃料の総称（広辞苑による）であるが，天然ガスの起源は石油と同様動物で，死骸から化学反応の結果生じたものであるとの説が有力である。一方，有機物でなく無機物であるとの説もあり，いまだ学説上の結論が出ていないのは石油と同様である。世界のエネルギー需給における天然ガスの動向につい

て，順に，1次供給に占める天然ガスのシェア，天然ガスの埋蔵量，天然ガスの生産量，天然ガスの消費量，天然ガス（LNG）の取引，天然ガス（LNG）の価格について述べる。

1.3.1 世界の1次エネルギー供給に占める天然ガスのシェア

世界の1次エネルギー供給構成が，固体（石炭）から液体（石油）へ，さらに気体（ガス）へシフトしていることは，つとに知られているところである。天然ガスが1次エネルギー供給に占める割合は，第1次石油ショックのあった1973年には16.2％であったが，化石燃料の中で最も環境に優しいと認識されるようになった2004年には21.0％，IEA（国際エネルギー機関：International Energy Agency）の長期エネルギー

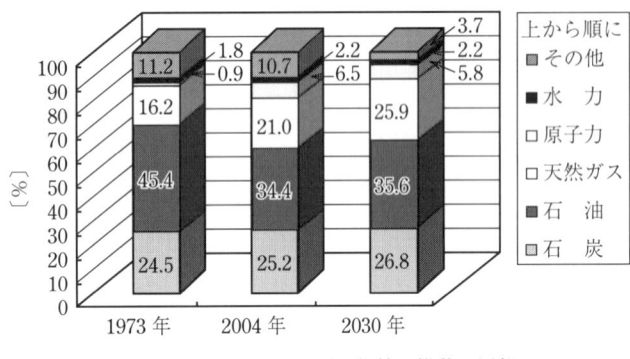

図 1.4 世界のエネルギー供給の推移と展望[1]

供給見通しによる2030年には25.9％に拡大する見込みである。図1.4は世界のエネルギー供給の推移と展望を示したものである。

1.3.2 天然ガスの埋蔵量

表1.4は2007年6月にBPが発表した地域別天然ガス埋蔵量のデータである。表によれば，天然ガスの確認埋蔵量は，2006年で世界に6412兆立方フィート（約181兆m^3）となっている。これを年間生産量の101.2兆立方フィート（2.86兆m^3）で割ると63.3年の値を得る。この63.3年を天然ガスの可採年数と呼び，世界の天然ガス埋蔵量は年間生産量の63.3年分に相当することを意味する。可採年数は価格の変動によって，埋蔵量も生産量も

表 1.4 地域別天然ガス埋蔵量（2006年）[2]

地域名	確認埋蔵量〔兆立方フィート〕	生産量〔兆立方フィート〕	可採年数〔年〕	埋蔵量の占める割合〔％〕
北 米	282.0	26.66	10.6	4.4
中南米	243.1	5.11	47.6	3.8
欧州・ユーラシア	2 266.1	37.91	59.8	35.3
中 東	2 596.1	11.87	218.7	40.5
アフリカ	501.1	6.38	78.6	7.8
アジア・太平洋	523.7	13.33	2.5	8.2
計	6 412.0	101.20	63.3	100.0

変化するので絶対的な数値とはいえないが，一般的に埋蔵量がどのくらい存在するのかの一つの目安として利用される．さらに，未発見，未経済性化，技術進歩などによる追加可能性などを加えた究極可採埋蔵量はさらに増え，世界の生産量の約170年分あるともいわれている．

図 **1**.5 は，天然ガス埋蔵量の地域別分布を示したものである．図が示すように，埋蔵量の分布は比較的偏在しており，中東に約 40.5 ％，欧州・ユーラシア 35.3 ％と，世界の 4 分の 3 を占める．しかしながら，政情不安な中東に 60 ％以上が偏在する石油と比較すると，天然ガスはより供給安定性があるといえる．

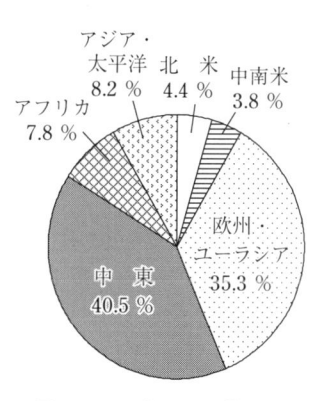

図 **1**.5 天然ガス埋蔵量の地域別分布[2)]

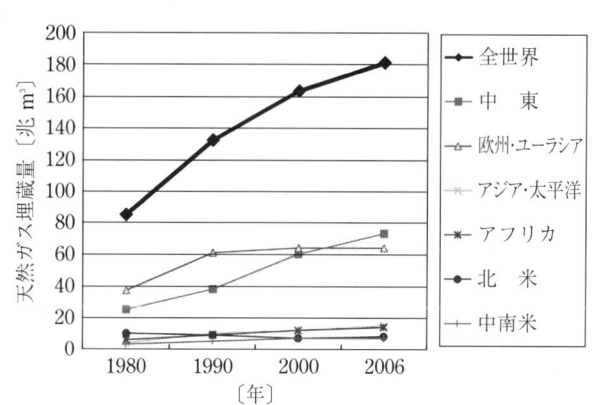

図 **1**.6 世界の天然ガス埋蔵量の推移[2)]

図 **1**.6 は，世界の天然ガス埋蔵量の推移を示したものである．図が示すように，1980 年から 2006 年までの約 4 半世紀の間に，アジア・太平洋，アフリカ，北米，中南米の 4 地域において埋蔵量は微増を示しているのに対して，中東，欧州・ユーラシア地域での埋蔵量の伸びが著しく，世界全体としての埋蔵量を大きく伸ばしている．

1.3.3 天然ガスの生産量

世界の天然ガス生産量の国別構成比を調べるために，生産量の多い順に 8 か国の占める割合を表したものが図 **1**.7 である．図を見てわかるように，世界最大の天然ガス生産国はロシアで，第 2 位が米国である．図 **1**.7 からもう 1 点指摘したいことは，その他の国々が 40 ％近くの割合を占めていることである．日本と天然ガス取引のあるマレーシア，オーストラリア，カタール，オマーンなどがこの「その他」に含められる．天然ガス埋蔵量のところで，「天然ガスが比較的偏在」と表現したが，天然ガス生産の観点から見ると，世界のいたるところで天然ガス生産が行われているといえよう．

図 **1**.8 は，1996 年から 2006 年までの 10 年間の世界の地域別天然ガス生産量の推移を見

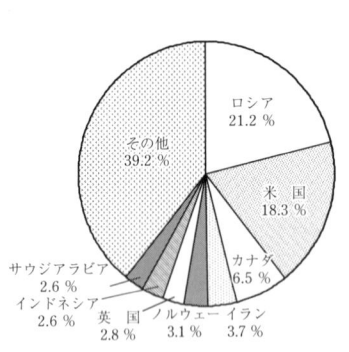

図 1.7 世界の天然ガス生産量の
国別構成比

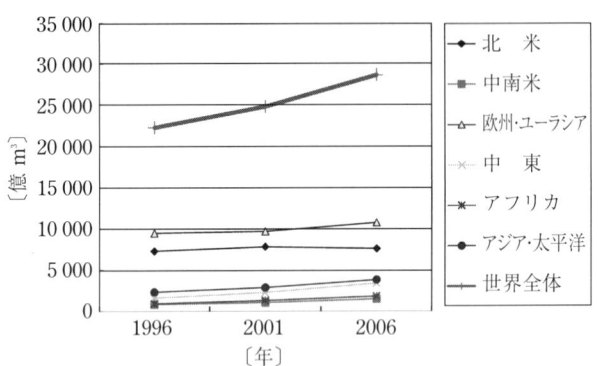

図 1.8 世界の地域別天然ガス生産量推移[2]

たものである。生産量の高い水準を維持している地域は，欧州・ユーラシア，北米，アジア・太平洋の順であるが，北米地域の生産量はピークを過ぎた傾向が見られ，毎年わずかではあるが生産量は減少している。一方，欧州・ユーラシア，アジア・太平洋，中東地域の生産量は増加しており，世界全体で10年間の間に約29％の伸びを示している。

1.3.4　天然ガスの消費量

つぎに，世界の天然ガス消費を調べてみる。天然ガスの消費大国順に書き並べたものが，図 1.9 である。世界第1位の消費大国は米国で，第2位がロシア，以下イラン，カナダ，英国と続く。日本は世界6位の消費大国である。ここでも目を引くのが，「その他」が50％近くを占めており，世界で幅広く利用されていることを示していることである。

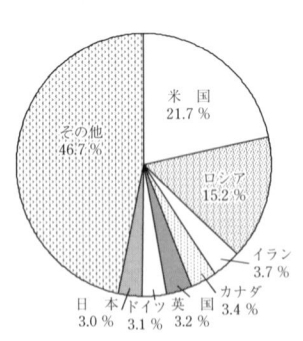

図 1.9 世界の天然ガス消費
量の国別構成比[2]

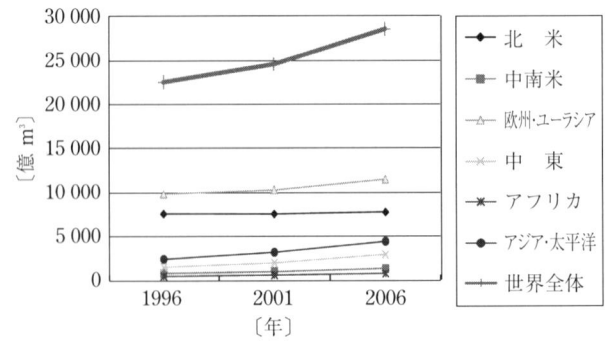

図 1.10 世界の地域別天然ガス消費量推移[2]

この天然ガス消費を地域別に見ると，消費量水準は欧州・ユーラシアと北米地域が高い水準にある。また，1996年から2006年の10年間の増減で見ると，北米は現状維持，中南米とアフリカは微増傾向，欧州ユーラシア，アジア・太平洋，中東の3地域は増加傾向である

ことが読み取れる。したがって，世界全体では右肩上がりの増加傾向であるが，前半の5年間よりも後半の5年間のほうが，伸び率が高いことがうかがえる。図**1.10**に世界の地域別天然ガス消費量推移を示す。

1.3.5 天然ガス（LNG）の取引

つぎに，世界の天然ガス取引の推移を見てみよう。当然のことながら，天然ガス取引にはパイプライン取引とLNG取引の2種類がある。図**1.11**は世界の天然ガス取引推移をグラフ化したものである。この図からパイプライン，LNG取引ともに過去10年間増加していることがわかる。この図には表れていないが，パイプライン取引市場は，大きく五つの市場に分けることができる。一番巨大なパイプライン取引市場は欧州・ユーラシア域

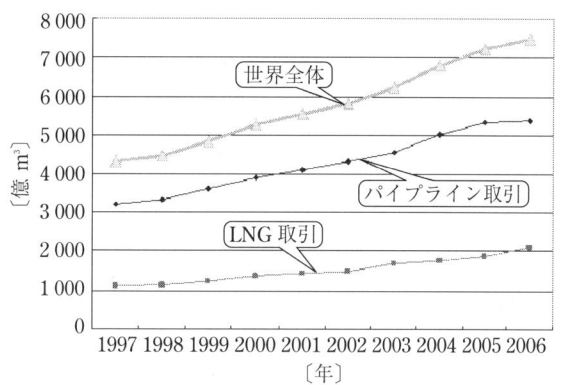

図**1.11** 世界の天然ガス取引推移[2]

内での取引で，全体の約70％を占めている。ロシアが天然ガス輸出国として重要な役割を果たしており，一部アフリカのアルジェリアなどからスペイン，イタリアなどへ天然ガスを輸出している。2番目のパイプライン取引は北米市場で，約22％を占めている。米国，カナダ，メキシコの3国間取引である。3番目のパイプライン取引市場は南米で約3％と規模は小さくなるが，アルゼンチンからチリへ，ボリビアからブラジルへなどの取引が見られる。残りの2市場は，中央アジア，東南アジアにおいて散見される。

LNG取引においては，大きく四つの輸入市場に区分することができる。輸入量の多い地域を順に挙げると，アジア・太平洋64.0％，ヨーロッパ27.2％，北米8.3％，中南米0.5％となる。アジア太平洋地域においては日本，韓国，台湾が主要な輸入国であり，インドは2005年から，中国は2006年からLNGの輸入を開始した。一方，ヨーロッパでの巨大な輸入国はスペイン，フランスである。また，北米での輸入国はアメリカであり，トリニダード・トバゴ，エジプト，ナイジェリアなどからLNGを輸入している。

1.3.6 天然ガス（LNG）の価格

世界の天然ガス価格はどのような推移を示しているのだろうか。LNG価格は通常，原油

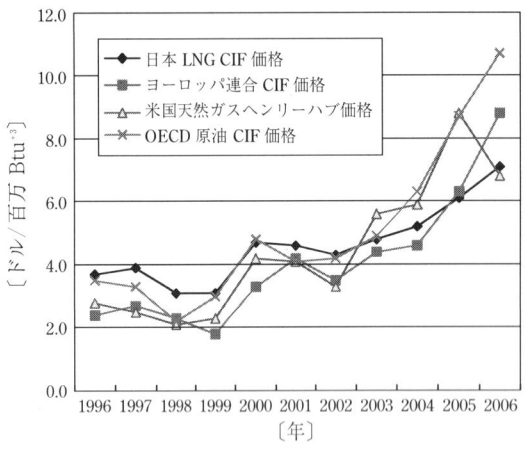

図 1.12 世界の天然ガス価格推移

や石油製品などにリンクしていることが多いので，米国天然ガスヘンリーハブ価格[†1]とOECD原油CIF[†2]価格を加えて，日本のLNGのCIF価格とヨーロッパ向けCIF価格を表示した。図1.12は1996年から2006年までの4種類の価格推移を表したものである。総じて，エネルギー価格は，2000年以降上昇気味で，2004年以降はさらに高騰を続けている。中東の政治不安，ハリケーンによる供給不安，ピークオイル説，バイオマス燃料の台頭など，さまざまな要因を挙げてエネルギー価格の高騰の理由を説明しているが，決定的なことは断言しづらい。現在いえることは，エネルギー価格は，石油換算で20～30ドル/バレル程度の時代は過ぎ去り，最低でも80ドル以上の高価格時代を迎えている。さらに原油1バレル200ドル時代の到来がささやかれている現在（2008年7月時点），原油価格にリンクしているLNGの購入者は厳しい経営を余儀なくされている。

以上，世界のエネルギー需給における天然ガスの動向を概観してきたが，天然ガス供給の将来展望，埋蔵量，生産量，消費量共に増大する傾向である予測を得た。現時点では，エネルギー価格の高騰が唯一の反対要因であるが，天然ガスの利用拡大傾向は今後とも続くものと考えられる。

〔引用・参考文献〕

1) 日本エネルギー経済研究所計量分析ユニット 編：エネルギー・経済統計要覧2007年版，省エネルギーセンター（2007）
2) BP Statistical Review of World Energy（2007）

[†1] 米国における天然ガスの売買契約は1990年に上場されたNYMEX（New York marcantile exchange）で取引される天然ガス先物（Henry hub）価格が指標として多く用いられている。ヘンリーハブとは，米国ルイジアナ州にあるガスパイプラインの集積地でガスの取引が行われる基地である。

[†2] CIF（cost, insurance and freight）：商品が買主の指定する場所に届いた時点でその商品の所有権が買主に移転するという取引条件。一方，FOB（free on board）は商品が船舶や貨車，飛行機などに荷積みされた時点で，その商品の所有権が買主に移転するという取引条件。一般にCIF価格はFOB価格に対して，運賃や船荷保険料を上乗せした価格となる。

[†3] Btu：British thermal unit，英国熱量単位。1 Btuは約1.54 kJ，または0.252 kcal。

1.4 日本のエネルギー需給における天然ガスの位置付け

1.4.1 エネルギー政策における天然ガスの位置付け

天然ガスは，中東以外の地域にも広く分散して賦存するとともに，ほかの化石燃料に比べ相対的に環境負荷が少ないクリーンなエネルギーであり，安定供給および環境保全の両面から重要なエネルギーである。このため，石油，石炭，原子力などのほかのエネルギー源とのバランスを踏まえつつ，天然ガスシフトの加速化が予測される。図1.13は日本の1次エネルギー国内供給の推移と展望を見たものである。図の示すように，2004年の天然ガスの1次エネルギーに占める割合は14.4％であったものが，2010年には15.5％，2020年には16.7％，2030年には17.8％へと拡大することが予測される。

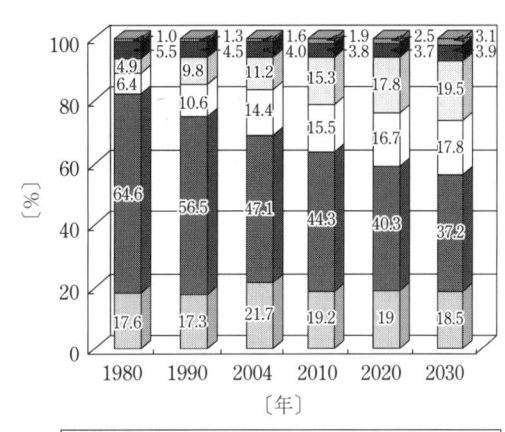

図1.13 日本の1次エネルギー国内供給の推移と展望[1]

1.4.2 天然ガスの流通・調達の円滑化に向けた取組み

諸外国に比し著しく立ち後れている国内のガス供給インフラの整備および広域的なガス流通の活性化の視点から，パイプラインに関する投資インセンティブの付与，関係行政機関の連携による道路などへの円滑な埋設手法の検討を行いつつ，国内導管網の相互連結や第3者利用を促進していかなくてはならない。表1.5は，世界主要国の輸送パイプライン延長とLNG受入基地数を表したものである。この表から顕著なことは，輸送パイプライン延長は，米国が481千km，フランス36千km，イタリア32千kmと発達しているのに対して，日本はわずか3千kmときわめて貧弱な状況にある。

表1.5 世界の輸送パイプライン延長とLNG受入基地数[2]

	米国	カナダ	イギリス	フランス	イタリア	豪州	韓国	台湾	日本
輸送パイプライン延長〔千km〕	481	81	7	36	32	25	2	1	3
LNG受入基地数	5	0	2	2	1	0	0	2	27

一方，LNG受入基地数を比べてみると，米国が5か所，イギリス2か所，フランス2か所であるのに対し，日本は27か所とその数は世界一である。このように日本のパイプライン延長は他国に比べ短い反面，LNG受入基地数が世界一となっているのは，日本が天然ガス資源に乏しく，しかも島国であるので，船によりLNGの形で海外から調達をせざるを得ないことを示している。日本のLNG受入基地というインフラがほぼ完成の域に達していることから，今後のわが国の課題として，基幹パイプラインの充実が待たれる。

　また，海外からの安定的かつ低廉な供給確保のため，石油の場合と同様，資源開発の推進，産ガス国との相互依存関係の強化を図らなければならない。さらに，事業者および国は，供給先の多様化などに努めることにより供給側との交渉力の向上を図り，長期契約の取引条件の柔軟化などを通じたLNG輸入価格の引下げと安定化に努めなければならない。図1.14は日本のLNG輸入量の推移を表したものであるが，これらLNG輸出国との円滑な国際関係の維持と増進に努めなければならない。

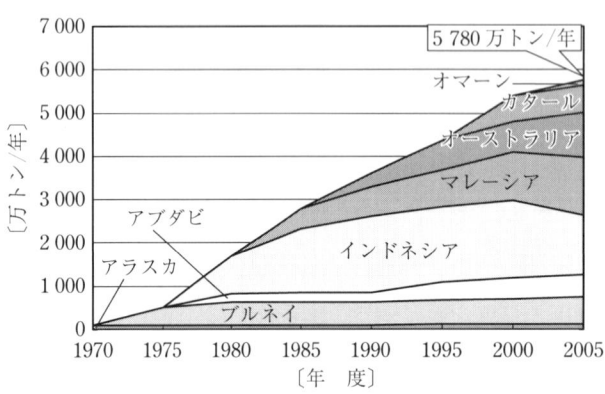

図1.14　日本のLNG輸入量推移[3]

　つぎに，サハリンからのパイプラインによる天然ガスの供給が民間において検討されているが，それが経済性のある形で実現された場合，供給の選択肢拡大に寄与することが期待されることから，これまで十分な整備が図られていなかった長距離海底パイプラインの安全規制の整備などの面で，国は必要な環境整備を行うことが必要である。パイプラインによって日本に天然ガスを輸送しようとするプロジェクト「サハリンⅠ」の意義はつぎのように考えられる。①北海道，東北地方に天然ガス普及を促す具体的なプロジェクトである。②ガス事業者が所有するパイプラインと連結することにより，インフラ整備が促進される。③LNG価格との市場競争原理が働き，価格が低減する可能性がある。④供給源の多様化を促し，エネルギーセキュリティの向上が図れる。⑤北東アジア（ロシア，日本，韓国，中国）のエネルギーアライアンスが構築される。

1.4.3　需要拡大のための方策

　発電所，工場，ビル商業用施設などにおける燃料転換を促進するため，事業者の自主的努力に加え，助成措置が望まれている。都市ガス分野では，天然ガスコージェネレーション，

燃料電池などの分散型電源の導入促進に加え，競争環境の整備などを通じた販売価格の引下げ，運輸分野では，GTL および DME の開発・導入に加え，自動車税の特例措置などやコスト低減などの努力による CNG 自動車の導入促進が行われている。

1.4.4 天然ガス利用技術（GTL および DME），メタンハイドレートの開発加速

GTL および DME は，天然ガスなどを原料とする硫黄分などを含まない環境面で優れた新たな形態の燃料であり，今後，軽油などの石油系燃料の代替燃料などとして期待される。このため，海外における生産プラントなどの供給源の拡大，コスト低減のための技術開発を推進し，その開発・導入を進める必要がある。また，国産エネルギー資源として期待されるメタンハイドレートの開発・導入を進めるため，当面 10 年程度の期間を念頭に将来の商業化を目指し，新たな生産・探査技術の開発や環境影響評価などが進められている。

1.4.5 天然ガスの普及拡大

以上，日本のエネルギー需給における天然ガスの位置付けについて「天然ガスの普及拡大」の観点からまとめると，図 1.15 のように表現できる。このように天然ガスは，石油代替エネルギーの一つとして，また，環境対策を進める上で有力なエネルギー源であるため，今後ますますその高度利用を推進していかなければならない。天然ガスの総合的高度利用に当たっては，エネルギー産業の使命である「安定供給」，規制緩和に伴う市場競争による「経済発展」，地球温暖化を抑えるため天然ガス導入による「地球環境保全」が社会の要請として挙げられる。そして，この総合的高度利用の成果として，図に示す五つの手段と効果が得られるのである。

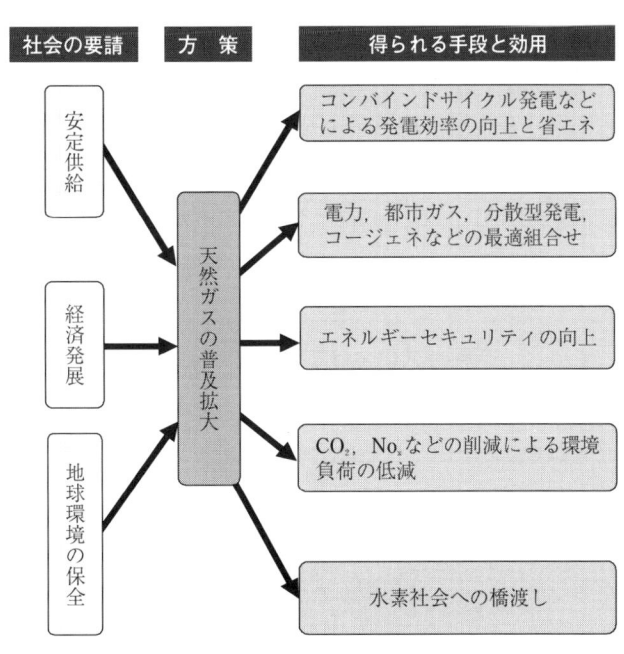

図 1.15　天然ガスの普及拡大

〔引用・参考文献〕

1) 日本エネルギー経済研究所計量分析ユニット 編：エネルギー・経済統計要覧 2007 年版，省エネルギーセンター（2007）
2) 資源エネルギー庁ガス市場整備課，原子力安全保安院ガス安全課 監修：ガス事業便覧 平成 18 年版，日本ガス協会（2007）
3) 財務省貿易統計　http://www.customs.go.jp/toukei/info/index.htm　（2008 年 8 月 20 日現在）

1.5　天然ガスのジオポリティクス

1.5.1　天然ガスと石油は市場でどのように異なるか？

石油はその生産量の約 1/2 が貿易に供され，パイプライン輸送もあるものの，最終的にはそのほとんどが石油タンカーによって輸送されているのに対して，天然ガスの国際貿易の規模はまだ小さく，生産量の約 1/4 に過ぎない。そして LNG 輸送になるのが 1/3 弱，残りの 2/3 強は多国間パイプラインというインフラストラクチャーによって輸出されている。国内消費に回される天然ガスも，当然国内パイプライン・ネットワークにより輸送される。

石油は全世界で単一の市場を形成しており，その価格は基本的に NYMEX で取引される WTI（West Texas Intermediate）というテキサス州西産の軽質原油が基本となる。一方，天然ガスの市場は地域によりまちまちであり，その価格は原油価格と連動する日本向け LNG の CIF 価格や，地域の市場で決定される米国のヘンリーハブや英国の NBP（national balancing point）などがあるが，価格水準も異なり，値動きも連動していない。天然ガス市場は，世界的な単一市場が形成される途中過程にある。

1.5.2　天然ガスにおけるパイプライン輸送の持つ特殊性

天然ガス輸送の主力はパイプラインであるが，今日これだけ天然ガスのパイプライン網が発達してきた理由としては，その輸送インフラストラクチャーの特性として，操業における優れた経済性と安定性が挙げられる。

経済性で見てみると，設備が固定されており，対象物のみが輸送されることから，輸送に必要なエネルギーがきわめて少ないという利点が挙げられる。鉄道やローリーなどでの石油輸送と比較してみれば，その有利さは一目瞭然である。安定性という点では，パイプラインは通常地下に埋設されるので，天候や，あるいはテロリズムの影響も少なく，設備の集中管理ができる点が優れている。対象物だけの輸送であるから空車両の返送の必要もない。これに加え，気体である天然ガスの場合では，LNG を除けばパイプラインが唯一の輸送手段となっていることも，主たる理由に挙げられよう。

パイプラインは長期的，固定的，排他的な自然独占体（natural monopoly）であり，一度建設されると，エネルギーフローはそれを前提として延長，つなぎ込み，併走といった形でネットワークがますます発展して行くという「正のフィードバック」が見られる。これにより後発者の立場は著しく不利になる。このようなパイプラインが組織体として発展していく過程は，動的な「自己組織化」として捉えることができる[1]。

ある地域でいくつかのパイプライン計画が競合する場合がしばしばあるが，ここで事業の計画者がエネルギーフローの独占を勝ち取るためには，ほかのパイプライン計画よりも技術的・経済的な実現可能性において優れ，政治的な紛争が回避でき，長期を睨んだ需要地・供給地双方での発展の効果が見込め，かつ早期に建設に着手し得るといった条件を提示できる必要がある。ここでは，政治的な思惑よりも，事業の経済性と実現可能性こそが最も大きなファクターとなる。これによってより多くの生産者から通油・ガスのコミットを取り付けて，初めてパイプライン競争における勝者となり得る。

パイプラインの持つこうした性格は，政治・空間地理把握の延長としての一般的な「地政学」というよりは，より経済性，事業性に軸足を置いたものといえる。

1.5.3 欧州での天然ガスパイプラインを巡る競争

欧州では，1950年代にオランダのフローニンゲン（Groningen）ガス田のガスを域内に供給するガスパイプイランが敷設され，域内でパイプラインネットワークが拡充されてきた歴史がある。

一方，ソ連では1943年からボルガ＝ウラル地帯で最初の域内パイプラインが敷かれ，1967年には東欧諸国，翌年にはオーストリアまで伸びる「ブラーツスボ（兄弟）」パイプラインが敷かれた。ソ連は，外貨獲得のために石油に続いて天然ガスを「鉄のカーテン」の外にまで積極的に輸出する政策を打ち出し，その輸送のためのパイプ，コンプレッサーなどの資機材を西側から輸入するコンペンセーション契約を，1969年のイタリアを皮切りに，西独，フランスなどと交わした。西シベリアのウレンゴイ（Urengoy）ガス田の生産開発に合せて，1973年には西独へ，1976年にはフランスへ「赤い天然ガス」が輸出されるようになった。

これに危機感を抱いたのが米国政府である。1981年に発足したレーガン政権は，西欧がソ連産のガスを受け入れることで，ソ連の影響下に入ることを危惧し，米国製コンプレッサーなどの輸出を禁止した。後にネオコンの代表的人物として名を馳せることになるリチャード・パール国防次官補（当時）は米上院の公聴会において証言し，「欧州諸国がソ連のエネルギーに依存することは，米国と欧州の政治的・軍事的連携の弱体化につながる。ソ連の天然ガスが日々欧州に流れて来るということは，ソ連の影響力も日ごとに欧州まで及んで来る

ということだ」と米国政府の懸念を表明した[2]。

　生産国と消費国とがパイプラインで結ばれるとき，強いのはつねに消費国の側である。天然ガスはそのかなりの部分が発電用に使用されるが，電力会社は天然ガスのほかに原子力，石炭，石油などを組み合せて発電における経済性と安定性を確保している。天然ガスの供給が止まれば，代りにほかの燃料を増やして対応することは容易である。天然ガスはつねに「燃料間競争」に晒されている商品である。ましてや，ひとたび供給停止を行えば，消費側からの信頼はもはや得られず，供給を再開することも叶わない。

　一方，生産地が代替市場を探すためには，既往の投資を捨てて，新たに巨大な投資をしてパイプラインを建設することになるが，そのような選択肢は現実にはあり得ない。産ガス国が，自分の都合の良いときにガスの栓を閉めて，消費国をコントロールするというような行動はあり得ないし，そのような例も過去にない。ソ連，そしてロシアによる西欧への天然ガス供給は1度も支障なく遂行され，きわめて安定的なものであった。政治の世界とは異なり，ビジネスの世界ではロシアは信頼のおけるエネルギー供給者として認識されている（ウクライナのケースは 1.5.5 項参照）。

　30余年間，シベリアから天然ガスを送り続けても，西欧の市場がソ連の影響力を受けることはなかった。代りに転覆を余儀なくされたのは社会主義陣営の側である。

1.5.4 欧州における現在のロシアの天然ガスパイプライン戦略

　2006年の欧州の天然ガス需要は352億 m^3（LNGも含む），ロシアはこの25％を，ついでアルジェリアが17％供給している[3]。欧州では，ガス需要は年率2％で伸びる一方で，主力のオランダの生産量は減退しており，供給源の確保は焦眉の急となっている。

　ロシアは欧州への供給量を35％にまで引き上げるのを目標とし，ドイツのE.On，イタリアのエニ，フランスのGdFなど各国のエネルギー大手企業はロシアのガスプロムと20年から30年という長期供給契約を結び始めた。ロシアからドイツへは2005年に「ノルドストリーム（北流）」という天然ガスパイプラインを建設することで合意しており，ドイツとオランダ企業の参加も決まっている。

　一方でEUと米国は，これ以上ロシアへの天然ガスの依存度を高めるのは危険だとして，カスピ海のアゼルバイジャンなどからの天然ガスの輸入を増加させようとしている。

　いま，激しい競争となっているのが，ギリシャ・イタリア，そしてルーマニアからオーストリアにかけての欧州南部である。まず，カスピ海・アゼルバイジャンのガスを供給地とし，トルコ経由で欧州に入ることを想定した「ギリシャ・イタリア接続ライン」と「ナブッコ」（トルコからブルガリア・ルーマニア・ハンガリー経由でオーストリアまで）の二つの計画が提案された。EUはこれを支持する立場である。

これに対して，ロシアのガスプロムとイタリアのエニは，「サウスストリーム（南流）」という，黒海からトルコを迂回して直接ブルガリアに天然ガスを陸揚げし，イタリアとオーストリアの両方に天然ガスを供給する計画を2007年の6月に発表した（図 **1.16**）。

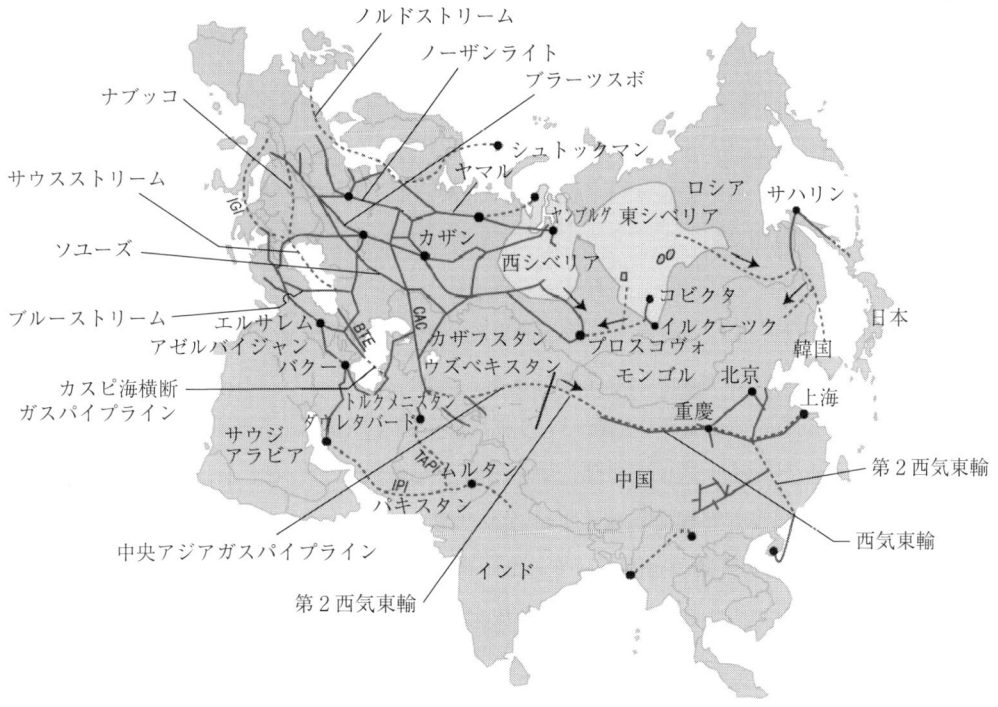

図 **1.16** ユーラシア大陸の天然ガスパイプラインネットワーク
（破線は計画中のもの）

EU はつねに，市場での競争を主張している．市場競争が投資を促進し，供給ルートが多様化して，これが欧州のエネルギー安定供給につながると主張している．ロシアのガスはこれ以上いらない，アゼルバイジャンのガスは是非とも必要だ，というわけである．ところがロシアは，長期契約による安定的な需給関係が大規模な投資を約束し，供給ルートが多様化して，エネルギー安定供給につながると主張している．欧州のエネルギー企業は，EU の主張する競争政策よりも，長期の安定的な供給を望んでいるようである．ロシアのガス戦略は，これら欧州のエネルギー企業と個別に長期の売買契約を締結することが眼目で，長期の安定的な売り先を望んでいる．欧州では政治と企業の論理が対立しており，ロシアは国家の論理よりもむしろ欧州の企業論理に与しているように見える．

1.5.5　ウクライナにおける天然ガス供給停止問題をどう見るか？

2006年1月，天然ガス価格交渉のこじれから，ロシアがウクライナ分のガス供給を削減

し，川下の欧州諸国でガスの圧力低下が起って欧州の世論が騒然となったことは記憶に新しい。これに対して同年5月，米国のチェイニー副大統領（当時）は「ロシアがエネルギーを近隣諸国に対する恫喝の道具に使うことは許されない」とリトアニアのビルニュスで演説し，ロシアによるエネルギーの政治利用だとしてこれを非難した。ジャーナリズムも同様に，エネルギー供給者としてのロシアの信頼性について俎上に載せた。

しかし，ウクライナがガス代金の不払いや抜取りを常日頃行ってきたのは周知のことで，90年代にはほぼ毎年のようにロシアはこれに対抗してガスの供給を停止してきた。所詮はCIS内部の内輪揉めに過ぎずニュース性はないと見られていたのが，「オレンジ革命」を経てウクライナが親西側に転じたことから，2006年になってガス価格の値上げを呑まないウクライナに対してロシアがいつもどおりの対抗手段としてガスの供給停止措置を行ったところ，欧米のジャーナリズムから大きく政治的に取り上げられたというのが実態である。

このとき，ロシアのフリステンコ産業エネルギー相（当時）は，「ウクライナに対するガス価格の値上げは，従来の低価格供給という補助金政策を廃止して，市場価格メカニズム導入したものであり，これはWTOの勧告する方針とも合致している」と反論した。これは，欧州の天然ガス専門家も同様に指摘している点である（当のWTOだけは沈黙を決め込んだが）。チェイニー副大統領の言説とはまったく逆に，ロシアはCIS諸国を引き止めるための補助金政策というエネルギーの政治利用を放棄し，ビジネス重視へ軸足を移したというのが実態であろう。

この直後の6月，ロイヤル・ダッチ・シェルのファン・デル・フィエール最高経営責任者は，世界ガス会議で，「ロシアは30年以上にわたって最も信頼できるエネルギー供給者であった」と述べた。これは需要側のエネルギー業界の見解を表明したものといえる。

1.5.6 東アジアでの天然ガスパイプラインを巡る競争

東シベリアにはコビクタ・ガス田（埋蔵量51兆立方フィート）があり，1995年から中国への輸出に関して議論が重ねられてきたが，ロシアの要求する国際価格に近い天然ガス価格に対して，中国側がその半分以下を主張し，合意が得られないできた。

2006年3月，プーチン大統領（当時）が訪中し，2011年から年間680億m^3の天然ガスを中国へ輸出することで合意した。これは，ロシアの年間生産量の1割，輸出量の3割に相当する膨大な規模で，欧州のガス輸入国は，ロシアからの将来の天然ガス供給に不安を持ち，1.5.4項のようなロシアとの長期ガス供給契約を結ぶきっかけになったといわれている。このように，一つの案件は何枚もの交渉カードとして使われることがあり，天然ガスが石油と異なり政治性を帯びる要因となっている。ただし，この計画も結局価格交渉がまとまらず，計画は棚上げ状態となっている。

一方，中国はトルクメニスタンと，2006年4月に天然ガス輸入に関して合意しており，2007年になってその通過国となるウズベキスタン，カザフスタンとつぎつぎにパイプライン建設計画で合意し，同年8月には，トルクメニスタンのベルドイムハメドフ大統領（当時）が中国向けパイプラインの建設開始を宣言した。中国国内でも，これを通過させる新疆ウイグルから広東省に向けての「第2西気東輸」ガスパイプライン建設の計画が承認された。

中国は，天然ガス価格を国際レベルに引き上げようとするロシアから袂を分かって，割安なトルクメニスタンの天然ガスを輸入すべく，着々布石を打っているかに見える。

ここは現在最も激しいパイプライン競争が展開されている場所でもある。

〔引用・参考文献〕

1) クルーグマン(北村行伸，妹尾美起 訳)：自己組織化の経済学，p.199，東洋経済新聞社（1997）
2) Jentleson, Bruce W.：Pipeline Politics, p.263, Cornell University Press, London（1986）
3) BP Statistical Review of World Energy 2007（2007）

参考　**LPGについて**

天然ガスは電力会社における火力発電所の燃料として，また都市ガス会社における家庭用・業務用・産業用の燃料として幅広く利用され，わが国の1次エネルギー供給源として重要な役割を担っていることは，これまでに記述してきたとおりである。

1次エネルギー源には固体の石炭，液体の石油があり，気体では天然ガスのほかにLPGが固有の市場を形成している。LPGとは，「liquefied petroleum gas（液化石油ガス）」の略称であり，LPガスとも呼ばれている。LPGにはプロパンガスとブタンガスの2種類があるが，一般家庭で暖房用や厨房用でおもに利用されているのはプロパンガスである。天然ガスを主成分とする都市ガスはわが国で約2 800万件の需要家があるが，LPGの需要家もそれとほぼ同数であり，わが国のエネルギー供給で忘れてはならないエネルギー源である。そこで，本書の主題ではないがLPGの概要を以下に記す。

LPGは常温，常圧下では気体であるが，比較的低い加圧や冷却で容易に液化し，その液体比重は0.508（C_3）〜0.584（C_4）で平均0.55と軽い液体である。発熱量は約100.5〜134 MJ/m^3_Nで平均的に50.2 MJ/kgである。爆発範囲は1.5〜9.5％と少量の漏洩でも爆発の可能性が高いため取り扱いに注意を要する。LPGと都市ガス（天然ガス）の比較を**表1.6**に示す。

LPGは通常，鋼製加圧ボンベに充てんして販売され，移送，取扱いの便利さから都市ガスのない地域の家庭用燃料として住宅の軒下などに置かれる。そこで気化したプロパンガス

表 1.6 LPGと都市ガス（天然ガス）の比較

	LPG		都市ガス（13 A, 天然ガス主成分）
	プロパン C_3H_8	ブタン C_4H_{10}	メタン CH_4
発熱量〔MJ/m^3〕	99.1	128.4	45～46
比重（空気＝1）	1.55	2.08	0.66
液化温度（常圧）	−42 ℃	−2 ℃	−162 ℃
液化圧力（常温）	0.8～0.9 MPa	0.2～0.3 MPa	

（10 kgが気化すると約4.8 m^3 になる）を屋内に配管で導き燃焼利用するのが一般的である。

そのほかの用途として工業用燃料，タクシー燃料，都市ガス熱量調整用などに需要が高まっている。2005年度のわが国のLPG供給量は総量1840万トン（輸入1408万トン＋製油所製LPG 432万トン）とLNG消費量約5780万トンの約1/3程度の市場規模である。

LPGには，原油に随伴して生産される天然ガスやガス田から産出する湿性天然ガスから分離回収されるLPGおよび製油所で原油の精製過程において得られるLPGがある。したがってLPGは鉱床に単体で埋蔵されているものでなく，油田やガス田から生産される石油系炭化水素資源の連産品であるため，その供給に制限が伴うことに留意する必要がある。わが国には産油国から輸入で75 %，国内での石油精製で25 %が供給されている。輸入は中東地域のサウジアラビア，アラブ首長国連邦，クウェートなどからが85 %ほどであり，中東依存度が高くなっている（**表 1.7**）。

表 1.7 わが国のLPG国別輸入量の推移[2]

〔百万トン〕

国 名	2000年度		2005年度		
	数 量	〔%〕	数 量	〔%〕	2000年度比増減
サウジアラビア	631	42.5	540	38.4	−91
クウェート	134	9.0	149	10.6	15
アラブ首長国連邦	403	27.2	343	24.3	−60
その他	79	5.3	165	11.7	86
中東 計	1 247	84.0	1 197	85.0	−50
オーストラリア	78	5.3	108	7.7	30
インドネシア	94	6.3	63	4.4	−31
その他	46	3.1	22	1.6	−24
オセアニア・アジア 計	218	14.7	193	13.7	−25
アルジェリア	2	0.1	0	0.0	−2
ナイジェリア	14	0.9	7	0.5	−7
その他	4	0.3	11	0.8	7
新規ソース 計	20	1.3	18	1.3	−2
輸入合計	1 485	100.0	1 408	100.0	−77

図 **1.17** にわが国における LPG の利用先別需要量を示す。

アジア主要国における LPG は，需要面ではクリーンさや簡便さで需要が伸びており，特に量的拡大が著しい。わが国では分散型の特徴を生かして，今後のエネルギー利用システムの変革にも対応しようとしている。また災害対応に優れるなど，貴重なエネルギーと位置付けられている。一方，供給面では，カタール，サウジアラビアでの増産により，将来の期待感が大きい。

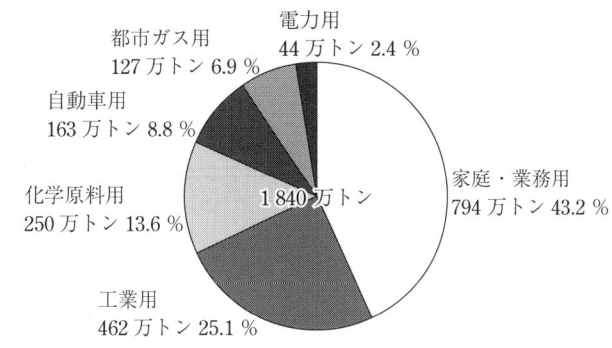

図 **1.17** わが国における LPG の利用先別需要量（2005年度）[1]

今後数年で世界最大の LPG 供給国になると予想されるカタールの販売戦略は，今後の生産量増大に加え，ターム契約の確保に注力することになろう。カタールは FOB の値決めに関しては，主導権を握るサウジアラビアを支持している。カタールの LPG 生産量は 2008 年 600 万トン，2009 年からは LNG 生産の本格化に伴い生産量の伸びが大きくなり，2011 年には 1 200 万トンまで拡大する見通しである。カタールはグローバルプレイヤーを目指しており，アジアだけでなく，欧米における存在感も高まることになろう。

〔引用・参考文献〕

1) 経済産業省資源エネルギー庁：エネルギー白書 2007 年
2) 日本 LP ガス協会：LP ガスの概要（2007）

2 天然ガス資源の開発

2.1 在来型天然ガスの成因と資源量

2.1.1 天然ガスの成因

〔1〕 天然ガスの起源

 天然ガスは地下に存在し地表条件下で気体である物質の総称であるが,通常はメタン,エタンなどの軽質炭化水素を主成分とした可燃性天然ガスを指す。可燃性天然ガスは無機的に生成した非生物起源ガス(abiogenic gas)と生物有機物や生物活動に由来する生物起源ガス(biogenic gas)に大別される。前者は無機起源ガス(inorganic-origin gas),後者は有機起源ガス(organic-origin gas)と呼ばれることがある。在来型天然ガス鉱床は,生物(有機)起源の炭化水素が集積して形成されたもので,非生物(無機)起源の炭化水素をほとんど含まない。

〔2〕 非生物起源ガス(無機起源ガス)

 非生物起源ガスは地球創生期に地球内部に閉じ込められた始原的なメタンや,それが反応して生成したエタン,プロパンなどを含んでおり,熱水活動の盛んな地域や火成岩体で検出されている。非生物起源の炭化水素ガスは①安定炭素同位体比($\delta^{13}C$[†1])が大きい(> -20‰[†2])②炭素数の多いものほど$\delta^{13}C$が小さい(メタン$\delta^{13}C>$エタン$\delta^{13}C>$プロパン$\delta^{13}C$)③不飽和化合物を含む,などの特徴がある[1]。非生物起源ガスの量はきわめて乏しく,天然ガス資源として利用された例がない。

〔3〕 生物起源ガス(有機起源ガス)

 生物起源ガスは,微生物活動に伴って生成する微生物起源ガス(microbial gas)と生物有機物の熱化学変化(熱クラッキング)によって生成する熱分解起源ガス(thermogenic

---

[†1] $\delta^{13}C$:炭素同位体比の表現方法。炭素の同位体比は,存在量の多い同位体に対する比(原子数の比),すなわち$^{13}C/^{12}C$が測定される。これらの同位体比は絶対比ではなく世界共通の標準物質である米国南カロライナ州ピーディー層産のベレムナイト(白亜紀のイカの仲間)の化石の同位体比からの千分偏差(‰:パーミル)が用いられ,$\delta^{13}C$として表現される。

[†2] ‰(パーミル):千分率(千分の1を単位とする)で数値は%(百分率)の10倍になる。同位体比率などを表すときに多用される。「±」は標準値からの差を示す。

gas) に大別される。

微生物起源ガスは，そのほとんどがメタンであるため，微生物起源メタン (microbial methane)，生物起源メタン (biogenic methane) と呼ばれることがある。メタン菌による炭素同位体分別と選択的なメタン生成のため，微生物起源ガスは① メタンの $\delta^{13}C$ が小さい（<-60 ‰）② ほとんどがメタンからなる（メタン/(エタン＋プロパン) 比$>1\,000$）という特徴がある[2),3)]。

微生物起源メタンには，CO_2 が還元され水素と結び付いて生成したものと酢酸発酵によって生成したものがある。前者は塩水環境で，後者は淡水環境で生じやすい。CO_2 還元に由来するメタンはその安定水素同位体比（δD）が大きい（$-150\sim250$ ‰）が，酢酸発酵に由来するメタンは δD がより小さい（$-250\sim400$ ‰）[3),4)]。微生物起源ガスはメタン菌の活動が盛んな低い地温（<50 °C）でより多く生成する。

熱分解起源ガスは，微生物起源ガスと比較して① エタンやプロパンの存在度が高い（メタン/(エタン＋プロパン) 比<100）② 炭化水素ガスの $\delta^{13}C$ が大きい（$-25\sim-45$ ‰）。また，非生物起源ガスと異なり，炭素数の多いものほど $\delta^{13}C$ が大きい（メタン $\delta^{13}C<$ エタン $\delta^{13}C<$ プロパン $\delta^{13}C$）[4),5)] という特徴がある。有機物（石油の根源物質であるケロジェンやオイル）の熱クラッキングが盛んになる堆積盆の地下深部（$>2\,500$ m，>100 °C）で多量の熱分解起源ガスが生成する。また，火成岩体周辺や熱水地域でも多量の熱分解起源ガスが生成することがある。

熱分解起源ガスの炭化水素組成は，起源有機物（ケロジェンタイプ）やガス生成時の地温（熟成段階）と関係している。より脂肪族構造に富む（水素に富む）起源有機物に由来した熱分解起源ガスほどメタンに対するエタン，プロパン，ブタンの割合が高い。また，より高い熟成度で生成した熱分解ガスほどメタンの割合が高い[6),7)]。

〔4〕 天然ガスの産状

天然ガスは炭化水素組成の違いによってつぎのように呼称される。ほとんどメタンからなり，常温・常圧下で液化する成分がほとんどないものをドライガス（乾性ガス）(dry gas)，メタンを主成分としているが常温・常圧下で液化するペンタン，ヘキサンなども十分含んでいるものをウェットガス（湿性ガス）(wet gas) という。地下深部の温度圧力条件下ではガスとして挙動するが，常温・常圧下で液化する石油炭化水素はコンデンセート (condensate) と呼ばれ，通常ウェットガスとともに産出する。

水に溶解して産する天然ガスを水溶性ガス (water dissolved gas)，オイルに伴って産出するものを随伴ガス (associated gas) と呼んでいる。随伴ガスは地下の貯留層内でオイルに溶解していた溶解ガス (dissolved gas または solution gas) と，オイルと分離して最上部に存在していたガスキャップガス (gas cap gas) が産出時に混合したものである。オイ

ルをほとんど伴わずにドライガスのみで天然ガス鉱床を形成するものは非随伴ガス（non-associated gas）と呼ばれる。構造性ガス・遊離型ガスと呼ばれることもある。

随伴ガスの多くは熱分解起源ガスであるが，地下浅部（<1000 m）の貯留層では，熱分解起源ガスと微生物起源ガスが混合していることが多い[3]。なお，日本の水溶性ガスはほとんどメタンからなる微生物起源ガスである[8,9]。

〔5〕 天然ガスの移動過程・集積後の変化

メタンは最も移動しやすい炭化水素なので，キャリアベット[†1]や複雑な破砕帯[†2]などを移動する過程で天然ガスのメタン濃度は変化する。貯留岩に集積後にもメタンの選択的なリークによって天然ガス組成は変化している。集積したオイルが貯留岩中でさらに熟成し，コンデンセートやメタンに富む熱分解起源ガスを生成することがある[10]。

地下浅所の貯留岩に集積した天然ガスは微生物分解作用によって炭化水素組成が変化することがある。好気的な条件下ではメタン酸化菌によりメタンが選択的に分解されることが多いが，エタンやプロパンが選択的に分解されることもある[3]。また，分枝状炭化水素よりも直鎖状炭化水素が微生物分解作用を受けやすい。

嫌気的な条件下ではメタン菌による微生物起源メタンの生成が進行し，同時にウェットガス成分が選択的に消失するため，よりドライな天然ガスが形成される[11]。微生物分解作用は好気的な環境で顕著に進行すると考えられるが，嫌気的環境での微生物分解作用も炭化水素組成に影響を与えている可能性がある[12]。

2.1.2 資源量評価方法

まず，資源量の算定方法について述べる前に，資源量とはなにかについて触れておきたい。一般的に資源量（resources）とは地下に存在するすべての炭化水素の量を意味し，すでに生産された量を含む場合もある。よく「埋蔵量（reserve）」という言葉を耳にするが，埋蔵量とは一般的に①既発見②回収可能③経済性を有する④残存している，の4条件を満たすものを意味しており，資源量の一部として捉えられている。

このような資源量や埋蔵量といった分類については，1972年に提唱されたMcKelvey Box[13]が，現在提唱されている多くの基準の基礎となっている（表2.1）。McKelveyは，炭化水素の発見状況（横軸）と商業性（縦軸）の観点から，資源量を，想定資源量（prospective resources），条件付資源量（contingent resources），埋蔵量（reserves）とに区分し，埋蔵量を資源量の一部に位置付けている。また，既発見で今後商業性が認められる可能

[†1] キャリアベッド（carrier beds）：浸透率・間隙率の高い粗粒の地質構造。
[†2] 破砕帯：岩盤が割れてずれ動いた断層面の周辺で，岩石の破片の間に隙間の多い状態となっている地質構造。

表 2.1 資源量の分類（Mckelvey Box）[13]

	既発見 (discovered)	未発見 (undiscovered)
商業性あり (commercial)	埋蔵量 (reserves)	想定資源量 (prospective resources)
商業性なし (sub-commercial)	条件付資源量 (contingent resources)	

性が高い部分を，未発見の資源量よりもランクの高い条件付資源量として区分している。

さらに，埋蔵量の部分に関しては，多くの基準で，確認埋蔵量（proved reserves），推定埋蔵量（probable reserves），予想埋蔵量（possible reserves）のカテゴリーが設けられ，評価の不確実性や回収の確実度合いを反映するように区分されている。確認埋蔵量は，坑井により炭化水素の存在を確認した部分のみで評価された，最も回収の確実度合いが大きい量となる。さらに，資源量の表現には究極可採量（ultimate recovery），究極可採資源量（ultimate recoverable resources）といった用語も用いられるが，究極可採量は，すでに生産された量の合計である累計生産量と埋蔵量から構成され，表 2.1 では埋蔵量にこれまでの累計生産量を加えた部分に相当する。一方，究極可採資源量は，究極可採量に今後発見され回収されると見込まれる未発見の資源量を加えたものとなっており，表 2.1 では，埋蔵量および条件付資源量に累計生産量と想定資源量の一部（回収可能な量のみ）を加えた部分に相当する。

資源量の評価方法には，アナロジー法，容積法，物質収支法（material balance method），減退曲線法（decline curve method），シミュレーションによる方法などさまざまあるが，通常，容積法で評価される。容積法は，以下の式として表される。

　　資源量 ＝ 貯留層の面積 × 貯留層の厚さ × 孔隙率
　　　　　　× ガス飽和率または原油飽和率 × 容積係数

ガスや原油は，地下においてプールのように溜っているのではなく，砂岩の粒子間や炭酸塩岩中（石灰岩など）の空隙，また火成岩の割れ目など，岩石の隙間に存在している。ガスや原油のもとになる有機物を含む根源岩から排出されたガスや原油は水よりも比重が軽く，岩石中の隙間をぬいながら浮力によって地下水の中を上へと移動する。そこに，ガスや原油が上へと通り抜けられない隙間のない岩石（帽岩）が覆うようにあれば，その下の貯留岩中の隙間に集積し，油ガス鉱床が成立する（図 2.1）。例えば，お風呂に水でぬらしたスポンジを詰め込んだ洗面器を逆さまに沈め，そこに下から空気の泡を送り込んだときに，空気がスポンジに溜っていく様子に似ている。資源量の評価ではこのスポンジに溜っているすべての空気量を見積るのである。

まず，容積法では「貯留層の面積×厚さ」から，油ガス層となっている岩石全体の体積を

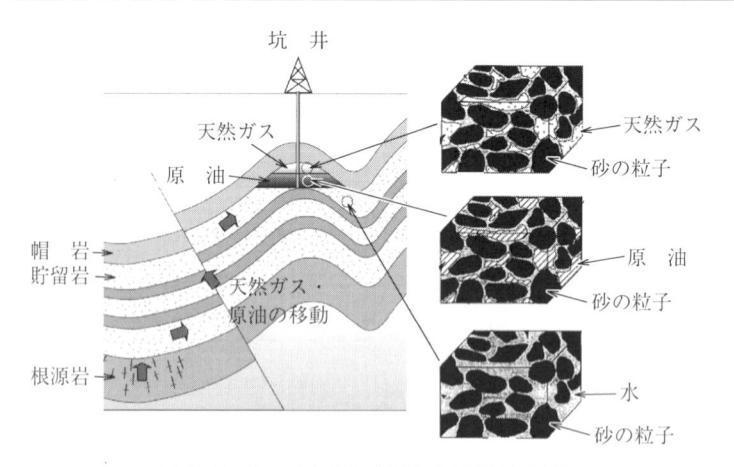

図 2.1 油ガス生成と地層中での移動と産状

算出する。洗面器の中のスポンジが占める体積を求めるのである。そして，ガスや原油はこの岩石の隙間にあるので，岩石中の隙間の割合である孔隙率が乗じられる。これで，スポンジの穴の部分のみの体積が算出される。しかし，この隙間全体にガスや原油が入っているのではなく，岩石の粒子表面に付着した水など，多少の水を含んでいるため，これらの水を排除しなければならない。そのため，ガスや原油の飽和率が乗じられる。これによりスポンジの穴にある空気の部分のみの体積が求められることとなる。

さらに，地下においては地上と比較して圧力が高く，ガスや原油の体積は縮んでいる。そのため，ガスおよび原油が地下から地上に上がってきたときの体積へと変換するために，容積係数が乗じられる。圧力によって縮みやすいガスの場合，容積係数は非常に大きくなる。そして，これらのパラメーターの積から，資源量が算出されるのである。なお，埋蔵量を算出する場合には，さらに坑井から回収できる割合（回収率）を乗じて求める。

しかしながら，われわれが直接目に見ることができない地下深くにあるものを正確な値で断定することはできない。貯留層の面積，厚さ，孔隙率など，資源量の算出に用いられたそれぞれのパラメーターは，決して一つの値として断定できるものではない。地下の情報は多くの不確実性を含んでいるのである。

そのため，1980年代後半から石油会社では，この不確実性を考慮するため，資源量の評価手法として不確実性の程度に応じて幅を持った確率分布で表現する，確率論的手法が用いられている。確率論的手法とは，容積法で算出する各パラメーターを確率分布で表現し，これらの確率分布どうしをモンテカルロ・シミュレーションにより掛け合せて，資源量の確率分布を算出する方法である（図 2.2）。

例えば，油ガス貯留層の面積は，90％の確からしさで何 km^2 以上はあるだろう，また，10％の確からしさで何 km^2 以上は考え得るだろうと，現状のデータや現実的に考えられる

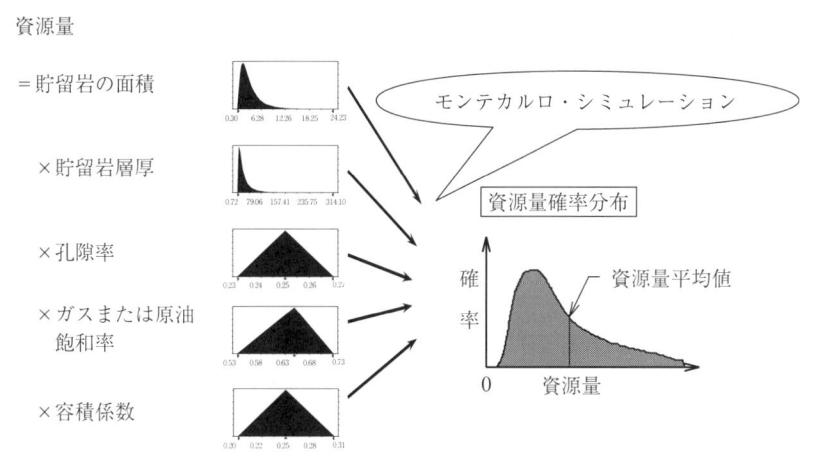

図 2.2　確率論的手法による資源量評価の概念

地質的状況の中で，面積が取り得る値の幅と確率分布を与えるのである．面積以外のパラメーターについても同様に現実的に取り得る値とそれに応じた確率が設定される．このとき与えられる確率分布は一般的に，貯留岩の面積や厚さに対しては対数正規分布，一方，孔隙率，油ガスの飽和率，容積係数，回収率は三角分布で表されることが多い．

そして，設定された各パラメーターの確率分布どうしは，モンテカルロ・シミュレーションによって掛け合され，資源量が確率を持った対数正規分布で表現されることとなる．対象となっている鉱床の資源量が，現状のデータや現実的に考えられる地質的状況の中で，保持し得る最小量から最大量が確率とともに表現されるのである．このうち，資源量分布の平均値が，見込まれる資源量の代表値として用いられる場合が多い．

しかし，資源量の値は，あくまでも現状における見積値であり，今後，坑井数が増えるなど，対象鉱床の状況を把握できる情報が増えるに従い，各パラメーターや資源量の分布幅は減少していき，より真実に近い値へと収束していくのである．

2.1.3　世界の資源量

世界全体の在来型天然ガスの究極可採資源量の推定値は1950年代後半から発表されており，5 000兆立方フィートから15 000兆立方フィートへと増加する二つのトレンドが認められ，20 000兆立方フィートに達する大きな値も発表されている（図 2.3）．1980年代から1990年代中ごろまでは10 000～12 000兆立方フィートの推定値が多いが，最近の推定値は15 000兆立方フィート前後である（表 2.2）．

石油鉱業連盟による最近の評価（石鉱連（2007））では究極可採資源量は15 515兆立方フィートとなり，前回5年前の評価よりも約900兆立方フィート増加している．その内訳およびほかの団体による評価との比較を表 2.3に示す．

また，世界で汎用されている BP 統計から天然ガスの確認埋蔵量の多い上位 25 か国に関して 2005 年の商業生産量と可採年数（埋蔵量（reserve）/年間生産量（production）＝R/P〔年〕）を含めて列挙すると表 2.4 のようになる。

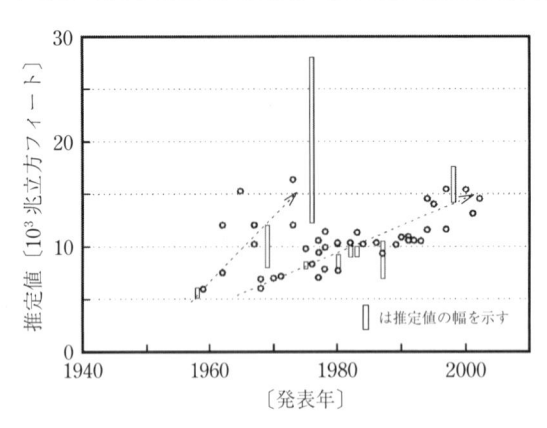

図 2.3 在来型天然ガスの究極可採資源量推定値の変遷

表 2.2 在来型天然ガスの究極可採資源量の推定値[17]

発表年	推定値〔兆立方フィート〕※	発表者	所属
1997	15 457	Enron	
1997	11 568	Masters et al.	USGS（米国地質調査所）
1997	11 625	Edwards	コロラド大学
1997	11 649	石油鉱業連盟	
1998	14 124	Krylov et al.	ロシアの諸機関
1998	14 124 〜 17 655	Appert	Cedigaz（国際天然ガス情報センター）
2000	15 401	USGS	
2001	13 141	Edwards	コロラド大学
2002	14 589	石油鉱業連盟	

※ 1兆立方フィート（1 Tcf）（＝10^{12} ft^3）≒283億 m^3

表 2.3 在来型天然ガスの究極可採資源量とその内訳[17]

〔兆立方フィート〕

	石鉱連（2007）※	石鉱連（2002）	USGS（2000）	Salvador（2006）
究極可採資源量	15 515	14 589	15 401	17 000 〜 20 000
累計生産量	3 625	3 087	1 752	2 500
確認埋蔵量	6 137	4 870	4 793	5 500
埋蔵量成長	3 660	1 778	3 660	9 000 〜 12 000
未発見資源量	2 093	4 870	5 196	
評価時点	（2005年末）	（2000年末）	（1995年末）	（2000年末）

※ 石鉱連（2007）の究極可採資源量と累計生産量は，商業生産量にシュリンケイジロス（収縮ロス），焼却ガス，圧入ガスなどを加えた井戸元生産量に基づく。

2.1 在来型天然ガスの成因と資源量

表 2.4 国別の天然ガス確認埋蔵量および商業生産量[18]

埋蔵量順位	産ガス国	2005年末 天然ガス確認埋蔵量 [兆立方フィート]	[%]	2005年末 天然ガス商業生産量 [兆立方フィート]	[%]	可採年数 R/P〔年〕
1	ロシア	1 688.0	26.59	21.11	21.64	80
2	イラン	943.9	14.87	3.07	3.15	307
3	カタール	910.1	14.34	1.54	1.58	591
4	サウジアラビア	243.6	3.84	2.45	2.51	99
5	アラブ首長国連邦	213.0	3.36	1.64	1.68	130
6	米 国	192.5	3.03	18.56	19.03	10
7	ナイジェリア	184.6	2.91	0.77	0.79	240
8	アルジェリア	161.7	2.55	3.10	3.18	52
9	ベネズエラ	152.3	2.40	1.02	1.05	149
10	イラク	111.9	1.76	0.00	0.00	NA
	上位10か国累計 世界中のシェア	4 801.6	75.64	53.26	54.61	90.2
11	カザフスタン	105.9	1.67	0.83	0.85	128
12	トルクメニスタン	102.4	1.61	2.08	2.13	49
13	インドネシア	97.4	1.53	2.68	2.75	36
14	オーストラリア	89.0	1.40	1.31	1.34	68
15	マレーシア	87.5	1.38	2.11	2.17	41
16	ノルウェー	84.9	1.34	3.00	3.08	28
17	中 国	83.0	1.31	1.77	1.81	47
18	エジプト	66.7	1.05	1.23	1.26	54
19	ウズベキスタン	65.3	1.03	1.97	2.02	33
20	カナダ	56.0	0.88	6.55	6.72	9
	上位20か国累計 世界中のシェア	5 639.7	88.84	76.78	78.72	73.5
21	クウェート	55.5	0.87	0.34	0.35	162
22	リビア	52.6	0.83	0.41	0.42	127
23	オランダ	49.6	0.78	2.22	2.28	22
24	アゼルバイジャン	48.4	0.76	0.19	0.19	259
25	インド	38.9	0.61	1.07	1.10	36
	上位25か国累計 世界中のシェア	5 884.7	92.70	81.02	83.07	72.6
	世界合計	6 348.1	100%	97.53	100%	65.1

〔引用・参考文献〕

1) J. Potter and J. Konnerup-Madsen："A review of the occurrence and origin of abiogenic hydrocarbons in igneous rocks", Hydrocarbons in Crystalline Rocks, Geol. Soc. Lond. Spec. Pub., Vol.**214**, pp.151～173（2003）

2) B. B. Bernard, J. M. Brooks, and W. M. Sackett："Natural gas seepage in the Gulf of Mexico", EPSL, Vol.**31**, No.1, pp.48～54（1976）

3) 早稲田周，岩野裕継，武田信従："地球化学からみた天然ガスの成因と熟成度"，石油技術協会誌，Vol.**67**, No.1, pp.3～15（2002）

4) M. Schoell："Multiple origins of methane in the earth", Chem. Geol., Vol.**71**, pp.1～10（1988）

5) S. Sakata："Carbon isotope geochemistry of natural gases from the Green Tuff Basin, Japan",

Geochim. Cosmochim. Acta., Vol.**55**, No.5, pp.1395〜1405 (1991)

6) B. P. Tissot and D. H. Welte：Petroleum Formation and Occurrence, p.699, Springer-Verlag, New York (1984)
7) J. M. Hunt：Petroleum Geochemistry and Geology (2nd ed.), p.743, W. H. Freeman and Company, New York (1996)
8) S. Igari and S. Sakata："Origin of natural gas of dissolved-in-water type in Japan inferred from chemical and isotopic compositions：Occurrence of dissolved gas of thermogenic origin", Geochem. J., Vol.**23**, No.3, pp.139〜142 (1989)
9) 金子信行，前川竜男，猪狩俊一郎："アーケアによるメタンの生成と間隙水への濃集機構"，石油技術協会誌，Vol.**67**，No.1，pp.97〜110 (2002)
10) 早稲田周："東北日本原油の炭素・水素同位体組成と熟成度"，石油技術協会誌，Vol.**58**，No.3, pp.199〜208 (1993)
11) C. J. Boreham, J. M. Hope, and B. Hartung-Kagi："Understanding source, distribution and preservation of Australian natural gas：a geochemical perspective", APPEA Journal, Vol.**41**, No.1, pp.523〜547 (2001)
12) J. Heider, A. M. Spormann, H. R. Beller, and F. Widdel："Anaerobic bacterial metabolism of hydrocarbons", FEMS Microbiology Reviews, Vol.**22**, No.5, pp.459〜473 (1998)
13) McKelvey, V. E："Mineral Resource Estimates and Public Policy", American Scientist, Vol.**60**, pp.32〜40 (1972)
14) Peter R. Rose：Risk Analysis and Management of Petroleum Exploration Ventures, AAPG Methods in Exploration series, No.12, American Association of Petroleum Geologists (2001)
15) 富田伸彦，高山將："石油・天然ガス資源の埋蔵量定義と算定法—最新基礎知識と実際—"，石油天然ガスレビュー，Vol.8, pp.25〜59 (1999)
16) 金原靖久，窪田寛："石油探鉱リスクの定量化"，ペトロテック，Vol.**24**, No.6, p.475 (2001)
17) 石鉱連：石鉱連資源評価スタディ 2007 年（世界の石油・天然ガス等の資源に関する 2005 年末における評価 (2007)
18) BP Statistical Review of World Energy 2006 (2006)

2.2 天然ガスの開発技術

2.2.1 探査技術

地下を掘削する前に天然ガス層の存在をあらかじめ推定できれば，天然ガス開発のリスクやコストが低減する。衛星画像や地表踏査に基づく地質学的検討や重磁力調査による広域検討などを経て天然ガスの賦存の可能性が高いエリアが絞り込まれた後，試掘対象構造の抽出や掘削計画の立案のため地下探査として，反射法地震探査と呼ばれる方法が用いられる。

反射法地震探査は，地表や地表付近（海域の場合には海面付近の海中）で人工震源によって地震波を発生させ，地下ないしは海底下から反射して戻ってくる地震波の反射波を観測して，それをもとに地下構造を再現する手法である（図 **2.4**）。地震波は弾性的変形が波動となって伝搬する現象であり，地層の密度や弾性波速度が変化する地層の境界では反射波が発

生する。これらの反射波の発生箇所と反射波の形状を再現することによって，地下構造のイメージを得ることができる。その結果を地質学的に解釈して，天然ガスを胚胎する可能性の高い地下構造を抽出し，場所・深度といった掘削に必要な情報を取得する。天然ガス層の存在が期待される構造形態として，構造トラップ・層位封鎖型トラップ・断層トラップなどがある。

反射法地震探査は，作業コストが数千万〜数十億円程度と高額であるが，探査深度が深く（石油・天然

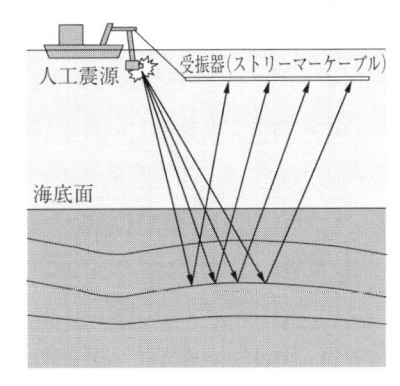

図2.4 反射法地震探査の概念図

ガス探査の場合は通常深度5〜6千m程度まで），高分解能（深度などにより異なるが数〜十数m程度）であり，多くのフィールドにおいて実績を有することから，成功時の利益率が高い石油や天然ガスの開発では，投資に見合う成果が得られると認識されている。反射法地震探査技術は，高精度化や高仕様化が進み，現在では，3次元的に地下構造を再現する3次元反射法地震探査技術に発展している。

また，反射法地震探査のデータには，地下の構造形態だけではなく，地層や地層内流体などの物理学的情報も反映される。

例えば，石油探査では，油層と水層の物性差が小さいため，地下構造や地層性状などの地質情報から間接的に油層の存在を推定することが多いのに対し，天然ガス層の場合は，気体の天然ガスと，液体である石油や水との物性差が大きいため，その影響が波形に反映されやすい。例えば，褶曲構造の頂部に天然ガスが賦存する場合には，天然ガス層部分の上位のみ強振幅となるブライトスポ

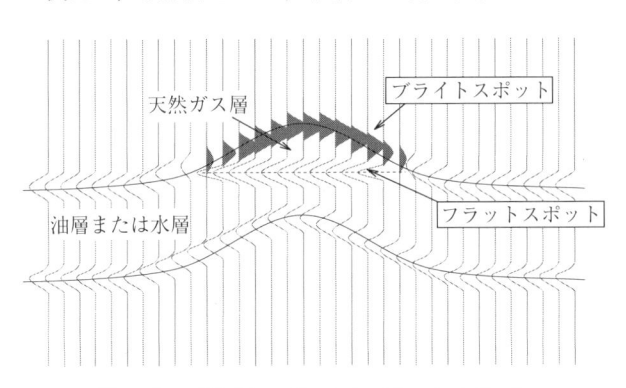

図2.5 ブライトスポットとフラットスポット

ットと呼ばれる現象が認められることがある。また，天然ガスは地層内では油や水と分離されるため，天然ガス層の下部のガス‐油境界あるいはガス‐水境界で平坦な反射波が発生するフラットスポットと呼ばれる現象が発生する（図2.5）。

ブライトスポットやフラットスポットは，天然ガス層においてつねに確認されるとは限らず，また，天然ガス層以外でも発生し得る場合もあるため，それのみで天然ガス層の存在と結び付けるのは危険であるが，定性的な指標として活用されている。

定量的な指標としては，AVO（amplitude variation with offset，あるいはamplitude versus offset）解析が挙げられる。AVO解析とは，天然ガス層が存在する場合，反射波の振幅がオフセット（受発振点間隔）によって顕著な変化を呈することがあり，それをガス層の判定に利用する技術である。具体的にどのような振幅の変化が天然ガス層の存在を示唆するかについては，評価対象となる地層の特性や深度に依存し，いくつかのケースが想定される。このため，AVO解析は，未探鉱エリアではなく，周辺エリアの探査が十分に進み，AVO解析が天然ガス層の検知に有効と判明しているエリアに一般に適用される。

また，既存坑井の検層データと反射波の波形情報を関係付けることによって，反射法地震探査から密度・速度などの物性情報を推定するインバージョン解析や地震探査属性（アトリビュート）解析，天然ガス層の生産前後の波形変化を観測するタイムラプス（繰返し）地震探査技術（複数回の3次元地震探査を実施する場合は4次元地震探査技術と呼ばれる）といった技術も開発され，探査段階だけではなく，生産段階においても反射法地震探査が活用されるようになっている。

なお，これらは，基本的に縦波の地震波であるP波（水中を伝搬する場合は音波）を用いるが，近年では，S波地震探査技術（ガス層を通過するP波が散乱・減衰する場合は，流体中を伝搬しないS波を用いるほうが良好な地下のイメージが得られる）や，海洋電磁探査技術（電気的比抵抗変化から天然ガス層などの存在を抽出する）も開発され，実用的な段階に入りつつある。

2.2.2 検層技術

検層（物理検層）とは，坑井内に計測機器（検層機，logging tool）を下ろして坑井の周辺の地層の物理特性や構造などを測定する技術のことをいう。

検層が最初に行われたのは1927年で，フランス北東部でコンラッド・シュルンベルジェ，アンリ・ドールなどが行った地下の比抵抗測定である。一般的に検層は，坑井の最深部から上方に向かって連続的に測定し，地上までワイヤーラインと呼ばれるケーブルでデータを転送するので，ワイヤーラインログともいう（図2.6）。

図2.6 ワイヤーラインログ

〔1〕検層（ログ）

最初に確立したのは，比抵抗，自然電位などの電気検層の技術であるため，日本ではそのほかの物理検層も含め電気検層または電検と呼ばれることもある。現在では音波，放射線，核磁気共鳴などの物理的測定のほか，坑壁の地層のイメージ検層，地層内流体の採集，解析なども行われる。

物理検層の大きな役割の一つに地層内の天然ガス，石油などの炭化水素の量を特定するこ

とが挙げられる。

まず，地震探査により天然ガス，石油のあり得る貯留層の範囲と厚み，すなわち体積が推定される。そのうちガス，石油および水からなる地層内流体が占めるのは岩石の空隙部分であり，空隙の占める割合を孔隙率という。また，空隙のうち地層水が占める割合を水飽和率という。したがって地層内の炭化水素の量は貯留層の体積，孔隙率，そして1から水飽和率を引いた数の積で表される。

〔**2**〕 **Archie の式と電気検層**

電気検層は初期においては地層水よりも石油を含む層のほうが比抵抗が高いことを利用してそのような地層を見付けるための定性的な利用がされていたが，1940年代に入り Archie により，つぎの経験則が導かれた。

$$R_t = R_w/(\phi^m \times S_w^n)$$

ここで，R_t：地層の比抵抗（formation resistivity），R_w：地層水の比抵抗（water resistivity），ϕ：孔隙率（porosity），m：膠結係数（cementation factor），S_w：水飽和率（water saturation），n：飽和指数（saturation exponent）である。

これを解いて S_w を導けば地層内炭化水素の量の概算が求められる。最初の概算には m および n には2が用いられる。実際にはさまざまなほかの要素，岩石の種類や油田・ガス田により修正が加えられる。R_t は電気検層により求められ，R_w はサンプル採集や水飽和率100%の層を用いて求める。電気検層には地層に直接電流を流すラテロログや，電磁誘導を用いたインダクションログなどがある。

〔**3**〕 **孔隙率検層および音波検層**

孔隙率を求めるには密度検層，中性子検層，音波検層，核磁気共鳴検層などが用いられる。密度検層にはガンマ線が用いられ，コンプトン散乱と電子密度の関係から地層の密度を求め，そこから孔隙率を推定する。中性子検層は，中性子線を用い，水素が水にも石油にも含まれることから，中性子と水素原子核の衝突による減速および吸収と水素密度の関係から孔隙率を求める。なお，天然ガスは水や石油に比べ水素密度が低いことから，密度検層から求めた孔隙率よりも中性子検層から求めた孔隙率が極端に低くなり，石油と天然ガスを見分けることができる。

音波検層では，坑井内に kHz から数十 kHz オーダーの音波発信源と複数の受信センサーを並べ，音波が坑壁から地層内を屈折して受信センサーに戻って来る時間を測定して地層の音速を測定する。一義的には前工程の地震探査の結果と実際の坑井，地層の深度を比較するのに用いられるが，最新の技術では坑壁に沿って全周方向と深度方向に多数の受信センサーを並べ，単極および双極の発振器を用いることにより，地層のP波，S波の速度や方向性を求め岩石力学の解析にも用いられる。

〔4〕 坑井内地震探査

一般的に地震探査は地表や海表面に震源と地震計を並べて地中の構造を推定するものであるが，受信器を坑井内に配置することにより，いわゆるVSP（vertical seismic profiling）や音波検層のためのチェックショットとして音波伝搬時間と深度との対応付けをする目的に用いられる。また，坑井近傍や坑井深度よりも深いところのより詳細な地下構造のイメージングにも盛んに用いられるようになった。近年では水圧破砕の際に発生する微小地震のモニタリングにも用いられる。

〔5〕 圧力測定および地層流体解析・サンプリング

地層内流体の採集の際に圧力変化を測定することにより貯留層の広がりを推定する。またサンプリング初期の流体は掘削中に用いられた泥水が含まれるためサンプリングの最中に流体の解析を行い，より質の高い地層内流体を採集する。

〔6〕 掘削同時検層・計測（LWD・MWD）

検層にはワイヤーラインログのほかに，近年確立されてきた技術で掘削用のパイプの先に検層機器をつなぐ方法がある。logging while drilling（LWD）と呼ばれ，時間短縮に有効な方法として盛んに用いられるようになった。なお，掘削同時計測（MWD：measurement while drilling）とは，LWDが地層の物理計測を行うのに対し，掘削に必要な情報，例えばビット加重，坑井の方向，深度対比のための自然ガンマ線などの測定を指す。

2.2.3 掘削技術

掘削の目的は，地下の石油・天然ガスを効率的かつ計画的に生産するために，環境に配慮して坑井を掘ることである。坑井掘削の方法は20世紀初頭に発明されたロータリー掘削が主流であり，ビットをパイプの下端に接続して荷重と回転を与えることで地下を掘り進む方法である。

掘削装置は掘削リグとも呼ばれ，以下の主要コンポーネントで構成されるシステム設備である（図2.7）。

- デリックおよびサブストラクチャー（重量物懸垂と作業のためのベース）
- ドローワークス（パイプ類などの重量物懸垂のための巻上装置）

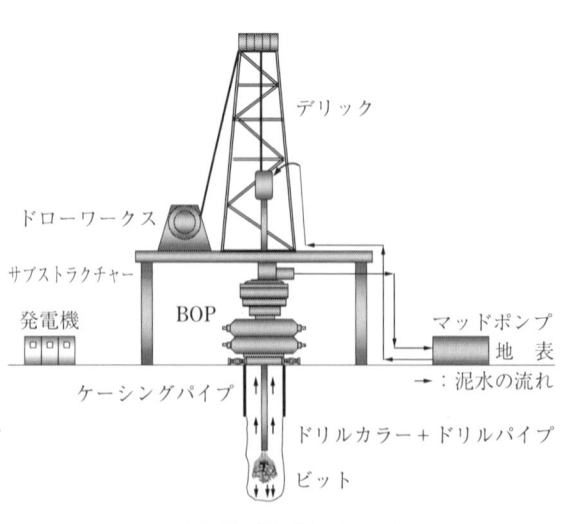

図2.7 掘削リグ

- マッドポンプ（掘削流体循環用ポンプ）
- ブローアウトプリベンター（噴出防止装置，通常「BOP」という）
- パワー（発電機）

掘削リグの選択に際しては，目的深度までのパイプ類などの懸垂重量について安全率を考慮して充分な巻上能力があることを確認し，そこへ到達するまでの地質条件（地層圧勾配，地層破壊圧勾配，温度勾配，岩質）から掘削上の障害を予測し，地層評価計画や生産計画を設計条件（圧力と温度）に環境上の立地条件（山間地，田畑，市街地，河川，海洋）を配慮したエンジニアリングを行い，安全で最適なシステム設備を使用しなければならない。

エンジニアリング上の主要な問題点としては下記の項目を挙げることができる。

- ソフト面：複雑な地下構造の予測，異常高圧・低圧の予測，周辺環境への配慮
- ハード面：高圧・高温による鉄などの材質の劣化，掘削流体の劣化，繰返し応力による金属疲労，ねじの劣化，パイプ類の磨耗，H_2S や CO_2 による金属腐食

最適な掘削リグを選択し，エンジニアリング上の問題点の対策を講じたら，掘削計画書を作成する。実際の作業は掘削工程表（縦軸：掘削深度，横軸：日数）により進捗を把握してコスト管理を行う。

通常の坑井掘削では，掘削上の障害や圧力・温度条件を予測して坑径とケーシングパイプ径を組み合せ，目的深度まで到達する計画を作成する。地表に近い区間では大坑径だが，目的深度では小坑径の坑井になっている（図 **2.8**）。

一定区間の掘削が終了したら，ケーシングパイプを降下し，坑壁とパイプの間隙にセメントスラリーを充てんする。この作業をケーシング・セメンチング作業という。掘削，ケーシングパイプの降下，セメンチングを繰り返しながら目的深度へ到達することになる。その地域で初めて掘削する場合（試掘）は，周辺で掘削した坑井データがないため，エマージェンシー用のケーシングを準備する。

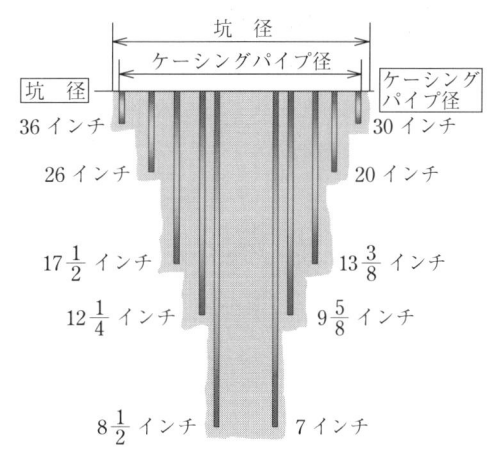

図 **2.8** 坑径とケーシングパイプ径の組合せ

岩質は一般的に浅い深度ほど圧密が進んでおらず柔かいが，深くなるにつれて圧密が進むため硬くなる。そのため，浅層から深層になるにつれて，ツースビット，インサートビット，PDC ビット，ダイヤモンドビットなどの中から最適なビットを選択する（図 **2.9**）。

掘削に使用する流体を一般的に泥水と呼ぶ。泥水は，地表から中空のパイプ類（ドリルパ

ツースビット　インサートビット　PDCビット　ダイヤモンドビット

図2.9　各種ビット

イプ，ドリルカラー）とビットのノズルを通して坑底へポンピングされ，坑壁とパイプ類の間（アニュラス）を上昇して岩石の掘り屑（カッティングス）とともに地表へ戻るクローズドシステムにより管理されている。また，泥水にはビットとパイプ類が掘削時に生じる摩擦熱や坑内温度を冷却させる役目もある。

泥水は陸上では清水を使用したベントナイト泥水が一般的であり，海洋では清水の代りに海水を使用する。近年では合成オイルを使用した例もある。おもな調泥剤には加重剤（バライト，地層圧力に抗するための泥水比重のコントロール），増粘剤（ベントナイト，粘性のコントロール）があり，ほかに分散剤，有機コロイド剤，逸泥防止剤などを必要に応じて泥水に混ぜて使用する。

泥水比重が低過ぎると泥水圧力が地層圧力より低くなり，地層流体（油，ガス，もしくは地層水）が坑内へ侵入し，そのままにしておくと地表へ噴出して著しい環境破壊を起す。一方，泥水比重が高過ぎると泥水圧力が地層圧力より高くなり，過度に高くなると泥水が地層へ逃げる逸泥現象が生じて泥水の水頭が下がり，結果的に泥水圧力が地層圧力より低くなる。そのため，掘削中は泥水の性状を常時監視して必要な維持管理をするとともに，万一の事態に備えて坑井を密閉するための噴出防止装置を設置している。

理論的には垂直深度10mで1気圧増加するので，3000m掘削すると坑底では300気圧の高圧がビットやパイプにかかる計算になるが，造山運動による地層の褶曲，断層などにより異常高圧・低圧の現象がしばしば見られる。

地表に地形的障害物や人工障害物がある場合には傾斜掘りで掘削するが，近年ではダウンホールモーター方式，トップドライブ方式にMWD

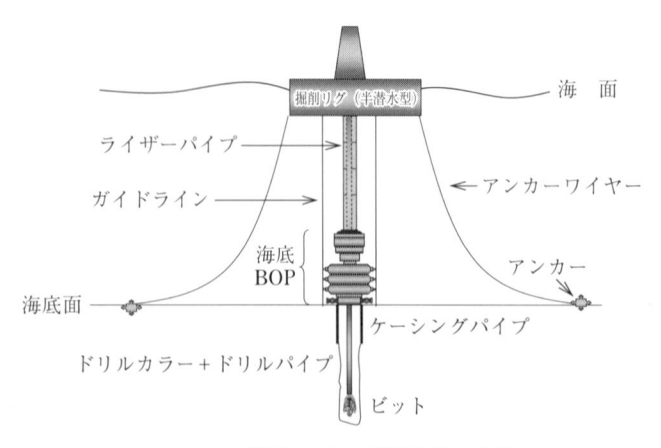

図2.10　海洋における掘削作業の事例

（ビット位置を泥水中のパルス波として地表に伝送するシステム）を組み合せた水平掘り技術が進んでいる。また，陸上だけでなく海洋における掘削も増加している（図2.10）。

　目的深度までの間で各種検層を実施して地層の中の油とガスの賦存状況を確認する。油やガスを含む地層が見付かれば，どの程度の生産能力があるか産出テストを行い，状況により仕上げ作業を行う。油・ガスの兆候がない場合は坑井を埋め立てて原状復帰する。

　日本の最深井は6 300 mであるが，世界には10 000 mを超える大深度坑井掘削の事例がある。高温・高圧の条件下では石油はガス状態で存在している可能性が高く，環境にクリーンな天然ガスの開発は今後ますます増加するであろう。

2.2.4 生産技術

　天然ガスはメタン（CH_4）を主成分とする炭化水素からなる可燃性天然ガスを指し，その地質学的産状によって油田系天然ガス，炭層ガス，水溶性天然ガスに大別される。このうち世界的に商業生産の対象となっているのは油田系天然ガスであるので，ここではこのタイプの天然ガスの生産技術について述べる。

〔1〕 生産坑井と生産効率

　天然ガス田の開発では，目標ピーク生産量と1坑当りの適正生産量とから生産坑井の数を決める。またガス層の構造形態や性状に応じてシミュレーション技術などを駆使し，回収率を最大にするように坑井の位置を決める。坑井は通常チュービングパイプ（石油ガスを地上に導くため坑井内に設置される小口径パイプ）1本で構成されるが，海洋ガス田など機器配

（a） 単層仕上げの例　　　　　　　（b） 2層仕上げの例

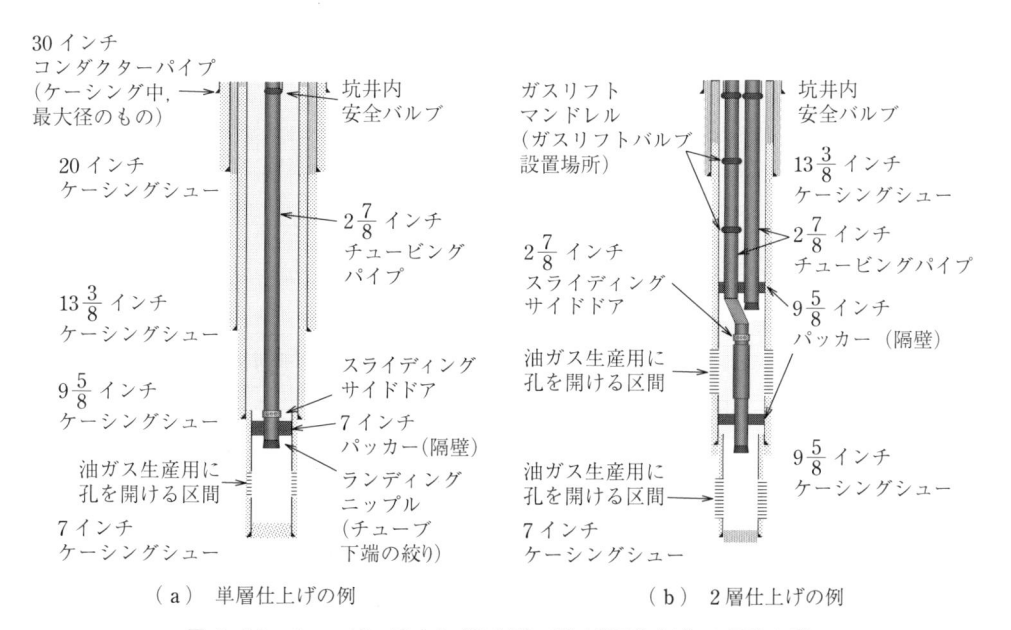

図2.11　チュービングパイプ仕上げの例（単層仕上げ，2層仕上げ）

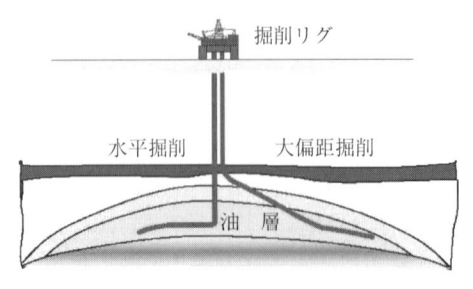

図 2.12 水平井と大偏距掘削井[3]

置スペースの制約やコスト削減などの理由で2層仕上げの方法もある（図 2.11）。

さらに1坑井からできるだけ多くの生産をするため，坑井の傾斜を究極の水平にして貯留層から石油ガスをより流入しやすくする水平井（horizontal well）の掘削は近年盛んに行われてきている。さらに大偏距掘削井（ERD：extended reach drilling well）により 10 km 以上遠方まで掘削仕上げし，生産施設を集中させ開発対象を広げることで，海洋や遠隔地・極地での効率の良いガス田開発を計画実施することも行われている（図 2.12）。

貯留層岩石の石油・ガスの流れやすさを浸透率（permeability）と呼ぶ。坑井近傍の貯留岩は掘削泥水，セメントやパーフォレーションなどに晒され，生産井として仕上げられるまでに貯留岩は浸透率が低下し本来の生産能力が損なわれることがある（formation damage, 地層障害）。これに対し酸処理あるいは水圧破砕法（hydraulic fracturing）などの，坑井刺激法（well stimulation）を用いて貯留層本来の能力を回復させることができる。さらに貯留層本来の浸透率が低く生産性が悪いケースでも，坑井刺激法を適用して1坑井当りの生産量を大きくし全体の坑井数を少なくすることにより，経済性良く商業生産を可能とすることのできる場合がある。坑井刺激法は1940年代から行われている古くからの手法であるが，対象とするガス貯留層の性状ごとに慎重に検討しデザインしなければならない。

CBMや浸透率の非常に低いタイトサンドガス，シェールガス層などの非在来型ガス層に対する開発が進められるようになり，坑井刺激法についての改良が続けられ技術開発が盛んに行われている。

〔2〕 天然ガスの処理

天然ガスの処理プロセスを図 2.13 に示す。天然ガスは主成分のメタンなど炭化水素のほかに油や水を含むことが多い。セパレーターで油・水を分離した天然ガス中には依然不純物や少量の水が残っており，圧力や温度の条件によっては，ハイドレート（hydrate, メタンの水和物）が発生し生産機器やパイプラインを閉塞させ腐食の原因にもなり得る。そこで天然ガスとグリコールを接触させ，水分を吸収させて脱湿するグリコール・デハイドレーター（glycol dehydrator）が多く用いられる。ガス中の水分（水蒸気）含有量として7ポンド/百万立方フィート（約139 ppm，約 $0.1\,\mathrm{g/m^3}$）を米国のパイプライン会社は用いており，わが国でもこの数値を基準とすることが多い。

天然ガスはまた CO_2 や H_2S などの不純物が混ざった状態で産出されることがある。イオウ化合物（多くの場合 H_2S）を高濃度で含むサワーガス（sour gas）は，悪臭，強い毒性，

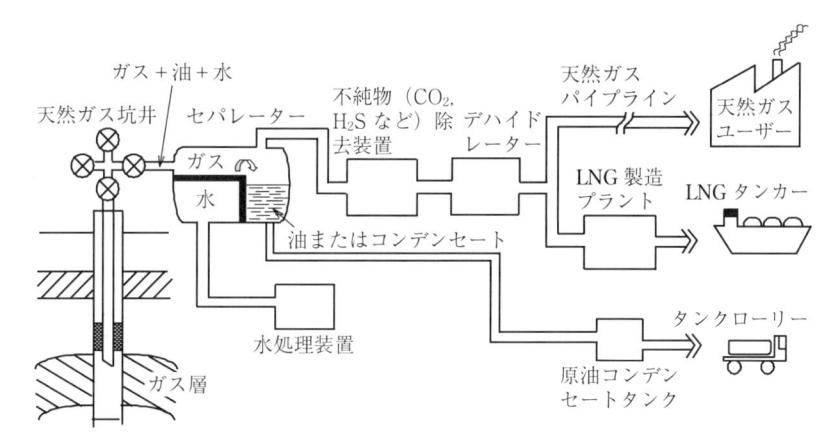

図 2.13 天然ガスの処理プロセス

腐食性を有し脱硫処理するのが普通で，サワーガスを扱う現場では厳重な保安対策が必要である。

天然ガスの処理においては，サプライチェーンの中流側（パイプライン輸送あるいはLNGによるタンカー輸送），下流側（発電所，肥料工場，都市ガスなどの需要側）が必要とする条件によって，除去する不純物成分とその除去レベルが決まる。腐食防止，熱量低下対策，輸送障害防止（ハイドレート生成，液化），燃焼時の安定性などの観点からケースバイケースで処理プロセスは異なる。例えばLNGの場合，極低温の液化プロセスを経るので厳しい性状基準が要求され，H_2S 4 ppm，CO_2 100 ppm，水分 1 ppm それぞれ以下とすることが要求される。特殊な微量成分としてヘリウムを含む場合もあり，全世界の 90 % 以上のヘリウムは米国で天然ガスから分離製造されている。

〔3〕 大水深，遠隔地へ

最近の高油価を背景として世界の石油会社は，より遠隔地・寒冷地へ，海洋ガス田開発ではより深海へと，高度な技術を必要とする状況になっている。また資機材の価格高騰，きわめてタイトな掘削用リグ需給など，探鉱開発に関わるコスト環境は厳しくなる一方であり，いかに効率的でコストの低い開発生産操業を行うかが石油会社にとって重要である。

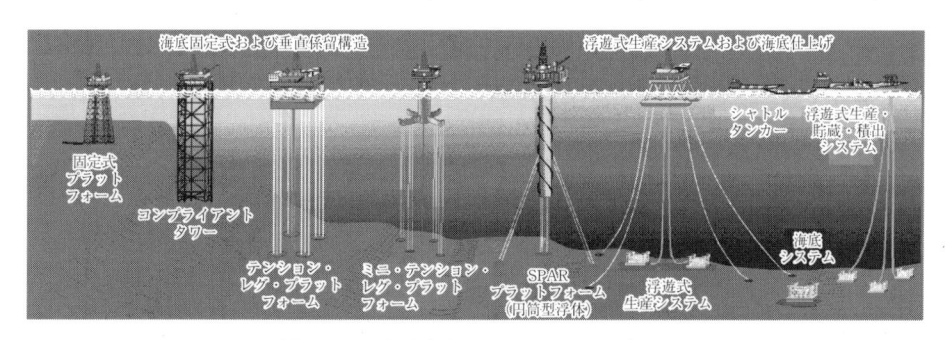

図 2.14 海洋生産システム，より深海へ[4]

海洋での石油天然ガス開発は1940年代米国メキシコ湾で始まった。当初は水深も浅く固定式プラットフォーム（fixed platform）を用いて開発生産していたが，せいぜい水深400m程度までが限度であった。沖合水深の大きい海洋での探鉱が進められ，近年では浮遊式生産システムと海底仕上げ（floating production and subsea system）などを用いて水深2 000 m以上での生産も開始されている。世界において北部北海やブラジル沖も含めて，技術開発が進められ，より大水深，極地・遠隔地へ今後もこの傾向は進むものと思われる（図 2 . 14）。

〔引用・参考文献〕

1) 物理探査学会：物理探査ハンドブック，物理探査学会（1998）
2) 物理探査学会：新版 物理探査用語辞典，愛智出版（2005）
3) 佐尾邦久："水深2,000 mを超えた生産井―油・ガス田開発の進歩"，JOGMEC石油天然ガスレビュー，Vol.**40**，No.5，pp.31～46（2006）
4) MMS（米国内務省鉱物管理局）：Deepwater Gulf of Mexico 2006：America's Expanding Frontier, http://www.gomr.mms.gov/ （2008年8月20日現在）
5) 石油技術協会 編，最近の我が国の石油開発，石油技術協会（1993）
6) 石油技術協会 編，石油・天然ガス資源の未来を拓く，石油技術協会（2004）
7) 野神隆之："資源ナショナリズム台頭で深海/非在来型石油・天然ガス開発加速"，JOGMEC石油天然ガスレビュー，Vol.**40**，No.5，pp.1～20（2006）
9) 佐藤隆一："メキシコ湾大水深の古第三系石油開発に道を拓く"，JOGMEC石油天然ガスレビュー，Vol.**41**，No.1，pp.41～50（2007）

2.3　非在来型天然ガス

2.3.1　タイトサンドガスとシェールガス

〔1〕　タイトサンドガスとは

　タイトサンドガスは，従来の天然ガス貯留層に存在するものの，深層であるため地層圧が高いこともあって，天然ガスが流動する空間が小さいことから，存在する天然ガスの流動性（浸透率）が低く，その結果開発・生産コストが増大するなど，産出効率が悪い天然ガスのことをいう。

〔2〕　タイトサンドガス開発の経緯

　タイトサンドの開発・生産は現在のところおもに米国で行われている。したがって資源の賦存状況も比較的わかってきている。東はアパラチア山脈地帯，南部はテキサス州，そしてコロラド州やワイオミング州といったロッキー山脈にタイトサンドガス資源は分布しているといわれている。米国のタイトサンド資源量は600～925兆立方フィートといわれており，確認埋蔵量は2004年には278兆立方フィートとなっているが，これは1978年の19兆立方

フィート，1999年の35兆立方フィートから大幅に増大している。全世界の資源量は必ずしも調査が進んでいないことから，7 413兆立方フィートとの推定もあるが，確認埋蔵量は不明である。米国では，1940年代前半までにはその開発・生産の規模は限定的であったが，水圧破砕法が利用されるようになってからはより大規模な開発が行われるようになり，生産量も1970年には0.33兆立方フィートであったのが，1978年には1.56兆立方フィートへと増加した。さらに1980年には米国において超過利潤税法（Windfall Profit Tax Act）の第29項（Section 29）において，タイトサンドガスを含む非在来型天然ガス開発に従事する企業の税負担が軽減された。この条項では，0.1 md（ミリダルシー：浸透率）以下の砂岩層に貯留する天然ガスをタイトサンドガスと規定し，このタイトサンドガスの生産に対して1 000立方フィート（28.3 m^3）当り50セントの税優遇を実施した。これによりタイトサンドガスの開発・生産に関る経済性が改善したほか，坑井から効率的にタイトサンドガスを生産する技術などの発展を伴うこととなり，税優遇策は1992年に終了したが，タイトサンドガスの開発・生産が促進されることとなった。生産量は，1990年には2.13兆立方フィート，1999年には2.9兆立方フィート，2005年には5.42兆立方フィートと急速に増大している。その生産量の半分はテキサス州南部における構造からとなっており，そのほかロッキー山脈地域やテキサス州西部（Permian Basin），カンザス州（Anadarko Basin）でも生産されている。

〔3〕 タイトサンドガス開発を巡る最近の動き

従来タイトサンドガス開発・生産は，いわゆる独立系石油会社（インディペンデント）が実施していたが，近年では，いわゆる大手国際石油会社（メジャー）が開発・生産に乗り出す例が出てきている。大手国際石油会社は一時英領ないしノルウェー領北海の在来型石油・天然ガス資源などの米国外資源の開発・生産に重点をシフトしていた。しかしながら1990年代後半には北海地域における在来型石油・天然ガス資源の将来性に陰りが見え始め，さらに資源ナショナリズムの台頭により，産油国における投資環境の悪化も懸念されるようになったことから，大手国際石油会社も消費市場に近く，政治リスクや商業リスクが限定される北米のタイトサンドガスなどに再び目を向けるようになった。

例えばExxonMobilは米国コロラド州のUnita-Piceance Basinにおいて，タイトサンドガス資源にかかる鉱区を拡大しつつある。今後，自社で開発した技術を使用して，積極的にタイトサンドガス開発を推進し，現時点ではほとんど皆無である石油・天然ガス生産量に占めるタイトサンドガスの割合を2010年までに拡大することを目指している。同社の開発したタイトサンドガス層破砕技術を使用すれば，天然ガス生産量は従来の技術を使用した場合の3倍程度にまで増大させることができると，同社は説明している。

他方BPは2005年10月にワイオミング州にあるWamsutterガス田からのタイトサンド

ガスについて，今後15年間に最大22億ドルを投資，2 000坑の坑井を掘削し，生産量を現在の日量1.25億立方フィートから2.5億立方フィートへと倍増させる予定であり，同時に1.2億ドルを投じて技術研究を行うと発表している。また，独立系石油会社でもAndarakoが，ロッキー山脈においてタイトサンドガス資源を保有するKerr-McGeeを2006年8月に買収している。

〔4〕 シェールガス開発の状況

シェールガスは頁岩に賦存する天然ガス資源である。浸透率は0.001〜0.002 mdときわめて低いことから，生産効率が悪く，存在自体は約200年前から知られていたものの，生産は米国東部Appalachian Basinに限られていた。しかしシェールガスについても，1980年の超過利潤税法施行に伴い，開発に際し税優遇措置を享受することになったことから，開発がほかの地域でも促進されるようになった。ちなみにシェールガスの埋蔵量は1999年時点で5兆立方フィート，資源量は米国で235〜1 932兆立方フィート，世界全体では1.61×10^4兆立方フィートと推定されているが，この資源量，ないし埋蔵量については米国も含めて議論が進行中であり，今後の技術の発展によっては，資源量もしくは確認埋蔵量などが増大していくことが予想される。

米国での生産量は政府による振興策が効を奏し，1978年には0.07兆立方フィートであったのが，1985年に0.135兆立方フィート，1995年に0.280兆立方フィート，1999年に0.370兆立方フィート，2005年には0.800兆立方フィートと増大傾向にある。タイトサンドガスと同様，シェールガスについても従来は独立系石油会社による活動が中心であった。例えば現在のシェールガスの主要生産地となっている米国テキサス州のBarnett Shaleで最も天然ガスを生産しているのは，Devon Energyという独立系石油会社である。同社は2002年1月に，それまで15年間同地域で活動し，経済的な生産技術を開発していたMitchell Energyを買収して以来，シェールガス資源開発を加速させている。しかしながら，この分野でもShellが2005年8月にBarnett Shaleで2.5万エーカーの鉱区を取得しており，現在ではそれを4万エーカーに拡大するなど大手国際石油会社の進出の活発化する兆しも出てきている。

2.3.2 コールベッドメタン

〔1〕 コールベッドメタンの資源量

コールベッドメタン（coalbed methane：CBM）は炭層ガスともいわれ，石炭を生成する過程で発生したメタンが，石炭の表面や亀裂に吸着したものである。したがって炭田など石炭資源のあるところに存在する。CBMの埋蔵量は，米国ではある程度調査が進んでおり，原始埋蔵量は400〜700兆立方フィート，推定埋蔵量は44〜90兆立方フィート，確認

埋蔵量は，18兆立方フィートとされる。米国以外では，世界で石炭を埋蔵する69か国のうち，2001年までに世界34か国において，CBM開発に関する調査が実施されたとする報告があるが，総じて埋蔵量の計算は進んでいない模様であり，世界全体の原始埋蔵量は9107兆立方フィートとの推定もあるが，確認埋蔵量などは不明である。CBMの資源はカナダ，ロシア，中国，豪州に相当量賦存しているといわれている。

〔2〕 コールベッドメタン開発の経緯

前述のとおり，CBMは石炭に吸着していることから，地層の空間に遊離しにくく，したがって単位当りの坑井からの生産性が，従来型の天然ガス田のそれに比べて，著しく低いといった問題点があった。まとまった量のCBMを生産するには，従来であれば坑井を相当数増加させる必要があったが，それでは坑井掘削費用や，操業費用が増大してしまうことになる。またCBMは通常水により封じ込められており，CBMの生産の際には，このような炭層内の水を汲み上げることにより，石炭からCBMを遊離させることになるが，その際には大量の炭層水も副産物になることから，この処理に費用を要してしまうということや，炭層水を大量に汲み上げることで発生する地盤沈下に対する費用も発生するといった可能性が高かった。このような事情もあり，CBMの存在自体は1930年代から知られていたとされるが，1980年以前はCBMの生産量は米国であってもほとんど皆無であった。

しかしながら，そのような状況は転換されることになった。まず米国では1978年に，1坑井当りの天然ガスの回収率の向上と開発コストの低減を図ることを目的として，同国エネルギー省によりCBMを含む非在来型天然ガス資源の増進回収に関する研究開発プログラムが導入された。つぎに，前述したように1980年に適用が開始された超過利潤税法の第29項により，非在来型天然ガス資源開発に対する税優遇措置で，当該資源を開発する企業の税負担が軽減された。これは1979年12月31日から1993年1月1日までに掘削された坑井から生産され，2003年1月までに販売される非在来型天然ガスについて，当初580万Btu当り3ドルの税優遇措置が受けられる，というものであった。この税優遇策でCBMについては100万Btu当り1ドルの負担軽減となり，経済性が向上した。以上のようなCBM開発促進策により，CBMの開発が刺激された。研究開発プログラムや税優遇措置は1993年には終了したが，これらの方策が有効である間に，掘削や生産技術が進歩したことから，CBMの生産量は相当程度増大し，生産量は1980年代以前の皆無の状況から1999年には年間1.25兆立方フィートを生産するまでになっている。

技術面では，垂直坑井を多数掘削することにより，CBMの生産量を確保するという方法が一般的であったが，最近では垂直坑井と水平坑井を組み合せることにより，効率的な生産を狙うような方策が採用されるようになってきている。これは地上から地中にかけては1本の垂直坑井であるのだが，地中の途中で複数坑に枝分かれし，それがさらに途中で複数坑に

枝分かれすることにより，まるで坑井が葉脈のような形状を形成する，というものである。これによって経済性が向上したとも報告されている。

〔3〕 米国でのコールベッドメタン開発を巡る最近の動き

米国では，比較的地中深度の浅い地帯にガスを相当量生産することが可能な炭層が多く賦存していることから，今後も CBM の生産は有望であると考えられている。米国では将来も天然ガス需要が伸びると予想されている一方で，在来型の天然ガス資源の生産見通しが必ずしも明るいものではないことから，CBM を含めた非在来型天然ガス資源を活発に獲得するといった動きも見られる。例えば，米国の大手独立系石油会社である Anadarko は，2005年6月に同じく大手独立系石油会社である Kerr-McGee から Powder River Basin（米国ワイオミングとモンタナにまたがる CBM 埋蔵地帯）における CBM 資産を買収したほか，2006年8月には Anadarko は独立系石油会社 Western Resources を買収したが，同社もやはり Powder River Basin において CBM 資産を保有していた。また，大手国際石油会社 Conoco Phillips は 2006年3月に独立系石油会社 Burlington Reources を買収したが，同社も米国ニューメキシコ州 San Juan Basin において CBM 資産を保有していた。

〔4〕 米国外でのコールベッドメタン開発

米国外で CBM 開発・生産活動が活発な国としては，まずカナダが挙げられる。現在カナダの大手独立系石油会社である EnCana が，2003年よりカナダのアルバータ州南部の Horseshoe Canyon において CBM 開発を活発化させている。

北米以外では，石炭の主要な生産国である豪州クイーンズランド州で CBM は比較的盛んに開発・生産されている。2007年7月には豪州の石油会社である Santos が CBM を液化して輸出するという，Gladstone LNG 計画を発表した。すでに20年の事業期間に必要な4兆立方フィート分の CBM 埋蔵量を確保しているといわれている（この CBM は95％がメタンで，N_2，CO_2，エタン，硫黄の含有分が低く，性状が良いものとされる）。最終投資決定は2009年，施設建設開始が2010年，LNG 生産開始が2014年と伝えられる。

またインドではすでに3回の CBM 鉱区入札が実施されており，2006年6月に実施された第3回入札では大手国際石油会社である BP も応札している。また中国では2006年3月に採択された「国民経済および社会発展に係る第11次5ヶ年規格綱要」において，自国において CBM をはじめとする非在来型天然ガス資源の開発強化にも触れており，中国政府は，2007年1月1日より CBM 開発・利用者に対する税制および価格面での優遇策を実施しているほか，外資参入を積極化させる姿勢を示している。このように，CBM 開発は，将来的には北米にとどまらず，世界各国へと広がっていくものと考えられる。

2.3.3　メタンハイドレート

〔1〕　メタンハイドレートとは

「ハイドレート」とは「水と一緒になったもの」といった意味で「水和物」「水化物」などと訳され，「メタンハイドレート」とはメタンと水とが一緒に固まった物質である。純粋なメタンハイドレートは氷やドライアイスのような外見を持つ白色固体である。ハイドレートは含まれるガスの名前を付けてメタンハイドレート，プロパンハイドレート，などと呼ばれ，したがって「メタンハイドレート」とは厳密にはメタンと水だけでできているハイドレートを意味するが，天然ガスの主成分がメタンであることから，最近では特に自然界に存在する天然ガスのハイドレートについてはメタンに少量のエタンやプロパンが含まれていてもこれらをまとめてメタンハイドレートと呼ぶことが多い。このため，ここでも自然界に存在する天然ガスのハイドレートについてはメタンハイドレートと総称し，個別のガスのハイドレートについては必要に応じて区別して表記した。

〔2〕　基本的性質

図 2.15 は実験的に合成した純粋なメタンハイドレートの燃焼の様子である。メタンハイドレートは氷のような外見を持つが，メタンハイドレートの塊 1 m^3 には最大 164 m^3 のメタンガスが含まれ，火を付けると分解して放出されたガスが燃焼し，後には水が残る。

図 2.15　メタンハイドレートの燃焼

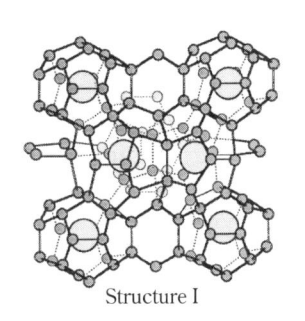

図 2.16　メタンハイドレートの結晶構造（Ⅰ型）
（文献 5）をもとに作成）

代表的なメタンハイドレートの結晶構造を図 2.16 に示す。この構造はⅠ型[5]と呼ばれ，水分子が 12 面体と 14 面体のかごを作ってメタン分子を取り囲んでいる。この構造ではメタンと水の分子の数の比率は 1：5.75 であり，分子の数から見ると約 85％が水ということになる。なお，結晶構造はガスの種類によって異なり，ガスの種類や生成条件によってさらに大きいかごを含むⅡ型[6]やH型[7]と呼ばれる構造をとることが知られている。

一般に各種のハイドレートは低温・高圧で生成する。例えば純粋なメタンと水からメタンハイドレートを生成するには 0 °C で 2.5 MPa 以上，10 °C では約 7.0 MPa 以上の圧力が必

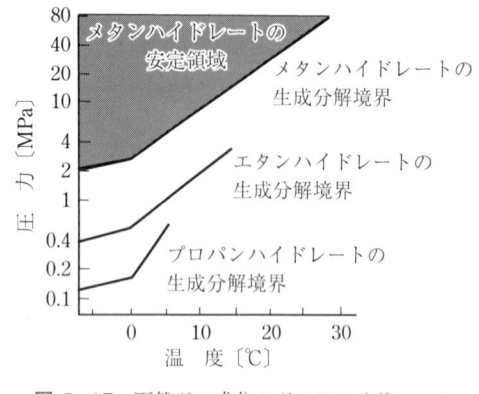

図2.17 天然ガス成分のガスのハイドレート生成条件（文献8）をもとに作成）

要となる。ハイドレートが生成する温度圧力条件はガスによって異なり，天然ガス成分の中ではメタンよりもエタン，エタンよりもプロパンの方がハイドレートを生成しやすい。

図2.17はこれら3種のガスのハイドレートの生成条件を模式的に示したものである。また，これらの混合ガスである天然ガスは，成分の比率に応じて，各成分のハイドレート生成条件の間でハイドレートを生成する[8]。

メタンハイドレートの生成は発熱を伴い，その熱量はメタンハイドレートが含むことのできるメタンの発熱量に比べて約6％程度である。分解する際には逆に吸熱が起る。減圧による分解時にはこの吸熱により温度低下が起りメタンハイドレート自身を冷却してその後の分解が抑制されるような現象（自己保存効果）が見られる[9]。

〔3〕 メタンハイドレート資源への期待

最初に産業界でメタンハイドレートが注目されたのはガスパイプライン中でガスが水分と共存した状態で高圧・低温下に晒されて生じたメタンハイドレートの塊によってパイプが閉塞し，これを防止するための検討が行われたことによるものであったが，近年ではこのメタンハイドレートが自然界にも大量に存在する可能性が示されたことから，新たな天然ガス資源としての開発について注目が集まっている。

メタンハイドレートに含まれるガスの起源は堆積物中の有機物であり，ガスの生成にはバクテリアなどの微生物による分解と，さらに深い地層中での熱による分解との二つのプロセスがあるとされる。生物分解起源によるガスはメタン100％に近く，熱分解起源のガスはメタンを主成分としてエタンやプロパンを多く含む特徴を持つ[10]。

図2.18に世界と日本のメタンハイドレートの分布を示す[11],[12]。自然界のメタンハイドレートは陸地周辺の海底下の地層中に広く存在し，その存在量は一説にはこれまでに発見された在来型の石油・天然ガス資源の総量に匹敵するとの試算もある。また世界中に偏りなく分布していると想定されていることも特徴である。日本周辺でも海底下の地層中にその存在が確認されており，日本周辺だけで日本の天然ガス消費量の100年分に相当する天然ガスがメタンハイドレートの形で埋まっているという試算も示されている。

在来型の石油天然ガス資源に乏しい日本にとって，メタンハイドレートは自国の国産天然ガスとなり得る大きい魅力を持っており，現在政府のプロジェクトを主体として開発可能性調査が行われている[13]。

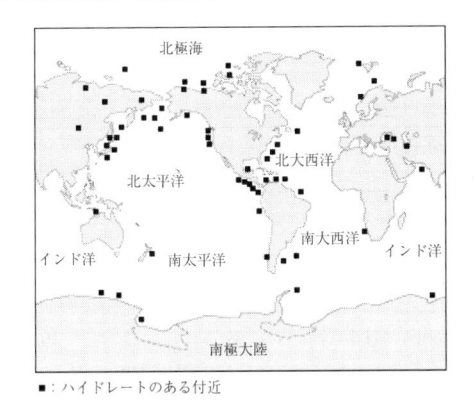

図 2.18 メタンハイドレートの分布 (文献 11), 12) をもとに作成)

[4] 課題と現状

メタンハイドレートの資源開発には以下のような課題があるとされる。

まず，探査分野については，地層中のメタンハイドレートの下面については地震探査により特徴的な反射面（海底擬似反射面，bottom simulating reflector，BSR）として検知され在来型の油ガス田よりも検出しやすいと期待されているが，資源量を正確に見積るための厳密な関連についてさらに詳細な調査が必要である。また上面を検出する技術については確立されていない。

つぎに，掘削・生産分野においては，メタンハイドレートを含む海底地層は固結していない砂層であることが多く，メタンハイドレートは砂の粒子間を埋める状態で存在しているため，掘削時や生産時にメタンハイドレートの分解によって砂が出てくる可能性があり，また分解後の地層の強度の変化が環境に与える影響を評価する必要がある。さらに，ガスの生産に必要な分解熱の供給を経済的・効率的に行う必要がある。

なお，近年では世界的な天然ガス需要の拡大に伴い各国でメタンハイドレートの資源開発への関心が高まっており，米国，インド，中国，韓国などでも政府のプロジェクトを主体として可能性調査が開始されており動向が注目される。

[引用・参考文献]

1) 石鉱連資源評価ワーキング・グループ：石鉱連資源評価スタディ 2007 年（世界の石油天然ガス等の資源に関する 2005 年末における評価），pp.182～186，石油鉱業連盟（2007）
2) 森島宏：天然ガス新世紀 持続可能なエネルギーシステムに導く究極の化石燃料，pp.21～25，ガスエネルギー新聞（2003）
3) 寺崎太二郎："世界の非在来型天然ガス資源量とその長期需給予測"，日本エネルギー学会誌，Vol. 85，No.2，pp.105～111（2006）

4) 島田荘平："加速する新資源 コールベッドメタン開発"，石油天然ガスレビュー，Vol.**39**，No.5，pp.33～44（2005）
5) R. K. McMullan and G. A. Jeffrey："Polyhedral Clathrate Hydrates. IX. The Structure of Ethelen Oxide Hydrate", J. Chem. Phys., Vol.**42**, pp.2725～2732（1965）
6) T. C. W. Mak and R. K. McMullan："Polyhedral Clathrate Hydrates. X. Structure of the Double Hydrate of Tetrahydrofuran and Hydrogen Sulfide", J. Chem. Phys., Vol.**42**, pp.2732～2737（1965）
7) J. P. Lederhos, A. P. Mehta, G. B. Nyberg, K. J. Warn and E. D. Sloan："Structure H clathrate hydrate equilibria of methane and adamantine", AIChE J., Vol.**38**, No.7, pp.1045～1048（1992）
8) E. D. Sloan and C. A. Koh：Clathrate Hydrates of Natural Gases（3rd Edition），CRC Press（2007）
9) L. A. Stern, S. Circone and S. H. Kirby："Anomalous preservation of pure methane hydrate at 1 atm", Journal of Physical Chemistry, Part B, Vol.**105**, pp.1756～1762（2001）
10) 早稲田周："天然メタンハイドレート中のメタンの起源"，海洋と生物，136，Vol.**23**，No.5，pp.446～450（2001）
11) K. Kvenvolden："Gas hydrates-geological perspective and global change", Reviews of Geophysics, Vol.**31**, No.2, pp.173～187（1993）
12) 佐藤幹夫："ガスハイドレート（IV）メタンハイドレートの分布とメタン量および資源量"，日本エネルギー学会誌，Vol.**80**，No.11，pp.1064～1074（2001）
13) MH 21 ホームページ：http://www.mh 21 japan.gr.jp（2008年8月20日現在）

2.4 世界の天然ガス開発状況

2.4.1 天然ガス開発事業の動向

〔**1**〕 日本における天然ガス開発動向

　日本における石油・天然ガス開発の歴史は古く，石油開発が行われるようになったのは明治初期からといわれているが，昭和30年代には天然ガスの発見も報告されている。現在でも水溶性ガスの開発，新潟県，秋田県，北海道，福島県いわき沖などで，ガス田の開発が進められており，北海道苫小牧近郊の勇払油ガス田（石油資源開発）では，小規模ながらもLNGの生産も行われている。しかしながら，国内ガス田では勇払油ガス田（1996年生産開始）が最も新しい生産ガス田であり，新たな発見は少ない。2007年8月国際石油帝石ホールディングスが発表した新潟県の「南桑山」での発見が商業生産に至るか注目されるところである。なお，2006年度のわが国の天然ガス国内生産量は約34億m^3（LNG換算約240万トン）であり，1975年以降ほぼ横ばいで推移している。国産ガスは，おもに発電用，都市ガス原料として消費されているが，国産ガスの国内需要に占める割合は3％程度であり，天然ガス需要のほぼすべてを海外からのLNGなどに依存しているのが現状である。

〔2〕 世界の天然ガス探鉱・開発事業動向

　石油・天然ガスの探鉱開発事業においては，インフラの欠如や掘削作業の困難さから，限定的であった天然ガス開発も，運搬手段や貯蔵技術の向上などに加え，昨今ではその環境優位性，地域的優位性が認識され始め，積極的な開発投資が行われるようになった。

　世界のガス生産量・埋蔵量ランキングを**表 2.5** に示す。天然ガスの埋蔵量は原油（中東60％以上）に比べ，地域的偏在性が低いといわれているが，その約40％は中東（うち15.5％はイラン），約30％はロシアとされており（BP統計 2007），昨今の政治的リスク（イラン，ロシアなど），資源ナショナリズムの高まり，環境リスクなどにより，開発地域は限定されていることも事実である。

表 2.5　ガス生産量・埋蔵量ランキング（PIW's† Top 50 in 2006：03/Dec/2007）

	ガス生産量 (百万立方フィート/日)	石油会社 企業	国		ガス埋蔵量 (10億立方フィート)	石油会社 企業	国
1	53 772	Gazprom	ロシア	1	992 990	NIOC	イラン
2	10 155	NIOC	イラン	2	644 570	QP	カタール
3	9 334	ExxonMobil	米国	3	642 460	Gazprom	ロシア
4	8 417	BP	英国	4	249 680	Aramco	サウジアラビア
5	8 368	Shell	英/蘭	5	152 320	PDV	ベネズエラ
6	7 698	Sonatrach	アルジェリア	6	149 778	Sonatrach	アルジェリア
7	7 128	Aramco	サウジアラビア	7	129 658	Adnoc	UAE
8	5 550	Petronas	マレーシア	8	111 900	INOC	イラク
9	5 214	ConocoPhillips	米国	9	110 346	NNPC	ナイジェリア
10		記載なし		10	107 781	Petronas	マレーシア
42	1 051	INPEX	日本	56	3 780	INPEX	日本

ガス埋蔵量：CNPC (12位)，ExxonMobil (13位)，BP (15位)，Shell (16位)

〔3〕 ローカルガスから国内パイプライン，国際パイプライン，そしてLNG，さらにそのつぎへ　―供給先の多様化による開発地域・規模の変革―

　従来のガス開発は，消費地近傍ないしは国内・地域的なパイプラインへのアクセスが可能なガス田，または油田からの随伴ガスの生産にほぼ限られていた。したがって開発が進んでいたのは，北米，欧州（北海，ロシアなど）が主体であり，1970年の世界のガス生産量（記録のない旧ソ連邦を除く）は976億立方フィート/日程度であるが，そのうち米国・カナダが631億立方フィート/日（65％），欧州・ユーラシアが279億立方フィート/日程度（28％）と総生産量の90％超を北米欧州で占めていた（**図 2.19**（a））。パイプラインガス（パイプラインによる生ガスの供給）の主要輸出国は，カナダとロシアであり，主要輸入国は米国と欧州（ドイツ，イタリア，フランスなど）である。

---

† PIW：Petroleum Intelligence Weekly，石油関連情報誌。

(a) 世界のガス生産量の推移

(b) 地域別残存可採鉱量における可採年数（R/P）（2006）

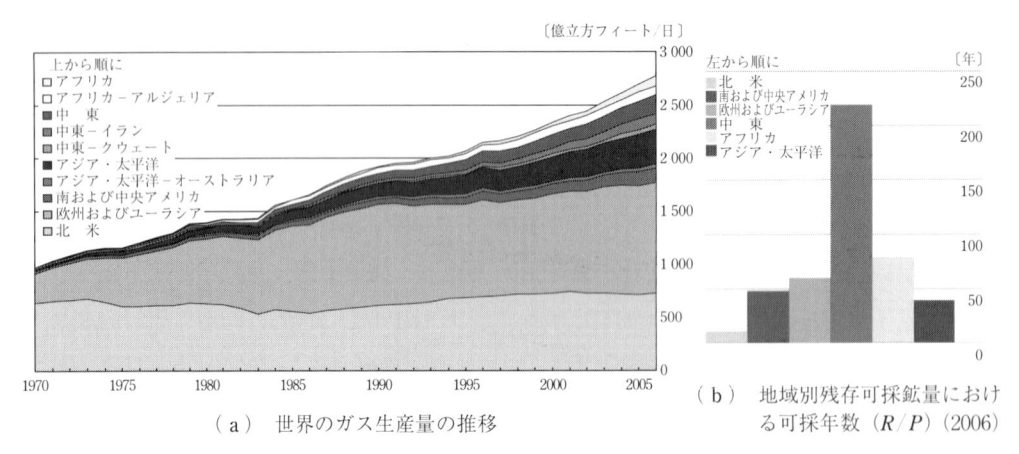

図 2.19 世界のガス生産量の推移と残存可採鉱量における可採年数（R/P）[1]

依然世界の天然ガス事業の大部分が国内消費用ならびにパイプラインガスであるものの，遠距離国際パイプラインの建設，さらには LNG 取引の増加に伴い，いままで開発の目が向けられていなかった天然ガス資源が注目を浴び，図（a）からもわかるように，2006年には世界の総生産量2 772億立方フィート/日のうち，中東（325億立方フィート/日，12％），アフリカ（175億立方フィート/日，6％），豪州・アジア（365億立方フィート/日，13％）など生産地が広がってきており，天然ガスの埋蔵量ならびに現生産量を勘案すると（図（b）），今後ますます中東・アフリカでのガス田開発が活発化すると思われる。

特に LNG による輸送手段の発達により，ガス田開発は世界的な広がりを見せている。1964年アルジェリアの Arzew（Camel）に第1号 LNG 液化プラント（年間生産能力100万トン程度）が稼動して以来，アラスカの Kenai（69年稼動，年間生産能力70万トン程度），70年代に入りリビア（1970年），ブルネイ（1972年），アブダビ，インドネシア（1977年）などに LNG プラントが建設され，その後もマレーシアやカタール，ナイジェリア，エジプトなど中東アフリカ地域，ならびに豪州と，天然ガスの需要拡大，マーケット範囲の拡大に伴い LNG の生産の能力が増大され，これに供給する天然ガス開発が活発化しているのが現状である。

〔4〕 既存ガス田の減退と今後の開発動向

主要需要国でもあり，産ガス国でも英国や米国では，いままで中心となっていたガス田の減退傾向が見受けられ，隣国からのパイプラインによる供給に加えて LNG などによる供給が始まっている。さらに太平洋地域でも，マレーシアのビンツル・LNG コンプレックスの生産量減少（2007年2月対前年比4.1％減）や，インドネシアでの LNG 供給量の6％低下が見られ（対前年比），このような地域での天然ガスの不足が懸念されており，周辺地域での探鉱・開発が進められている。

2007年度の米国におけるガス田の掘削は，史上最高数を記録し，1年間で30 625坑のガス井が掘削されたとされており（American Petroleum Institute：API），同国における探鉱開発作業におけるガス田の探鉱，開発が重要なターゲットになっていることがわかる。

しかしながら減退傾向は変わりなく，米国DOE（エネルギー省）が公表した2007年のガス需給見通しでは，今後カナダやメキシコからのガス供給が減退し，LNGが大幅な伸びを示すとしている。

〔5〕 LNGのスポット化と天然ガス開発

巨額の開発投資が必要とされ，長期間の契約が前提とされていたガス田のLNGによる開発事業は従来 Take or Pay 契約に代表される長期契約が主体であり，長期固定契約が主であったが，2006年度にはスポット市場に15％前後[†]が供給されたとされており，需要の拡大に伴い，スポット取引が増えている。さらにガス価の上昇に伴い，産ガス国はその交渉姿勢を強めている。これに伴い，採算の合う開発に要する費用，いわゆる Net Back Price も従来に比べ高くなる傾向があり，マーケットに遠い地域や深海さらにはフロンティアなどもガス田開発の対象地域となってきており，ガス田開発活発化の一要因になっている。

〔6〕 大型ガス田開発の遅れと今後の動向

豪州北西部やカタールに見られるとおり，LNGによる開発大型ガス田の開発は，開発コストの増大（特に豪州でいわれるオーストラリアリスク＝人件費・環境適応費用の増大など）や環境への影響懸念から，大幅な遅れが生じており，従来2010年頃には立ち上がると見られていた大型案件は軒並み最終投資決定（FID：final investment decision）が遅れており，現時点で3〜5年の開発遅延が生じている。2007年10月稼動を予定していたノルウェーのSnøhvit LNGプラントは2008年2月の稼動開始となった。このように新規LNG事業の立ち上げの遅れに加え，既存ガス田の減退傾向が相まって，2010〜15年にはLNGの供給に不安があり，日本への供給懸念も起きている。

特に豪州の開発においては，同じプレイヤーがパートナーとしての組合せを変えて事業を進めていることもあり，自社にとって最も重要な事業はどの開発事業かという駆引きがあり，さらに開発を遅らせる要因となっている。

〔7〕 地 域 動 向

1） 欧州・ロシア　北海が天然ガスの開発・生産の中心地となっている。英国（対2006年比マイナス8.6％）ならびにオランダ（対2006年比マイナス1.6％）の生産は減退傾向を見せている。一方でノルウェーの生産量が3.1％増となっている。

欧州への天然ガス供給は，北海のほかには，ロシア，アルジェリアからのパイプラインガスならびに一部アルジェリアからのLNGが主流であるが，リビアからイタリアへのパイプ

[†] JOGMEC石油天然ガスレビューVol.41, No.5（2007）およびBP統計などから推定。

ラインガスの供給が 2004 年に始まり，現在はそのほかでもエジプトならびにナイジェリアの LNG がフランスをはじめとする欧州に供給されている．欧州連合（EU）はロシア，アルジェリアなど特定周辺国からの供給が過大となり，供給停止や削減などにより政治的な問題が生じないような配慮をつねに行っており，開発地域ならびに供給先の多様化に努めている．

このような状況下，英国では，北海の減退を埋め合せることを目的とした同海域における小規模ガス田の開発に対する政府の助成措置，フロンティア地域（Faroe-Shetland, Moray Firth, Northern North Sea, Atlantic Margin など）での探鉱，開発の促進が図られている．

ロシアは天然ガス資源に恵まれており（表 2.5 ガス生産量・埋蔵量ランキング），パイプラインガスとして欧州への供給を続けている．しかしながら，ウクライナへの供給停止やサハリンでの権益一部ロシア企業への譲渡などエネルギー産業の支配を強めており，ポテンシャルは大きく外国石油会社にとっては魅力的な事業対象地域ながら，探鉱・開発事業投資を進める環境としては，難しい状況である．

2) 中　　東　インフラの欠如から進んでいなかったガス開発も，LNG の普及とともに開発が進んできている．巨大ガス田（North Field）を抱えるカタールは，外国石油会社（ExxonMobil など）と LNG によるマーケットを得てガス田開発を進めており，国営石油公社 Qatar Petroleum は 2006 年度世界第 16 位の生産量（34 億立方フィート/日，source：PIW's Top 50）を誇っている．LNG 液化施設も 1997 年 Qatar Gas（970 万トン/年）の稼動以来，Ras Gas-1（660 万トン/年），Ras Gas-2（1 410 万トン/年）が稼動している．その後も，Ras Gas-3，Qatar Gas-2 など建設が進んでいる．ただし，現在モラトリアムが宣言され，さらなる開発は凍結されている．

さらにバルト海でのガス田開発も進んでおり，Baltic LNG が計画されている．

世界第 1 位の埋蔵量といわれ，South Pars ガス田（North Field 北部）を抱えるイランは政治的な問題からガス田の開発は遅れているが，そのポテンシャルの大きさから，外国石油会社は関心を持ち続けていると思われる．ただし，同国での石油ガス開発においては，石油契約が外国石油会社にとって魅力が少なく，特に多額の投資が必要で，かつ長期間にわたる回収期間が必要なガス田開発においては，改善が必要となる．いわゆるバイバック（buy back）契約と呼ばれる契約形態は，地下資源は国に属すとの考え方が強調された契約であり，生産原油ガスはイランに属し，増産量に関するインセンティブがなく，一方で契約時に固定した開発投資額が決められること，開発事業に対する報酬があらかじめ決められていること，さらには事業期間に制限があることから，石油会社が投資に二の足踏む契約内容となっている．

オマーンでもホルムズ海峡の外側インド洋に面した LNG 液化施設が，2000 年 Oman

LNG（Total/Shell ほか，660万トン/年），2005年 Qalhat LNG（330万トン/年）と稼動し，これに伴いガス田の開発が進んでいる。しかしながらガス田の減退が進んでいるといわれており，さらなるガス田の開発が必要とされている。

オマーンの南に位置するイエメンでも YLNG 計画（Total ほか，670万トン/年）が進められており，ガス田の開発が進んでいる。

サウジアラビアではいわゆるガス・イニシアティブ政策により，ガス田の開発に限り外国石油会社の進出を認めており，オイルメジャーや大手ロシア石油会社 Lukoil などが事業に参加しているが，成果が得られるのはこれからである。

そのほかにも世界有数の石油ガス田を持つイラク，アラブ首長国連邦（UAE），クウェートなどガス開発のポテンシャルがある国が多く存在するが，政治的な制約から海外石油会社の進出は遅れている。

3）アフリカ　欧州のパイプラインガスならびに世界で最初の LNG 液化施設を稼動させたアルジェリアが古くからガス田の開発を進めている。同国には世界有数のガス田である Hassi R'mel があり，ほかのガス田からの生産をここに集約して，おもに欧州に供給している。昨今減産傾向が現れているとされ，さらなる開発が必要となる可能性が高いが，国営石油公社である Sonatrach の支配が強く，さらには Windfall Tax[†] の採用など，国際石油会社にとって事業参加は難しさが増している。

エジプトでは，LNG（SEGAS，EGAS）による LNG 輸出が行われており，ガス田開発も紅海中心からナイルデルタでの開発という新展開を見せているが，国内のガス需要が拡大し，国内供給優先の傾向も見せている。

リビアでは，世界3番目に稼動した Marsa-El-Brega（1970年稼動年間生産能力30万トン程度）の LNG に加えて，イタリアへのパイプライン（Western Libya Gas Project，2004年）がイタリア石油会社 ENI とリビア国営石油公社 NOC により建設された。2005年には Shell が LNG 開発に関する契約を締結したのに加え，2007年には BP もガス開発の契約を締結した。さらにガスの探鉱事業に関する国際入札が2007年に実施され，今後ますますガスの開発が促進されると思われる。

ナイジェリアでは大型 LNG 事業（NLNG）が進み，2006年のガス生産量は27億立方フィート/日とされている。

そのほか赤道ギニアやアンゴラにおいて，天然ガスの開発ならびに LNG 事業化が進んでいる。

[†] Windfall Tax：「超過利得税」「超過利潤税」「棚ぼた利益税」などと称される，原油価格高騰など外的要因によって（幸運にも）一般的に適正利潤と考えられる幅を大きく上回る利益を上げた企業に対し，超過利潤の一部を吸収するために一時的に課される税金。

4） 豪　　州　豪州の北西 North West Shelf では大型ガス田の開発が盛んであり，すでに 1989 年に稼動している NWS　LNG 液化施設（1 590 万トン/年），2006 年稼動の Darwin LNG 液化施設（317 万トン/年）に加え多くの LNG 事業が計画されている。しかしながらオーストラリアリスクともいわれる，労働賃金の高さや環境適応の厳格さがあり，計画が予定どおり進んでいないのが現状である。

5） 東南アジア諸国（インドネシア・マレーシア・ブルネイなど）　アルン（インドネシア），ビンツル（マレーシア），ブルネイなど古くから LNG 開発が進んだ国であるが，昨今はガス生産量の減退が進み，国内ガスへの供給必要性もあり，LNG の減産傾向が現れている地域・国である。対日供給の中心地であり，既存 LNG 基地への供給ガス田の開発が急務である。

6） そのほかの地域・国　中南米やアラスカで LNG やパイプラインガスによるマーケットを確保した事業が進められている。

〔**8**〕　今後のガス田開発のゆくえ

1） 大深水，よりフロンティアの地域での探鉱・開発　ガス需要の堅調さに支えられ，今後も天然ガス田の開発は世界規模で進んでいくと思われるが，既存のガス田での開発には限界があり，今後，より大深水，フロンティア（東・西アフリカや東シベリアなど）の開発が進むと予想される。

2） 中規模ガス田の開発　開発コストに見合う経済性が得られないとして，いままで開発が進まなかった小・中規模ガス田にも目が向き始めており，洋上 LNG 施設の開発と相まって，今後開発が促進される可能性が高い。

2.4.2　天然ガス開発事業—プレイヤーたち

〔**1**〕　主要プレイヤー

ローカルガス国内ガス開発ならびに周辺国への供給が主であった 80 年台までは，地域に根ざした石油ガス開発企業（オイルメジャーやインディペンデントならびに中小石油ガス会社）ならびに国営石油会社（アルジェリア Sonatrach，イラン NIOC/NIGC，ロシア Gazprom など）がガス田の探鉱開発を担ってきた。

その後 LNG プロジェクトが開始されると，その技術開発の確立以来，Shell が先駆的な役割を果たしてきた。需要の多くが日本であったことも相まって，Shell と三菱商事，三井物産などの日本商社によるほぼ独壇場の時代が長く続いた。

80 年代以降 LNG の液化施設の大型化（年間 3 百万トンから最近では 8 百万トン）に伴い，その投資額の大きさから，ガス開発の中心プレイヤーに，ExxonMobil（カタールなど），BP（タングー：インドネシアなど），Shell（サハリン：ロシアなど），Total（Qatar

Gas 1, Yemen LNG など), ConocoPhilips (Qatar Gas など) などオイルメジャーと大産ガス国が主役に躍り出た。最近ではオイルメジャーに加え，特に LNG プロジェクトの開発に注力する企業が現れており，ガスメジャーを目指す豪州 Woodside は同国でのガス田開発の中心的な役割を担い始めている。

日本企業も少ない権益ながら，商社（丸紅，双日など），石油会社（新日本石油，石油資源開発など），電力・都市ガス会社（東京電力，東京ガス，大阪ガスなど）も LNG を対象としたガス田開発に権益を保有し，事業参加している。

しかしながら，LNG を対象とする事業への参加を果たした企業は，いまだ限定的であり，今後新規のプレイヤーの参入は，その事業大型化，プレイヤーの固定化により，ますます困難となっており，新たなビジネスモデル構築を必要とする段階に来ているといえる。

〔2〕 国営石油会社（NOC）の動向と資源ナショナリズムの台頭による天然ガス開発プレイヤー

サハリンⅡ，カシャガン，ベネズエラ（オリノコオイル）に代表される産油国による外国資本への圧力，中国・アルジェリアが発表した windfall tax，サハリンⅠの開発におけるガスの輸出問題など，産油・ガス国の資源ナショナリズムの高揚があり，オイルメジャーをはじめとする外国資本の開発事業参加機会が減少する傾向が高まっている。

外国資本の国内への参入は，石油政策のコントロールを難しくし，自国への供給自由度や生産量の調整を困難とすることから，開発する資金がある限りにおいては，外資の導入をできるだけ抑制したいとの本音が見え隠れする。

1) **中国・インドの台頭**　中国（2008 年経済成長率見込 10 % 強―アジア開発銀行 ADB，2007 年 12 月）やインド（2007 年経済成長率 9 %，チダンバラム財相 2007 年 11 月）は高度経済成長に伴って急増する天然ガス需要を満たすための天然ガス田が自国に存在しないことから，積極的に海外からパイプラインガスや LNG を輸入して需要を賄う動きを活発化させている。

2) **オイルメジャーの動向**　資源ナショナリズムの高揚によるオイルメジャー締出しなど，その事業環境は悪化しており，油価の上昇もあり，埋蔵量の追加が思うように進まない状況である。このため，探鉱・開発投資を増やす必要に迫られており，対象地域がより大水深，フロンティアとなることとも相まって，今後ますます開発投資額は増加の傾向にある。

〔3〕 マーケットの拡大とヘッジファンドの台頭

天然ガスも WTI 原油（指標原油）と同様に，NYMEX に上場されており，先物市場も成り立っている。LNG のスポット化に伴い，天然ガスの価格変動を見込んだ天然ガス先物のポートフォリオを狙ったヘッジファンドや年金基金，さらには政府系投資ファンド「ソブリン・ウェルス・ファンド」（SWF）が台頭し，産油ガス国の資金も天然ガスの売買に関わ

を見せている。これが天然ガスの値段の高騰を呼び，さらに開発を活性化させている原因の一つとなっている。2006年天然ガス先物のポートフォリオを拡大したニューヨークのエネルギー投資関連ヘッジファンド，アマランス・マザーロック（創始者：前NYマーカンタイル取引所所長）が破綻したことは記憶に新しいが，引続きファンドの動向は，ガス価に影響を与え続けるとみられている。

〔引用・参考文献〕

1) BP Statistical Review of World Energy 2007（2007）
2) 石油鉱業連盟：わが国石油・天然ガス開発の現状と課題，石油鉱業連盟（2007）
3) 野神隆之："資源ナショナリズム台頭で深海/非在来型石油・天然ガス開発加速"，JOGMEC石油天然ガスレビュー，Vol.40, No.5, pp.1～20（2006）
4) 坂本茂樹 編："LNG：世界需給・取引形態が変化するいま，日本のLNG事業者に送るインプリケーション"，JOGMEC石油天然ガスレビュー，Vol.41, No.5, pp.79～89（2007）
5) 石油資源開発株式会社 編：宇宙150億年に咲いた「華」，石油資源開発株式会社（2007）

2.5 ガス田開発と経済性

2.5.1 開発評価技術

開発評価の最終ゴールは，最小限のコストで最大限の天然ガス（およびコンデンセート）回収量をもたらす開発計画を策定することにある。ここでは，まず，その基礎となるガス層の挙動について述べ，後に，具体的な評価手法について述べる（ここでいう「ガス層」とは，構造性ガスを対象とするものである（2.2.4項「生産技術」参照）。

〔1〕 ガス層の挙動

ガス層の挙動に関して，特に重要なものは圧力の挙動，コンデンセートの生産，および水の生産である。

ガス層の圧力が高いほど排ガスエネルギーは大きくなり，一般的には有利である。圧力挙動はガス層の容量，水押しの有無，浸透率によって影響を受ける。ガス層の広がりが小さいと圧力低下が早い。水押しは圧力維持のためには油層の場合ほど有効ではないが，強い水押しがあれば圧力低下は緩和される。浸透率が小さいと一定量のガス生産のため坑底圧力をより低くする必要があり，ガス層全体の圧力も早く低下する。

分子量の大きい炭化水素分を比較的多く含むガスの場合，圧力低下によって，地下のガス層内に液相（コンデンセート）が生じる。しかしながら，コンデンセートの飽和率は流動が始まる程大きくならないのが一般的であり，その場合，ガス層内にコンデンセートを取り残し，コンデンセート回収率は減少する。また，ガスの有効浸透率（ガスと液体が共存する際

のガスの実質的な浸透率）が減少し，ガス生産量低下の原因にもなる。コンデンセートの発生は，生産による圧力低下が起る坑井近傍で著しい。

水の生産は，帯水層からの水の浸入，およびガス内に含まれている水蒸気の凝縮の結果として生じる。コンデンセート同様，ガスの有効浸透率を低下させるほか，水はガスに比べてはるかに比重が大きいためチュービングパイプ内の圧力損失を大きくし，大幅なガス生産量の低下をもたらす。

このようなガス挙動に影響を及ぼすパラメーターを入力データとしたモデルを作成し，さまざまな開発計画の回収率を計算するのがシミュレーション作業であり，現在一般的に開発評価に使用されている手法であるが，その説明の前に，減退曲線法（decline-curve method），および物質収支法（material balance method）といった簡便的な手法を簡単に説明する。

〔2〕 減 退 曲 線 法

減退曲線法は，過去の生産レート（生産速度）の減退トレンドと最もよく一致する式を見つけ，将来の生産レートを予測し，埋蔵量を計算する方法である。図 2.20 のように，累計ガス生産量に対してガス生産レートが直線的に減退していく場合を指数減退という。指数減退では，減退が進んだ段階での生産レートを過小評価する傾向にあるので，その場合は生産レートが小さくなるにつれて，減退率も小さくするような工夫が必要となる。これを反映するのが双曲減退である。

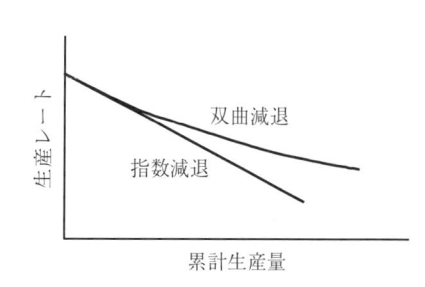

図 2.20 指数および双曲減退曲線

減退曲線法はガス層挙動に関する実際の物理現象に基づいているわけではない。したがって，適用限界に関しては十分な留意が必要である。

〔3〕 物 質 収 支 法

物質収支法は，ガス層を一つの容器とみなして，以下の式を基本概念としている。

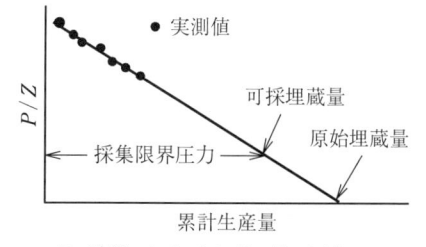

（初期状態における流体の容積）
＝（地層内に残存する流体の容積）－（生産量）

この式をガス層に当てはめてみると，水押しがない枯渇押し型ガス層の場合は特に簡略化され，図 2.21 に示すように P/Z と累計生産量が線形の関係となる（P：時間 t におけるガス層の圧力，Z：時間 t におけるガスの容積係数）。したがって，両者をプロットし，ある採集限界圧力を設定すれば，

P：時間 t におけるガス層の圧力
Z：時間 t におけるガスの容積係数
図 2.21 枯渇押し型ガス層に対する物質収支法

可採埋蔵量を得ることができる。ちなみに，圧力をゼロとしたとき，すなわち，横軸との交点が原始埋蔵量となる。

物質収支法は，物理現象に基づいているものの，依然，諸物性（圧力，孔隙率，浸透率など）を均一と見なした解析的な手法であり，減退曲線法同様，適用限界に関しては十分な留意が必要である。

〔4〕 シミュレーション

実際のガス田においては，岩石，および流体特性は必ずしも一様ではない。上記二つの手法において，これら不均質性を反映させることは困難である。結果として，将来の生産挙動を予測し，開発計画を最適化する手段としては適さない。この場合，シミュレーションが用いられる。

シミュレーションとは，ガス層を図 2.22 のように多数のセルに分割して，各セルにおける流体成分の物質収支とセル間の流動を表す数学モデルを数値的に解くものである。セル数と同じ数の偏微分方程式を解く必要があるため計算負荷が非常に大きいが，最近のコンピューター，および数値解析技術の進歩に伴い，大きな発展を遂げた。

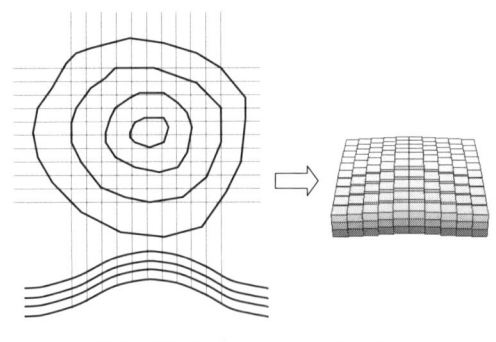

図 2.22 シミュレーション・セル

各セルには，流体の特性（容積係数，粘性など），岩石の特性（孔隙率，浸透率，毛細管圧力など），構造データ（深度，層厚など），初期状態を示すデータ（初期圧力，初期飽和率など）など，ガス層の挙動を規定するパラメーターの情報が入力される。これらに坑井の情報（仕上げ深度，チュービングパイプ内/坑井近傍の圧力損失など）を加えて，初期シミュレーションモデルが完成する。しかしながら，入力データのもととなるフィールドデータ，およびラボ実験データの質と量に問題がある場合は，初期モデルは必ずしも実際のガス田を正確に反映したものとは限らない。モデルの妥当性は，過去の生産実績（圧力，ガス水比などの履歴）を再現できるか否かで検証可能である。生産実績と乖離がある場合は，不確実性の強い入力データを修正し，一致を試みる。これをヒストリーマッチング（history matching）と呼ぶ。このようにして最適化されたモデルに対して，開発計画を想定した上で生産挙動の将来予測を行い，経済的な条件のもと回収率の最大化を実現する計画を試行錯誤により求める。

〔5〕 開 発 計 画

開発計画の基礎となるのが坑井の数と位置である。坑井の数については，いくら増やしてもいつか頭打ちになるので，経済性とのバランスが必要である。位置については，不均質

性，水押しなどの圧力サポートとのバランスなどを考慮に入れる必要がある。また，坑井当りの生産レートを最適にすることが重要である。過剰な生産レートは坑井近傍の圧力低下につながるため，コンデンセートの取残しおよび水の浸入をもたらし，ガスの生産性を大幅に低下させることになる。

2・3次回収についていえば，自然の回収率が30％にも満たないといわれる油田に比べて，70％以上の回収率が期待できるガス田の場合，必要性は一般に薄い。

そのほか，水平井・大偏距掘削井の適用，多相仕上げ，酸処理・水圧破砕法などの坑井刺激など，適宜検討していく必要がある（2.2.4項「生産技術」参照）。

開発後期には油・水・ガスが四方八方から入り混じる油田に比べて，ガス田の場合，シミュレーションスタディは比較的平易であり，一般的にその信頼性も高い。しかしながら，今後は対象となるガス田の不均質化，複雑化が増大することが予想され，いかに正しいシミュレーションモデルを構築するかが適切な開発計画を策定する上での鍵となってくるであろう。

2.5.2 プロジェクトの経済性試算

ガス田開発を対象とした経済性評価の基礎となるのは，プロジェクト遂行のための投資計画，操業費予測，天然ガス（および付随コンデンセート）の生産・販売計画である。ガス田開発のための投資には生産井の掘削費用が大きな比重を占めるが，そのほかにも地上生産・処理施設，貯蔵タンク，輸送搬出施設などの建設に要する経費がある。操業費はガス田の生産操業の経費で，坑井改修費，地上施設の維持補修費，人件費，一般管理費などが含まれる。一方，天然ガスの生産計画は，坑井デリバラビリティの予測，あるいは物質収支法や数値シミュレーションによる生産挙動予測の結果をもとに立案される。

以上のエンジニアリング分析結果に加え，利権契約条項，産油国の税制を適用し，プロジェクトの収益を算出して経済性を評価するが，最近では，不確実性の影響の定量化を意図した確率論的分析や不確実性の高い事業環境下での投資における選択権を考慮したリアルオプション（real option）法なども利用されている。

〔1〕 一般的な経済性評価

ガス田開発のように巨額な資金を長期に運用するプロジェクトの経済性評価においては，支出および収入の絶対額のみならず，それらが発生する時期を考慮した分析が必要である。かりに金利を10％とすれば，今年の100万円は来年には110万円となり，来年に入る100万円よりも価値が高いものとなる。時間の要素を組み入れて将来の収支を現在の価値に換算して評価するのが割引現金収支（discounted cash flow：DCF）法である[3]。このDCF法を用いた代表的な経済指標に，NPV（net present value：プロジェクトの現在価値）およびIRR（internal rate of return：内部収益率）がある。また，割引率の概念は適用しないが，

初期投資がどれだけの期間で回収されるかを表すペイアウトタイム（payout time）も経済指標として広く用いられている。

1） NPV あるプロジェクトのNPVは，全収入の現在価値と全支出のそれとの差で表され，次式で算出される。

$$\text{NPV} = \sum_{i=1}^{L} \frac{\text{NCF}_i}{(1+r)^{i-\frac{1}{2}}}$$

ただし，NCF，r，i，L は，それぞれ正味現金収支，割引率，年次，プロジェクト期間を示す。ガス田開発プロジェクトにおける年ごとの現金収入と支出の差 NCF（net cash flow：正味現金収支）と DNCF（discounted net cash flow：割引正味現金収支）の計算例を表 2.6 および図 2.23 に示す。NPV は累計 DNCF として表される。

NPV は上式で示されるように，割引率の設定によって異なった値となる。したがって，

表 2.6 NCF と DNCF の計算例　〔百万ドル〕

項　目	年　次									
	1	2	3	4	5	6	7	8	9	10
探鉱・開発費	400	300	0	0	0	0	0	0	0	0
生産操業費	0	0	100	100	100	100	100	100	90	80
税金など	0	0	200	200	200	200	200	200	180	160
ガス（コンデンセート）売上げ	0	0	500	500	500	500	500	500	450	400
NCF	−400	−300	200	200	200	200	200	200	180	160
累計 NCF	−400	−700	−500	−300	−100	100	300	500	680	840
DNCF（割引率 10 ％）	−381	−260	158	143	130	118	108	98	80	65
累計 DNCF（割引率 10 ％）	−381	−641	−484	−341	−210	−92	16	114	194	258
DNCF（割引率 18.96 ％）	−367	−231	130	109	92	77	65	54	41	31
累計 DNCF（割引率 18.96 ％）	−367	−598	−468	−359	−268	−191	−126	−72	−31	0

※　四捨五入により1の位が合わない場合がある。

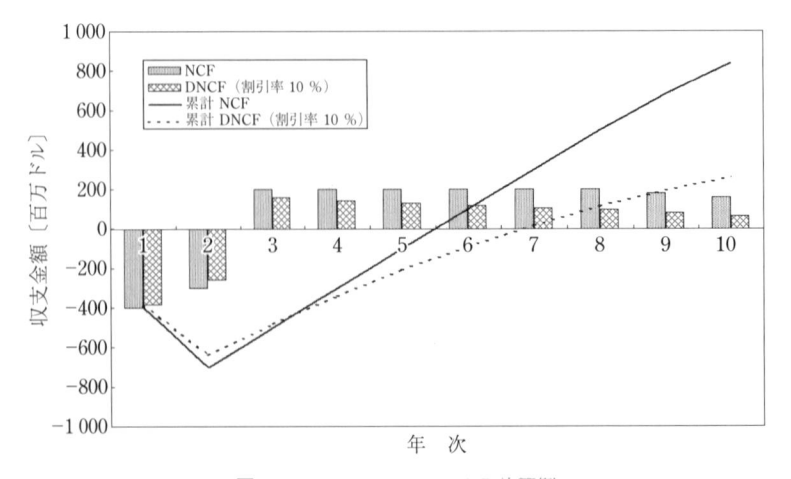

図 2.23 NCF と DNCF の計算例

割引率は NPV を求める際に重要となるが，そのときの経済状況，企業の平均収益率，ほかの投資の収益性，金利などを考慮して設定される。NPV は金額で示されるため，プロジェクトの収益性の規模を認識するのに優れているが，投資コストに対する収益率を評価することはできない。

2) IRR　　IRR は，正味現金収支をある割引率で現在価値に戻して合計した値が 0 となるような割引率に相当する。IRR は次式を繰返し計算によって解くことにより求められる。

$$\sum_{i=1}^{L} \frac{\mathrm{NCF}_i}{(1+\mathrm{IRR})^{i-\frac{1}{2}}} = 0$$

表 2.6 に示した例では，IRR は累計 DNCF が 0 となるような割引率（18.96％）に相当する。IRR は，とりもなおさずプロジェクトの収益率を示し，企業がその時々によって定める最小収益率（割引率）を上回ることが，プロジェクト遂行の条件となる。IRR は収益効率を評価するのには適しているが，収益の規模を計ることはできない。

3) ペイアウトタイム　　ペイアウトタイムは，初期投資がそれ以後の収支により回収される年数を表す。長期のプロジェクトでは経済動向など不確実な要素が多く，ペイアウトタイムが長くなれば，それだけ不確実性によるリスクに晒されることになる。企業の新規の投資活動に自由度を与え，将来の不確実性によるリスクを回避するという観点から，ペイアウトタイムは重要な経済指標の一つとなる。図 2.23 に示した例では，ペイアウトタイムは累計 NCF が 0 となる年数である 5 年に相当する。

〔2〕 リスク分析を考慮した経済性評価

1) EMV　　実際のガス田の探鉱・開発は多くの不確実性を伴い，当初の目論見が達成できないリスクが内在する。このリスクを数値化してプロジェクトの NPV の期待値を算出し，経済指標としたのが EMV（expected monetary value）である。EMV は，ガス田探鉱・開発事業が成功する確率に成功したときに得られる NPV を乗じた値と，不成功に終わる確率に不成功に終わった場合の NPV（負値）を乗じた値とを足し合せた値として計算される。

2) デシジョンツリーを用いた EMV の計算　　ガス田の探鉱・開発においては，探鉱結果や探掘井の掘削結果によって以後の探鉱を打ち切るケースから，開発・生産に移行するケースまで，さまざまなシナリオが考えられる。また，開発・生産に移行する場合でも，その経済性（NPV）には幅がある。それぞれのケースの発現確率と，そのときの NPV を推定してデシジョンツリーを構築し，それに基づいて EMV を計算することができる。

デシジョンツリーを用いた EMV 計算の例を図 2.24 に示す[4]。図の □ で意思決定がなされ，ここをデシジョンノードという。この例では，もし"坑井掘削せず"を選んだ場合には，NPV は 0 となる。"坑井掘削"を選んだ場合にはつぎの分岐点（チャンスノード）に

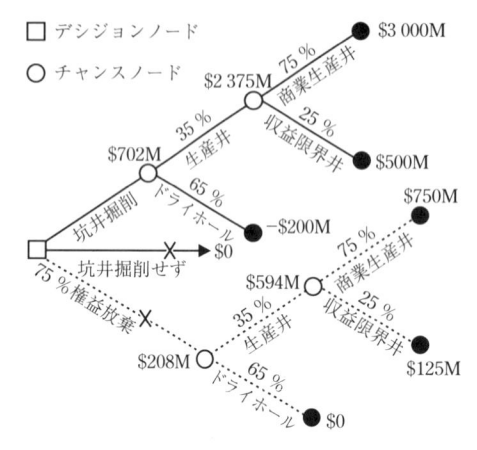

図2.24 デシジョンツリーを用いたEMV計算例(Allen and Seba (1993) より抜粋後加筆)

進むが，この分岐点では，これまでに得られた情報をもとに，掘削された坑井がドライホール（結果として油ガスが見つからなかった場合）である確率が0.65で，生産井になる確率が0.35であると推定されている。ドライホールの場合は，掘削費用が損失となり，NPVは－200 000ドルとなる。生産井になった場合には，さらにつぎの分岐点に進む。ここではこの生産井に十分な商業価値がある確率が0.75でNPVが＋3 000 000ドル，採算ぎりぎりの生産井である確率が0.25でNPVが＋500 000ドルと設定されている。また，図2.24で点線で示される権益放棄のオプションを選択することもできる。この例では，75％の権益を放棄する代りに，ドライホールであった場合の掘削費用は負担しなくても良いというオプションも加味されている。

これらの前提でEMVを計算した結果を表2.7に示す。"坑井掘削"，"坑井掘削せず"，"75％権益放棄"の三つの選択肢に対するEMVは，それぞれ702 000，0，208 000ドルとなり，"坑井掘削"が最も大きなEMVを示している。このように，複数の選択肢での意思決定を想定することにより，EMVの最大化を図ることが可能となる。さらに，プロジェクトの進捗段階におけるリスクに応じて割引率を変化させていくリアルオプション法が利用されることもある[5]。

表2.7 デシジョンツリーを用いたEMV計算結果

選 択	発現ケース	発現確率	NPV〔千ドル〕	期待値〔千ドル〕	EMV〔千ドル〕
坑井掘削	生産井-商業生産井	0.26 (0.35×0.75)	3 000	789	702
	生産井-収益限界井	0.09 (0.35×0.25)	500	43	
	ドライホール	0.65 (0.65×1.00)	－200	－130	
坑井掘削せず	－	1.00	0	0	0
75％権益放棄	生産井-商業生産井	0.26 (0.35×0.75)	750	197	208
	生産井-収益限界井	0.09 (0.35×0.25)	125	11	
	ドライホール	0.65 (0.65×1.00)	0	0	

〔引用・参考文献〕

1) 石油公団・石油開発技術センター 編：石油鉱業の技術講座，石油経済ジャーナル社 (1983)
2) 独立行政法人石油天然ガス・金属鉱物資源機構：平成19年度基礎講座「開発評価技術」(2007)

3) 石油技術協会：石油鉱業便覧（1983）
4) F. H. Allen and R. D. Seba："Economics of Worldwide Petroleum Production", OGCI Publications, Oil & Gas Consultants International Inc. (1993)
5) 後藤三郎：石油業界の経済性評価手法とその応用，日本海洋掘削株式会社資料（2007）

2.6 天然ガス増進回収技術

2.6.1 在来型ガス田の増進回収

昨今，原油の増進回収法（EOR：enhanced oil recovery または IOR：improved oil recovery）への関心が高まる一方で，天然ガスを対象とした増進回収法（EGR：enhanced gas recovery）が注目を集めることは比較的少ない。この原因の一つとして，増進回収技術を伴わない（いわゆる，自然エネルギーによる1次回収段階での）原油の回収率が平均で30〜35％であることに対して，在来型ガス田におけるガスの回収率は70％もしくはそれ以上と高く，ガスの増進回収のための投資に対する増産量の価値が石油のそれよりも小さいためと考えられる。

しかしながら天然ガスの資源としての価値が増加するとともに，ガス価格が上昇していることを受けてガス田の増進回収が提唱される状況になってきている。

古くは1980年代初期に米国エネルギー省は天然ガスの2次回収（増進回収）プロジェクトを進め，この結果，対象地域でのガス回収率は30％近く改善された[1]という。これらのプロジェクトに適用された技術は，ガス層の圧力制御，地層障害除去や追加坑井の効果的掘削配置などであるが，これらの技術は広義の増進回収技術であり，いい換えればガス層開発の最適化や管理技術というべきものであろう。一般的にEGRと称される技術は，おもに前章で触れられたタイトサンドガス，シェールガス，コールベッドメタンガスやメタンハイドレートといった非在来型ガス資源の生産開発手法としての意味合いが強いと考えられる。

一方で在来型ガス田を対象としたEGRとして，いくつかの手法が提唱され，実際に適用されていることも事実である。基本的にそのメカニズムは，ガス層の生産／圧力制御，ガスまたは水圧入によるガス層の圧力制御およびガスの置換であり，ガス層の排ガス機構，すなわち，水押し型ガス層か枯渇形のガス層かによってその適用手法は異なる。

一般的に，水押し型ガス層では枯渇型ガス層に比して究極回収率は低く（10〜20％低いともいわれる），ガス層の放棄時の圧力は高いものの，水の掃攻域（圧入により置換回収する層）におけるガス飽和率は高い。一方枯渇型ガス層の場合，逆に究極回収率は高いものの，放棄時のガス層圧力は比較的低くなる。

水押し型ガス層の場合，ガス回収率を低下させる要因としては，ガスの水相への溶解，水

の浸入に伴う毛細管効果によるガスの捕捉，さらに水押しによる圧力維持でガス膨張による排ガスが妨げられることなどが挙げられる。これらに対応する EGR の具体的な方策としては，水の生産またはガス層への水浸入制御によって放棄時のガス層圧力を低下させるもの，また水押しの効果を抑えガス層圧力を低下させるべくガスの高レート生産，さらにガス帯への水の浸入を制御するための不活性ガス圧入などが提唱されているとともに，米国などでの適用実例が報告されている。水押し型ガス層に対する水／ガス生産制御による回収率増加は，水押しの強さなどに依存するものの，Schafer らが 11 か所のガス田における実績から導いた相関式に基づく計算では，平均して 3 〜 9 ％ とされている[2]。

枯渇型ガス田の場合は，水圧入もしくは不活性ガス（例えば N_2）圧入により，低圧状態の（残存）ガスを置換し回収するものであり，やはり米国やハンガリーなどで適用実例が報告されている。なお，水圧入によるガスの回収率増加は 3 〜 5 ％ 以上が期待されるとの指摘があり，実例では南ルイジアナ（米国）のガス田では 3.6 ％，Deszk（ハンガリー）では 66 ％ 弱の回収率の増加と評価されている[3]。

近年，環境対策の一環として温室ガスの抑制の観点から CO_2 の地下固定が注目される中で，CO_2 をガス層に圧入して，地下固定を目指すと同時に天燃ガスを回収する技術として CO_2 - EGR が注目されてきている。この手法は水押し型また枯渇型ガス田双方に適用し得るもので，EGR のメカニズムとしては，CO_2 圧入によるガス層の再加圧およびメタンガスの置換を図るものである。

CO_2 は，メタンガスと比して移動度が低いため圧入による掃攻効率が高いこと，またその密度も天然ガスに比較して数倍高いことから重力的に安定な置換が可能となること，さらに（層内の）水に対する溶解度が高いことなどが指摘されるといったガスの置換流体としての利点を有する。一方で安定した置換のためには適用ガス層の不均質性が比較的少なく，高傾斜で層厚があり安定した（重力）置換が可能であることが適用ガス田の条件としては望ましいと指摘される。当該手法の代表的な適用例としてハンガリーの Budaha Szinfeletti ガス田がある。弱い水押しを伴う同ガス田に対し，CO_2 とメタンガスの混合（割合は 80：20）が 8 年間にわたって圧入された結果，圧入開始前のガス回収率 67 ％ に対して 11.6 ％ の回収率増加が確認されている[4]。今後 CO_2 - EGR は環境対策と資源回収を併せ持つ効果的な手法として適用が増加するものと考えられる。

なお，上記の EGR とは異なるが，低圧ガス層からの回収率の増加手法の一つとして，低圧ガスの採取を可能とする坑底設置型ガスコンプレッサーが提唱されており，英国などにおいて研究開発段階にある。

2.6.2 コールベッドメタンの増進回収
〔1〕 増進回収の方法

天然ガスとしてのコールベッドメタンを，外部からなんらかの力を作用させて強制的に増進回収する方法を，コールベッドメタンの増進回収（ECBMR：enhanced coalbed methane recovery）と呼んでいる。増進回収にはCO_2，N_2，燃焼排ガスなどのガスを一方の坑井から高圧で注入し，石炭層内で注入ガスとメタンを置換させ，もう一方の坑井からメタンを生産するという方法が採られる。ECBMRの概念図を図2.25に示す[5]。

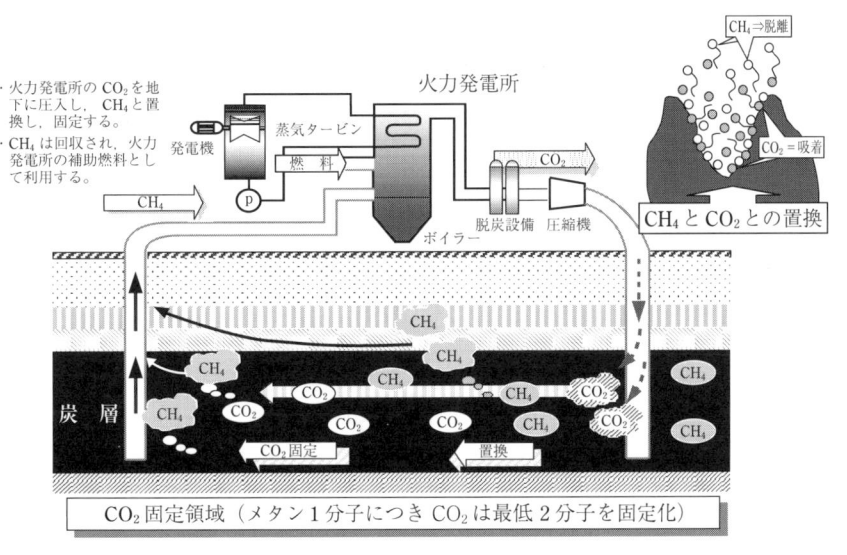

図2.25 ECBMR概念図

石油の増進回収，いわゆるEORと異なり，石炭の増進回収では主として石炭とガスの吸着反応を利用してメタンを回収する。ECBMRではメタンを生産できる一方，同時にCO_2を炭層内に固定（貯留）できる。これがCO_2の炭層固定（貯留）方法である。

火力発電所からの排ガスからCO_2を分離回収する場合は，燃焼排ガス → CO_2分離回収（例えば，アミン吸収法）→ 炭層圧入 → CH_4/CO_2置換 → CH_4生産 → 天然ガスとして利用という工程となる。排ガスを直接炭層に圧入する場合は，燃焼排ガス → 炭層圧入 → CH_4/CO_2置換 → CH_4+N_2混合ガス生産 → CH_4分離回収（例えば，深冷分離法）→ 天然ガスとして利用という工程となる。

〔2〕 各国のプロジェクト

2.3.2項にCBMの開発は米国から始まったと述べた。そのCBM生産増産の1方法としてECBMRがSan Juan Basinで行われた。このECBMRはCO_2炭層固定を目的としたものではないが，ここで得られた知見は，その後のECBMRプロジェクト実施の際の参考として大きく貢献している。

CO_2 炭層固定を目的とした ECBMR フィールドテストの実施例をまとめると**表 2.8** のようになる。

表 2.8 ECBMR フィールドテストの実施例（出典：IPCC Special Report on CCS，2005）

プロジェクト名	国名	プロジェクト規模	主導組織	CO_2注入開始年	CO_2注入量〔トン／日〕	CO_2総注入量〔トン〕
夕張	日本	デモ	METI	2004	10	200（当初計画）
Fenn Big Valley	カナダ	パイロット	Alberta Research Council	1998	50	200
RECOPOL	ポーランド	パイロット	TNO－NITG	2003	1	10
泌水炭田	中国	パイロット	Alberta Research Council	2003	30	150
CSEMP	カナダ	パイロット	Suncor Energy	2005	50	10 000

ECBMR による CO_2 固定のコストは，地質条件，プロジェクトの規模（固定する CO_2 の量），に大きく依存する。IPCC Special Report によれば，世界の炭層を対象とした ECBMR での CO_2 固定コストは，$-20 \sim +150$ US ドル/トン CO_2 の範囲にあると報告されている。

〔引用・参考文献〕

1) National Energy Technology Laboratory ホームページ：http://www.netl.doe.gov/ （2008 年 8 月 20 日現在）
2) J. Pápay：Development of Petroleum Reservoirs-Theory and Practice, p.740, Akadémiai Kiadó (2003)
3) 同上，pp.723〜724
4) A. Turta：Enhanced Gas Recovery and CO_2 Storage in Dry Gas Pools, Presentation at the PTAC Forum & Workshop (2003)
5) JCOAL （石炭エネルギーセンター）ホームページ：http://www.jcoal.or.jp/ （2008 年 8 月 20 日現在）

3 天然ガスの輸送と貯蔵

3.1 世界のLNGプロジェクト

3.1.1 天然ガス供給とLNGの経済性

世界の天然ガス消費量が増加する中で，天然ガスの貿易も拡大を続けている。**表3.1**は，世界の天然ガス消費量とパイプライン，LNGによる貿易量の推移を示したものであるが，現在，世界の天然ガス消費に占める輸入依存度は，およそ3割に達している。パイプラインとLNGでは，パイプラインによる輸出入が多いものの，LNGの伸び率はパイプラインを上回っており，2006年の実績で，全消費量の7.3％に相当するガスがLNGによって供給されている。

表3.1 世界の天然ガス消費量とパイプライン，LNGによる貿易量の推移[1),2),3)]

	2000年	2001年	2002年	2003年	2004年	2005年	2006年
天然ガス消費量〔Bcm〕	2 524.8	2 542.2	2 619.4	2,713.3	2 791.6	2 868.5	2 936.1
パイプライン貿易量〔Bcm〕 （全消費量に占める割合）	501.0 (19.8％)	521.5 (20.5％)	558.1 (21.3％)	586.6 (21.6％)	627.7 (22.5％)	651.3 (22.7％)	653.1 (22.2％)
LNG貿易量〔Bcm〕 LNG貿易量*〔百万トン〕 （全消費量に占める割合）	139.6 102.6 (5.5％)	142.7 104.9 (5.6％)	152.8 112.3 (5.8％)	169.5 124.6 (6.2％)	178.6 131.3 (6.4％)	191.6 140.9 (6.7％)	215.0 158.0 (7.3％)

※ 1 Bcm（10億m^3）＝LNG換算73.5万トンとして計算。

2000年時点で約1億トンであった世界のLNG貿易量は，2006年には，1億5 800万トンまで拡大している。

LNG消費が拡大しているおもな理由としては

- 増加する天然ガス消費量に対し，国内生産やパイプラインでの供給が追い付かない地域が増えてきている。
- 安く推移してきた天然ガス価格が世界的に高騰し，LNGの相対的な経済性が高まった。
- LNGの生産技術が向上し，プラントの大型化，効率化が進んだ。合せてLNG船や，

天然ガス火力発電などの周辺技術も向上した。

- 1国あるいは1地域に天然ガスを依存している国で，エネルギーセキュリティ確保の観点からLNGの輸入が求められている。
- これまでLNGを生産していなかったカタール，オマーン，エジプトなどの産ガス国が，外貨獲得を狙って新規参入を果たしている。
- 石油メジャーだけでなく，国営石油会社，電力・ガス会社，ベンチャー企業，金融機関など，事業拡大を狙ったプレイヤーが増え続けている。

などが挙げられ，結果としてLNGの輸出入を行う国が増加し，その貿易量も拡大してきている。

2006年現在で，LNGを輸入している国や地域は，輸入量が多い順に，日本，韓国，スペイン，米国，フランス，台湾，インド，トルコ，ベルギー，イギリス，イタリア，ポルトガル，メキシコ，中国，プエルトリコ，ギリシャ，ドミニカ共和国の17か国である。世界に占める日本のシェアは，減少しているものの，現在も全世界で生産される4割程度のLNGを日本が輸入している（**表3.2**）。

一方，輸出国は，多い順にカタール，インドネシア，マレーシア，アルジェリア，オーストラリア，ナイジェリア，トリニダード・トバゴ，エジプト，オマーン，ブルネイ，アラブ首長国連邦（アブダビ），米国（アラスカ），リビアの13か国である。なお，2007年に入って，アフリカの赤道ギニアとノルウェーからLNGの輸出が開始されたため，輸出国は15か国に増加している。

2005年までは，インドネシアが世界最大の輸出国であったが，同国の生産量は減少傾向にあり，代って生産量が増え続けているカタールが首位になった。

LNGの貿易は，長期契約に基づいて2国間で取引されることを基本としているが，スポットによる輸入も拡大している。特に，長期契約の比率が高かった日本，韓国においても，LNGの逼迫を背景に，輸送上不利なアフリカなどからのスポット輸入も増えてきている。また，最近LNG輸入国の仲間入りを果たしたインドや中国でもLNG需要が堅調なため，長期契約以外のスポット輸入を行っている。

米国は，アラスカから日本向けの輸出を行い，大西洋岸の五つの受入基地で輸入を行っているため，輸出入双方を行っている唯一の国となっている。

国際的な，エネルギー価格の高騰を背景に，LNG価格も上昇している。**図3.1**は，日本，米国，欧州のLNG輸入価格と日本向け原油価格の推移を示したものである。日本向けのLNG価格は，原油の輸入価格にリンクした契約となっているため，2003年ごろまでは，原油とほぼ同様に推移してきている。

ただし，それらの契約では，LNG価格の極端な変動を避けるため，原油価格があらかじ

3.1 世界のLNGプロジェクト

表 3.2　2006 年の LNG 輸出入状況[3]

(千トン)

	カタール	インドネシア	マレーシア	アルジェリア	オーストラリア	ナイジェリア	トリニダード・トバゴ	エジプト	オマーン	ブルネイ	アブダビ	米国	リビア	輸入計
日　本	7 930	14 355	12 574	190	12 972	170	284	572	2 947	6 578	5 414	1 160	—	65 145
韓　国	6 198	4 857	5 323	232	673	112	—	917	5 010	816	—	—	—	24 241
スペイン	3 899	—	—	2 875	—	5 180	2 320	3 144	502	—	—	—	493	18 466
米　国	—	—	—	363	—	1 192	8 102	2 488	—	—	—	—	—	12 145
フランス	—	—	—	5 241	—	3 045	—	1 620	—	—	—	—	—	9 906
台　湾	365	3 143	3 204	117	173	—	107	122	241	—	51	—	—	7 473
インド	4 520	—	—	51	51	51	—	358	147	—	—	—	—	5 282
トルコ	—	—	—	3 036	—	809	—	—	—	—	—	—	—	3 844
ベルギー	—	—	—	2 632	—	—	—	—	—	—	—	—	—	2 632
イギリス	51	—	—	1 377	—	—	240	829	—	—	—	—	—	2 498
イタリア	—	—	—	1 846	—	—	18	—	—	—	—	—	—	1 864
ポルトガル	—	—	—	—	—	1 529	—	—	—	—	—	—	—	1 529
メキシコ	96	—	—	—	—	478	213	198	—	—	—	—	—	985
中　国	—	—	—	—	735	—	—	—	—	—	—	—	—	735
プエルトリコ	—	—	—	—	—	—	586	—	—	—	—	—	—	586
ギリシャ	—	—	—	442	—	—	—	—	—	—	—	—	—	442
ドミニカ共和国	—	—	—	—	—	—	224	—	—	—	—	—	—	224
輸出計	23 060	22 355	21 152	18 401	14 605	12 565	12 095	10 247	8 848	7 394	5 465	1 160	493	157 999

※　出典では Mcm（百万 m³）単位で記載されているが，ここでは一律 1 Mcm ＝ 0.735 千トンとして重量換算した。実際には LNG は産地によって密度が異なるため，上記数値は誤差を含んでいる。また韓国とスペインの貿易では，輸出国を特定できない貿易があるため，個別の数値の合計と合計値として記載されている数値は一致しない。

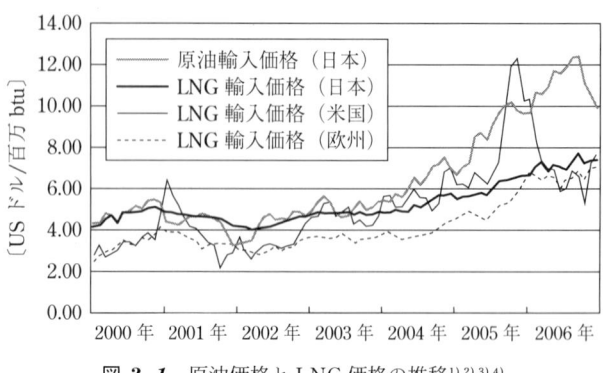

図 3.1 原油価格と LNG 価格の推移[1),2),3),4)]

め決められた価格を超えると，それ以上 LNG 価格が上昇しないような仕組みになっており，2004 年以降の急激な原油価格の上昇に対して，発熱量当りの価格では LNG が割安な状況が続いている。

しかし，LNG 市場は現在完全な売り手市場となってきており，生産者側は，原油価格に比べて割安になってしまうため，これまでの取引形態の変更を求めており，原油価格とのギャップは徐々に縮小していく方向に向かうと見られる。

一方，米国では，国産ガスを中心に国内の企業間での天然ガスのスポット取引が活発であり，このスポット価格に LNG の輸入価格が合せられる契約が多く，欧州では，石油製品価格にスライドする契約が多い。国内や近隣国での生産量が多い欧米では，日本に比較すると安価に LNG を調達してきたといえるが，最近では国内ガス価格の高騰を背景に，その輸入価格は高い水準で推移し，日本との価格差は減少してきている。

LNG の生産者は少しでも高く LNG を販売したいため，よりガス価格の高い地域を目指して輸出が行われる傾向にある。いい換えれば，LNG の貿易拡大は，パイプラインが接続されていない地域間の天然ガスの価格差を徐々に埋めていくよう作用する傾向がある。

3.1.2 LNG プロジェクトの現状

現在稼動している世界の LNG 液化基地の能力は，**表 3.3** のとおりで，2006 年の液化能力の合計値は，254.3 Bcm である。地域別では，東南アジア，中東，アフリカの産ガス国に集中しているが，天然ガスの埋蔵量が 1，2 位のロシア，イランでは計画が進められているものの，稼動している LNG プラントはない。

LNG 受入基地は，東アジア，西欧，米国大西洋岸に多く，中でも日本，韓国，台湾の 3 か国に，世界全体の設備能力のおよそ 3 分の 2 が集中している（**表 3.4**）。ただし，そのほかの地域においても新しい計画が相次いでおり，3 か国のシェアは，縮小傾向にある。

3.1 世界のLNGプロジェクト

表 3.3 世界の LNG 液化基地の能力[3]

地域	国[※1]	年間液化能力		トレイン数	貯蔵タンク能力
		LNG〔百万 m³〕	ガス〔Bcm〕[※2]		LNG〔千 m³〕
東南アジア	インドネシア	59.8	36.8	11	1 139
	マレーシア	50.4	31.0	8	445
	ブルネイ	16.0	9.8	5	180
オセアニア	オーストラリア	44.4	27.3	5	448
中東	カタール	57.5	35.4	7	620
	オマーン	24.4	15.0	3	240
	アブダビ	12.4	7.6	3	240
アフリカ	アルジェリア	44.9	27.6	18	941
	ナイジェリア	39.3	24.2	5	254
	エジプト	27.1	16.7	3	580
	リビア	1.3	0.8	3	96
アメリカ	トリニダード・トバゴ	32.9	20.2	4	520
	米国	3.1	1.9	2	108
	世界計	413.5	254.3	77	5 811

※1) 2007年からノルウェー,赤道ギニアでもLNGが生産されている。
※2) Bcm = 10億 m³

表 3.4 世界の LNG 受入基地の能力[3]

地域	国・地域	年間受入能力		貯蔵タンク能力
		LNG〔百万 m³〕	ガス〔Bcm〕	LNG〔千 m³〕
アジア	日本	408.4	251.2	14 553
	韓国	137.9	84.8	5 280
	台湾	39.5	24.3	690
	インド	17.7	10.9	640
	中国	8.4	5.2	320
欧州	スペイン	84.9	52.2	1 887
	フランス	29.2	17.9	510
	トルコ	20.9	12.9	535
	ベルギー	9.0	5.5	261
	イギリス	7.9	4.9	200
	イタリア	5.7	3.5	100
	ポルトガル	8.9	5.5	240
	ギリシャ	2.2	1.4	130
アメリカ	米国	84.3	51.9	1 295
	メキシコ	9.1	5.6	300
	プエルトリコ	6.4	4.0	160
	ドミニカ共和国	4.0	2.4	160
	世界計	884.5	544.0	27 261

3.1.3 LNGプロジェクトの将来動向

〔1〕 世界全体の見通し

世界のLNG需要は拡大を続けており，液化基地，受入基地ともにその能力は拡大傾向にある。今後もこの傾向は続くものと予想され，例えばIEAが行った最近の予測では，2015年の世界のLNG需要は，現在，2倍程度に相当する合計420〜440 Bcm（LNG約3〜3.2億トン）に拡大すると見込まれている[5]。

需要拡大に合せるように，既存の基地の拡張計画が進められているほか，新たな液化基地，受入基地の計画が相次いでおり，以下では地域別にその動向を紹介する。

〔2〕 世界の液化基地の建設動向

1） アジア・オセアニア　アジア・オセアニア地域では，インドネシア，パプアニューギニア，東チモール，オーストラリアで新たなプロジェクトが検討されている（表3.5）。

インドネシアでは，既存の液化基地の生産量は減少傾向にあるが，パプア州とスラウェシ島で新たな液化基地の建設計画が進められている。パプア州では，Tangguh LNGの建設工事が進められており，2008年から中国，韓国，メキシコ西海岸向けに生産を開始する予定である。また，スラウェシ島では，SengkangやSenoroのガス田を利用した中規模のLNG基地建設計画がそれぞれ進められており，前者の計画については，プラントの建設にすでに着手している。そのほか，チモール海域のマセラ鉱区などの沖合で発見されている未開発のガス田も存在し，これらの事業化も検討されている。

一方でインドネシアのジャワ島では，天然ガスが将来的に不足すると見られ，受入基地を建設して国内の液化基地から調達することが検討されている。

パプアニューギニアでは，新たに三つのLNG輸出事業が検討されているが，着工時期，販売先などの詳細は決定していない。

オーストラリアでは，二つのプロジェクト（NWS，Darwin）が生産を行っており，それぞれに拡張計画があるほか，新規の計画も相次いでいる。このうち，Woodside Petroleumが進めているPluto LNGには，日本の電力・ガス会社も資本参加して，建設工事が始まっている。それ以外には，Gorgon, Browse, Greater Sunrise, Ichthys, Scarborough, Wheatstoneなどの沖合のガス田を利用するプロジェクトが検討されている。

また，クイーンズランド州では，最近炭層メタンの開発が進んでおり，炭層メタンをGladstoneにて液化し，輸出しようとする事業も検討されている。

2） 中　東　中東では，カタールが，インドネシアを抜いて世界一のLNG輸出国になっており，現在さらに1系列780万トンという大規模プラントが複数建設され，生産規模は国全体で7 700万トン/年に達する見込みである。

表 3.5 アジア・オセアニア地域の新規プロジェクト

国	プロジェクト	参加予定企業	生産能力〔万トン/年〕	運転開始予定
インドネシア	Tangguh LNG	BP, CNOOC, 三菱商事, 国際石油開発, 新日本石油, JOGMEC, 三井物産, LNG Japan	760	2008
	South Asia LNG (Sengkang)	Energy World Corporation	200	2009
	Senoro	Pertamina, Medco, 三菱商事	200	未定
	Abadi	国際石油開発	未定	未定
パプアニューギニア	Papua New Guinea LNG	InterOil, Merrill Lynch, Pacific LNG Operations	500	2012
	未定	ExxonMobil, Santos, Oil Search, 新日本石油	630	2013
	未定	LNG Ltd.	130	未定
オーストラリア/東チモール	Greater Sunrise	Woodside, ConocoPhillips, Shell, 大阪ガス	未定	未定
オーストラリア	NWS LNG T 5	CNOOC, Woodside, BHP, BP, Chevron, Shell, 三井物産, 三菱商事	440	2008
	Gorgon LNG	Chevron, Shell, ExxonMobil, 東京ガス, 中部電力, 大阪ガス	未定	未定
	Pluto LNG	Woodside, 東京ガス, 関西電力	700	2010
	Wheatstone	Chevron	500	未定
	Timor Sea LNG	Methanol Australia	300	未定
	Ichthys	国際石油開発, Total	600	未定
	Browse LNG	Woodside, Shell, Chevron, BP, BHP Billiton	未定	未定
	Pilbara LNG (Scarborough)	BHP Billiton, ExxonMobil	600	未定
	未定 (Gladstone)	Santos	300〜400	未定
	Gladstone LNG	Liquefied Natural Gas Ltd, Arrow Energy	200	2010
	未定 (Gladstone)	双日, Sunshine Gas Limited	50	2012
	未定 (Gladstone)	BG Group, Queensland Gas Company	300〜400	2013

※ 2008年3月末現在,各社の発表資料などをもとに作成。確定していない情報を含む。

カタールのLNGプロジェクトはすべてNorth Fieldという単一では世界最大のガス田を利用するが,このガス田は,イランにもまたがっており,イラン側ではSouth Parsガス田と呼ばれ,カタール同様LNGプロジェクトが複数検討されている。ただし,核開発問題を背景に,イランを取り巻く国際情勢は厳しくなっており,海外企業の投資決定が延期される状況が続き,具体的な進展は見られていない。また,イランでは,North Parsガス田やGolshan/Ferdosガス田のガスを利用するプロジェクト,Qeshm島でのプロジェクト,さ

らにはイランの天然ガスをオマーンに供給して液化する事業も検討されている。

中東では，イエメンでもフランスのTotalや韓国企業が参加してLNGプラントの建設が進められており，2008年から米国，韓国などへLNGが供給される予定である。**表3.6**に中東の新規プロジェクトを，**図3.2**に中東・アジア地域のLNGプロジェクト位置図を示す。

表3.6 中東の新規プロジェクト

国	プロジェクト	参加予定企業	生産能力〔万トン/年〕	運転開始予定
イエメン	Yemen LNG	Yemen Gas Company, Total, Hunt Oil, SK, Hyundai	690	2008
カタール	Qatargas II (T 4/5)	QP, ExxonMobil, Total	1 560	2008
	Qatargas III (T 6)	QP, ConocoPhillips, 三井物産	780	2009
	Qatargas IV (T 7)	QP, Shell	780	2011
	RasGas III (T 6/7)	QP, ExxonMobil	1 560	2008
イラン	Iran LNG	NIGEC, Pension Fund Organization, Pension Fund Investment Organization	1 050	未定
	Pars LNG	NIOC, Total, Petronas	1 000	未定
	NIOC-LNG	NIOC	1 000	未定
	Persian LNG	NIOC, Shell, Repsol YPF	1 400	未定
	Qeshm LNG	Liquefied Natural Gas Ltd	345	未定
	North Pars	NIOC, CNOOC	2 000	未定
	Golshan/Ferdos	NIOC, SKS Venture	2 000	未定

※ 2008年3月末現在，各社の発表資料などをもとに作成。確定していない情報を含む。

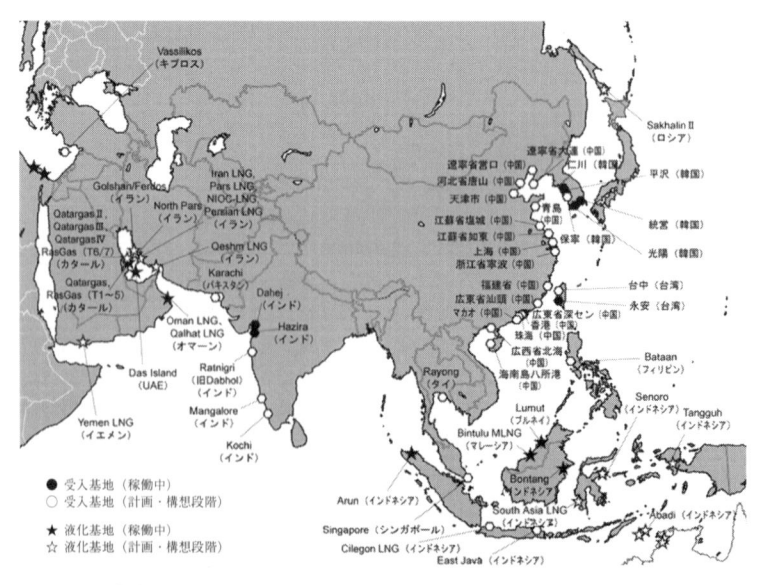

図3.2 中東・アジア地域（日本除く）のLNGプロジェクト位置図（2008年3月末現在，各社の発表資料などをもとに作成。確定していない情報を含む。）

3） アフリカ　アフリカでは，エジプト，リビア，アルジェリア，ナイジェリア，赤道ギニアでLNGが生産されており，欧州を中心に輸出されている。これらの国で拡張や新規の計画があり，アンゴラでも新規プロジェクトが検討されている。**表3.7**にアフリカの新規プロジェクトを示し，**図3.3**にLNGプロジェクト位置図を示す。

表3.7　アフリカの新規プロジェクト

国	プロジェクト	参加予定企業	生産能力〔万トン/年〕	運転開始予定
リビア	未 定	NOC, ENI	365	未 定
	未 定	Shell ほか	未 定	未 定
エジプト	ELNG T 3	BG Group, Petronas, EGAS, EGPC	未 定	未 定
	Segas T 2	Union Fenosa, ENI ほか	未 定	未 定
アルジェリア	Gassi Touil	Sonatrach	400	未 定
	Skikda（GL 1 K 更新）	Sonatrach	450	2010
ナイジェリア	NLNG（T 6/7/8）	NNPC, Shell, Total, ENI	540/800/800	2007/未定/未定
	Brass LNG	NNPC, ConocoPhillips, ENI	1 000	2010
	Olokola LNG（OK LNG）	NNPC, Chevron, Shell, BG Group ほか	2 200	未 定
	未 定	Repsol YPF, Gas Natural	700	未 定
	未 定	Centrica, StatoilHydro, Consolidated Contractors Company	未 定	未 定
	Bonny LNG	NNPC, ExxonMobil	480	未 定
	未 定	FLEX LNG, Peak Petroleum	170	未 定
赤道ギニア	Equatorial Guinea LNG T 2	Marathon Oil, Sonagas, 三井物産, 丸紅, Union Fenosa, E.ON	440	未 定
アンゴラ	Angola LNG	Sonangol, Chevron, Total, BP, ENI	520	2012
	未 定	Sonagas, Repsol YPF, Gas Natural, ENI, GALP, EXEM	未 定	未 定

※　2008年3月末現在，各社の発表資料などをもとに作成。確定していない情報を含む。

現時点で最も生産量が多いのはアルジェリアで，さらにGassi Touilと呼ばれる新規事業も計画されており，既存のSkikda基地の一部が事故によって休止しているため，プラント設備の更新を機会に拡張する計画もある。

エジプトでは，二つのプラントが稼働しており，いずれも拡張が検討されている。

リビアでは，老朽化した小規模プラントが運転を続けているが，経済制裁解除を契機に，外国資本による探鉱活動が活発化しており，イタリアのENIがリビア国営石油と共同で新たなLNG事業を計画するほか，ShellやBPなどもLNG事業を念頭に探鉱活動を進めている。

西アフリカのナイジェリアでは，アフリカで最も多くプロジェクトが計画されており，現

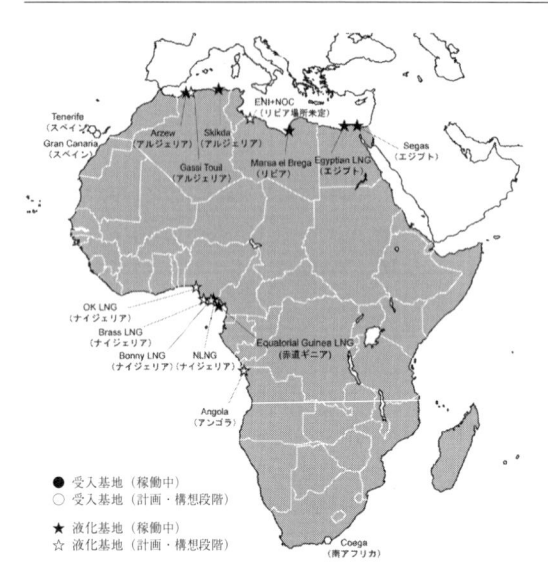

図3.3 アフリカのLNGプロジェクト位置図
(2008年3月末現在,各社の発表資料などをもとに作成.確定していない情報を含む.)

在稼働しているNLNGの拡張計画が進められているほかに，Brass LNGとOlokola LNGという大規模プロジェクトが進められ，その販売先も決まり始めている。さらに場所やスケジュールは公表されていないが，Repsol YPFとGas Naturalが共同で，また，CentricaとStatoilHydroらも共同で新規事業を検討している。ナイジェリアでは，これら以外にも洋上で液化する設備の導入を検討している企業も存在する。

そのほか，2007年に生産を開始した赤道ギニアのプロジェクトでは，ナイジェリアなどの周辺地域のガスも原料とする拡張計画が検討されており，アンゴラでも新たなプロジェクトの計画が進められている。

4) 欧州・ロシア 欧州初の液化基地となったノルウェーのSnohvit LNGのプラントは，2007年より運転を開始し，現在，拡張を目指した周辺ガス田での探鉱活動が実施されている。

ロシアでは，太平洋側のサハリンで，2008年からの供給開始を目指した工事が進められている。一方，大西洋市場を目指したプロジェクトとしては，バレンツ海に位置する大規模ガス田のShtokmanで，LNGとパイプラインによる輸出事業が検討されており，ヤマル半島にも新たなLNGプラントを建設することが検討されている（**表3.8**）。

表3.8 欧州・ロシアの新規プロジェクト

国	プロジェクト	参加予定企業	生産能力〔万トン/年〕	運転開始予定
ノルウェー	Snohvit LNG T2	Petoro, StatoilHydro, Total, Gaz de France, Hess, RWE	未定	未定
ロシア	サハリンⅡ	Gazprom, Shell, 三井物産, 三菱商事	960	2008
	Shtokman LNG	Gazprom, Total, StatoilHydro	750	2014
	Yamal LNG	未定	未定	未定

※ 2008年3月末現在，各社の発表資料などをもとに作成。確定していない情報を含む。

5) 南北アメリカ 南北アメリカで稼働している液化プラントは，米国アラスカ州とトリニダード・トバゴのみであり，ペルーで新たな液化プラントが建設されている。そのほか，ベネズエラでも事業化を目指した動きがあるが，具体的な事業体制は決定していない。

また，海岸を持たないボリビアでは，自国の天然ガスを近隣国に送って液化する事業が経済性の問題から中止されていたが，LNG価格の上昇を背景に，再度検討が行われることになった。**表3.9**に南北アメリカの新規プロジェクトを示す。

表3.9 南北アメリカの新規プロジェクト

国	プロジェクト	参加予定企業	生産能力〔万トン/年〕	運転開始予定
米国アラスカ	Valdez	Alaska Gasline Port Authority	未定	未定
ベネズエラ	Mariscal Sucre	未定	未定	未定
トリニダード・トバゴ	ALNG Train X	未定	未定	未定
ペルー	Peru LNG (Camisea)	Hunt Oil, SK, Repsol YPF, 丸紅	400	2009
ボリビア	未定	未定	未定	未定

※ 2008年3月末現在，各社の発表資料などをもとに作成。確定していない情報を含む。

〔3〕 世界の受入基地建設動向

1) アジア アジアでは，日本，韓国，台湾，中国，インドがLNGの輸入を行っているが，いずれの国にも受入基地を新たに建設する計画があり，シンガポール，タイ，フィリピン，パキスタンでも受入基地の建設が検討されている。

中国では，2006年から広東省深センでLNGの輸入を開始しており，オーストラリアから長期契約に基づいたLNGの輸入が行われている。これ以外にも，福建省と上海のプロジェクトが建設段階に入っており，香港を含めた海岸部全域に多数の受入基地建設計画が進められている。しかし，最近のLNG価格の高騰を受け，安価な国内炭に競合する価格での調達は困難になってきており，予定どおり進んでいない計画も多い。

インドでは，グジャラート州で，Petronet LNGのDahejの基地とShellのHaziraの基地が稼動している。Dahej向けには，カタールから安価なLNGが供給されており，順調に稼動している。Petronetでは，このDahej受入基地を1 250万トン/年規模まで拡張し，南部のKochiにも受入基地を建設する計画を進めている。

インドには，米国のEnronが建設を進めていて頓挫してしまったDabhol基地の再稼動計画や，ほかにも計画中のプロジェクトがある。しかし，東海岸沖合のKrishna Godavariで大規模なガス田の発見が相次いでいることから，中止される計画も出現している。

2) 欧州 **図3.4**に欧州のLNGプロジェクト位置図を示す。欧州では現在，スペイン，フランス，ベルギー，イタリア，ポルトガル，ギリシャが輸入を行っており，これまで天然ガスの輸出国であったイギリスも北海での天然ガスの生産量が減少してきているため，LNG輸入を再開している。スペイン，フランス，イタリア，イギリスでは，さらに新規の計画が数多く進められており，これまで受入基地のなかったオランダ，ドイツ，ポー

ランド，クロアチアなどでも受入基地の建設が計画されている。

欧州では，ロシア，北アフリカ，中東，カスピ海地方から新規にパイプラインを建設して輸入する事業も検討されており，LNGの計画は，これらのパイプライン事業の進捗にも影響を受けるものと見られている。

3） 南北アメリカ 南北アメリカでは，米国，メキシコ，プエルトリコ，ドミニカ共和国がLNGを輸入しており，新たにカナダ，バハマ，ジャマイカ，エルサルバドル，ホンジュラス，ブラジル，チリ，ウルグアイで受入基地の建設が検討されている。

図3.5に北中米のLNGプロジェク

図3.4 欧州のLNGプロジェクト位置図（2008年3月末現在，各社の発表資料などをもとに作成。確定していない情報を含む。）

図3.5 北中米のLNGプロジェクト位置図（2008年3月末現在，各社の発表資料などをもとに作成。確定していない情報を含む。）

ト位置図を示す。現在，世界で最も LNG 受入基地の建設計画数が多いのは，米国を中心とする北米で，カナダ，メキシコを含めた太平洋と大西洋の両岸に受入基地の建設計画がある。中でも米国では，国内の天然ガス生産量の増加がさほど望めないことや，ガス価格の上昇などを背景に，各地で受入基地の計画が進められている。ただし，カリフォルニア州や東海岸の北部の計画は，住民や環境保護団体による反対が強く，思うように進展していないものも多い。

最近では，これらの反対を避けるために，洋上で再ガス化し，海底パイプラインを通じて供給する計画も増加している。

米国以外の北米では，カナダ，メキシコともに，ガス需要が増加しており，自国でのガス需要を賄うとともに，基地建設が進まない米国への輸出を目指した計画も進められている。

中南米では，アルゼンチンでガスの生産量が落ち込んだ関係から，チリでガス不足が発生し，緊急的に受入基地を建設する計画が進んでおり，天然ガス消費量が急増しているブラジルでも，LNG 船を改造して受入基地とする計画が急ピッチで進められている。

3.1.4 LNG プロジェクトの課題

以上のように，世界各地に LNG プロジェクトが広がっており，東南アジアから日本・韓国を中心に輸出が行われていた状況からは，様変わりしたといえよう。

一方で，これら多くの LNG プロジェクトが予定どおり進展していくには，克服すべき課題も多い。中でも，原料となる天然ガスの価格とプラント建設コストが高騰し続けており，計画立案当初は実現可能と見られたプロジェクトも，現在の価格水準では延期せざるを得ないものが出現している。さらには，イランの核開発問題，ナイジェリアの国内紛争，ロシアなどの産ガス国における資源ナショナリズムの高まりなど，地域情勢から簡単には将来が見通せないプロジェクトも多い。

しかしながら，クリーンで CO_2 排出量が相対的に少ない天然ガスの需要は世界各地で着実に増加しており，深海部や非在来型のガス田開発，洋上での液化施設や再ガス化を行う技術など，新たに開発されてきている技術を取り込むことによって，LNG 消費量は着実に増加していくものと思われる。

〔引用・参考文献〕

1) IEA：Natural Gas Information：2005 Edition, OECD（2005）
2) IEA：Natural Gas Information：2006 Edition, OECD（2006）
3) IEA：Natural Gas Information：2007 Edition, OECD（2007）
4) 財務省貿易統計ホームページ：http://www.customs.go.jp/toukei/srch/index.htm （2008 年 8

月20日現在)

5) IEA：Natural Gas Market Review 2007, Security in a Globalising Market to 2015, Vol.2007, No. 1, OECD（2007）

3.2 天然ガス液化プラント

3.2.1 天然ガス液化プラントの概要

天然ガス液化プラント（LNGプラント）は，大量の天然ガスを取り扱う関係から，ガス田の近くに建設されるケースが多いため，通常都市部あるいは工業地帯から遠く離れた場所に建設されることが多い。

したがって，LNGプラントはユーティリティ完全自給型のプラントとして，原料の天然ガスさえ入手できれば，すべての生産活動ができるように計画されるのが一般的である。液化トレイン（系列）は，通常2系列以上あり，LNGプラントの運転を継続しながら各設備のメンテナンスができるように計画されている。典型的なLNGプラントのブロックダイアグラムを図3.6に示す。これらの設備において，原料天然ガスは以下のようにプロセッシングされる。

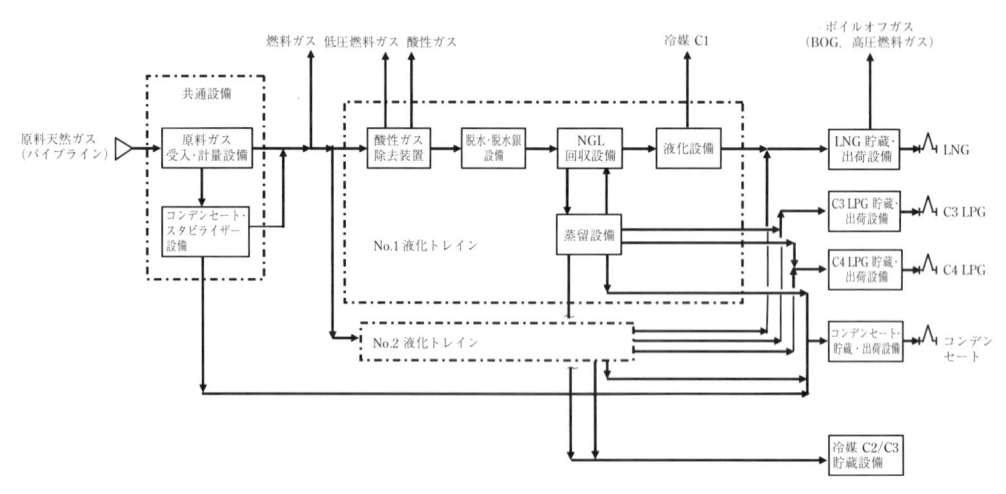

図3.6 LNGプラントのブロックダイアグラム

パイプラインで送られてきた原料天然ガスは，最初に「原料ガス受入・計量設備」に入り，ガスに同伴していたコンデンセート（液体状の炭化水素）が分離され，ガス量が計量される。

分離されたコンデンセートは，「コンデンセート・スタビライザー設備」で軽質炭化水素（C_4^-）を除去した後，製品コンデンセートとして「コンデンセート貯蔵・出荷設備」に送ら

れる。また，除去された軽質炭化水素は昇圧されて原料天然ガスに戻しているケースが多い。一方，分離，計量されたガスは，燃料ガスを分離された後，2分割され，それぞれの液化トレインに送られる。

液化トレインに送られた原料ガスは，最初に「酸性ガス除去設備」に入り，CO_2，H_2S などの酸性ガスが除去された後，「脱水設備」で脱水され，さらに「脱水銀設備」で水銀が除去された後「NGL回収設備」に送られる。

一方，除去された酸性ガスは，CO_2 の場合は大気に放散され，また H_2S を含む場合は硫黄回収装置に送られる。また，酸性ガスと一緒に吸収された炭化水素は，燃料ガスとして回収されるが，プロセスによっては一部除去された酸性ガスに含まれることもある。

「NGL回収設備」に送られた原料ガスは，エキスパンダー（膨張タービン）プロセスなどにより生み出される冷熱を利用して，主としてプロパンより重質の炭化水素が回収される。重質炭化水素が回収された残りの軽質ガスは，再度昇圧されて液化設備に送られる。一方，回収された重質炭化水素は「蒸留設備」へ送られ，複数の蒸留塔で処理され，冷媒エタン，冷媒プロパン，C3LPG，C4LPGおよびコンデンセートに分離される。冷媒エタン，冷媒プロパンは後述の液化プロセスの冷凍サイクルに使用される冷媒として「冷媒C_2/C_3貯蔵設備」に送られ，回収されたC3LPG，C4LPGはそれぞれ「C3LPG貯蔵・出荷設備」および「C4LPG貯蔵・出荷設備」に送られる。

C_5^+ の重質炭化水素は，製品コンデンセートとして，「コンデンセート・スタビライザー設備」からのコンデンセートと併せて「コンデンセート貯蔵・出荷設備」に送られる。一方，蒸留設備からの余剰のエタンおよび軽質の炭化水素は，「液化設備」に送られLNGの原料となる。

重質分が除去された原料ガスは「液化設備」により液化され，製品LNGとして「LNG貯蔵・出荷設備」に送られる。また，LNG貯蔵中に発生するボイルオフガス（BOG：boil off gas）は燃料として回収される。製造されたLNGおよびC3LPG，C4LPG，コンデンセートは，それぞれ「LNG貯蔵・出荷設備」，「C3LPG貯蔵・出荷設備」，「C4LPG貯蔵・出荷設備」，「コンデンセート貯蔵・出荷設備」よりいずれもそれぞれの専用タンカーに積載されて消費地に送られる。なお，これらの設備のほかプラントに必要なユーティリティを供給する蒸気設備，電気設備，冷却水設備などが設置される。

これらのプロセッシングを行う上での基準となる，LNG中で許容される不純物のガイドライン

表3.10 LNG中の不純物ガイドライン

不純物	濃度	備考
CO_2	50～100 ppm mol	溶解度制限
H_2S	<4 ppm mol	製品規格
全硫黄	30 mg/m³_N	製品規格
水分	<0.01 μg/m³_N	溶解度制限
芳香族	<1 ppm mol	腐食防止
C_5^+	<0.1 % mol	製品規格
N_2	<1 % mol	製品規格

を**表 3.10** に示す[1]。

世界で近年運転開始，あるいは建設中のベースロード LNG プラントの一覧表を**表 3.11** に示す。トレインサイズは 3.4～7.8 MTA（百万トン/年）と大型化してきており LNG プラント黎明期（1970 年代）の数倍サイズのものが建設されてきている。

表 3.11 近年運転開始あるいは建設中の LNG プラント

MTA：百万トン/年

LNG プロジェクト	液化プロセス	トレインサイズ〔MTA〕	運転開始
Atlantic LNG Train 4	ConocoPhilips Optimized Cascade	5.0	2005
Sakhalin	Shell DMR	4.8	2008
Egypt Damietta LNG	Air Products C3-MR	5.0	2005
Egyptian LNG Train 1/2	ConocoPhilips Optimized Cascade	3.4	2005/6
Nigeria Plus Train 4, 5 and 6	Air Products C3-MR	4.0	2005/7
Equatorial Guinea	ConocoPhilips Optimized Cascade	3.4	2007
Ras Gas Expansion Trains 3, 4 and 5	Air Products C3-MR	4.7	2004/7
Ras Gas Expansion Trains 6 and 7	Air Products AP-X	7.8	2008/9
Qatargas II	Air Products AP-X	7.8	2008
Qatargas III, IV	Air Products AP-X	7.8	2009/10
Darwin LNG	ConocoPhilips Optimized Cascade	3.7	2006
Snøhvit	Statoil-Linde MFC Process	4.3	2007
Tangguh LNG	Air Products C3-MR	3.8	2008

つぎに LNG プラントで主要なプロセスである，液化プロセスと酸性ガス除去プロセスについて述べる。

〔**1**〕 **液化プロセス**

ベースロード LNG プラントで採用された天然ガス液化プロセスはいくつかあるが，おもなプロセスは**表 3.12** に示した四つのプロセスである。

表 3.12 天然ガス液化プロセス

液化プロセス	ライセンス所有会社
カスケード（CASCADE）プロセス[2]	ConocoPhillips
C3-MR プロセス[3]	Air Products Inc.
DMR (Double Mixed Refrigerant) プロセス[4]	Shell Global Solutions
AP-X プロセス[5]	Air Products Inc.

これらの四つのプロセスは，使用する冷媒および冷凍サイクルの組み方が違っており，このことからプロセスの構成および使用する機器に特徴がある。

冷媒について，カスケード（CASCADE：多段）プロセスではメタン，エチレンおよびプロパンの純成分を使用し，これの冷媒サイクルをカスケードして天然ガスを液化している

が，残りの三つのプロセスはいずれも N_2，メタン，エタン，プロパンなどの混合冷媒を使用してプロセスを構築している。

カスケードプロセス（図3.7）では三つの純成分でそれぞれ独立した冷凍サイクルを組んでおり，個々の冷凍サイクルがそれぞれ2～3個の圧力レベルでプロセスの冷却を行うようになっているためプロセスが複雑になり，かつ機器も増えてくるが，純成分であるため混合冷媒のような冷媒成分の調整が不要であるので，運転が容易である。このプロセスは天然ガスを液化する主熱交換器（MHE：main cryogenic heat exchanger）にブレーズド・アルミニウム製のプレートフィン熱交換器を使用している。

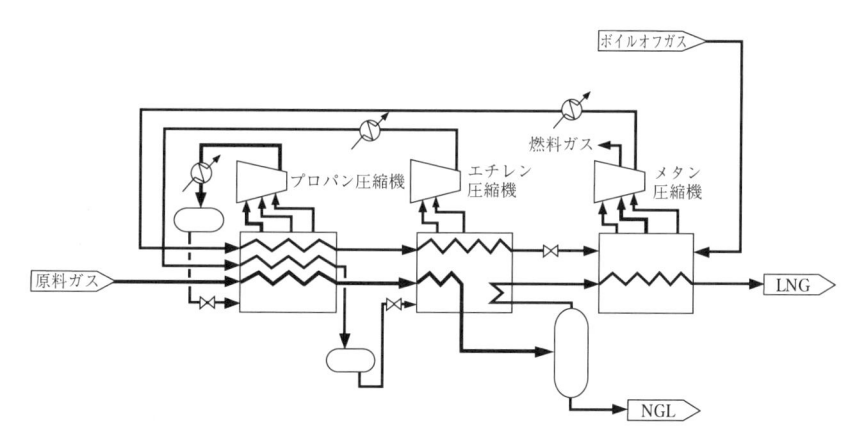

図3.7 カスケードプロセス

C3-MRプロセスおよびDMRプロセスは，予冷サイクルと液化サイクルの二つの冷凍サイクルを用意している。C3-MRプロセスは図3.8に示すように，予冷サイクルに純プロパンを使用し，液化サイクルには，N_2，メタン，エタン，プロパンからなる混合冷媒（MR）を使用している。

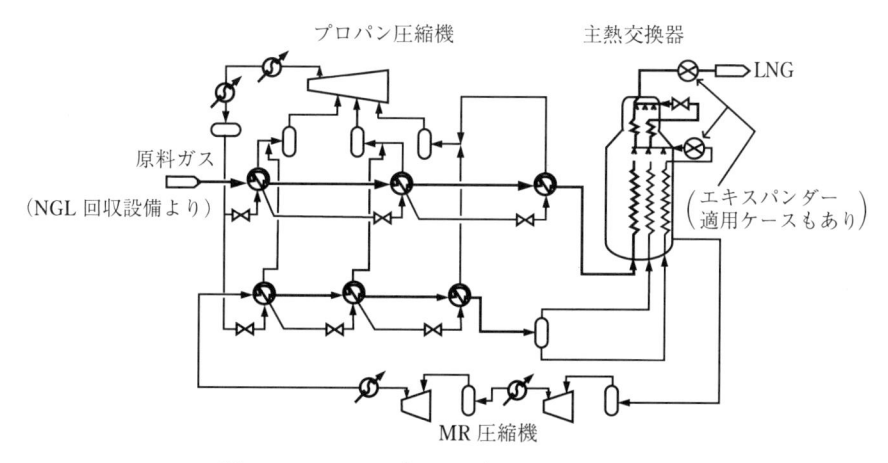

図3.8 C3-MRプロセス（Air Products Inc.）

DMRプロセスでは予冷サイクルにエタン，プロパンの混合冷媒を使用し，液化サイクルにはC3-MRプロセスと同様の混合冷媒を使用している。このことから，プロセススキームはDMRプロセスのほうがC3-MRプロセスより少しシンプルになっている。

両プロセスとも使用している主熱交換器（MHE）はスパイラル・ワウンドタイプ（ハンプソン式ともいわれる）であるが，メーカーとしては少なくAir Products社とLinde社（独）のみである。

予冷サイクルの熱交換器は，C3-MRプロセスでは純プロパンを使用していることから，ケトルタイプの熱交換器を標準としているのに対し，DMRプロセスのほうでは，エタン，プロパンの混合冷媒を使用しているため，スパイラル・ワウンドタイプの熱交換器を使用している。

AP-Xプロセスは大型トレインサイズ800万トン/年を目指すもので，プロパン，混合冷媒，N_2の3種の冷媒サイクルから構成されており，すでにカタールでの大型トレインに採用されている。C3-MRプロセスをこのトレインサイズに適用しようとすると，液化に使用するスパイラル・ワウンドタイプの熱交換器サイズがその輸送限界を超えるために考案されたプロセスである。

〔2〕 酸性ガス除去プロセス

ベースロードLNGプラントに採用された代表的な酸性ガス除去プロセスの比較を表3.13に示す。

21世紀に入って建設されてきているLNGプラントは1トレイン当りの大型化が急速に進み，また井戸の個性が明確に分かれてくる傾向にある。急速にトレイン数を増やしている中東地域は，カタールのNorth Field Gasに代表されるが，酸性ガス濃度が高く，かつ有機硫黄（メルカプタン，硫化カルボニルなど）や芳香族系炭化水素を比較的多く含む難処理ガスと位置付けられる。一方，極東ロシア，マレーシア，オーストラリアなどのアジア・オセアニア地域やナイジェリアなどの一部アフリカの井戸は，CO_2主体の酸性ガス構成となっている。

最初に，酸性ガス除去設備として高度な技術を要する中東系ガス処理を基本に最近の傾向を概観する。表3.13のとおり化学吸収剤の適用が進んでいる。もとより物理吸収剤の適用は，炭化水素の吸収過多から敬遠されてきた。一方，物理吸収剤と化学吸収剤の混合溶液での処理は，メルカプタンや硫化カルボニルなどの有機硫黄の除去が可能となるため，シンプルでコスト競争力のある構成となるが，化学吸収剤のみの場合に比べ，炭化水素の吸収量が若干多くなる傾向にある。吸収された炭化水素は硫黄回収装置に送られて燃焼処理されるので，液製品としてはロスとなる。

化学吸収剤の中ではMDEA（メチル・ジ・エタノール・アミン）が一般的で，CO_2と接

表 3.13 酸性ガス除去プロセスの比較

項　目		化学吸収プロセス	化学/物理同時吸収プロセス	物理吸収プロセス
1. プロセス		アミン系，熱炭酸カリ	スルフィノール	セレクソール
2. 代表的溶液		アミン系 　モノエタノールアミン（MEA） 　ジエタノールアミン　（DEA） 　ジグリコールアミン　（DGA） 　メチル-ジエタノールアミン（MDEA） 　　＋添加剤 熱炭酸カリ	スルフィノール	セレクソール
3. 吸収液の性質（吸収能力）	(1) 硫化水素（H_2S）除去	高	高	高
	(2) 炭酸ガス（CO_2）除去	高	高	高
	(3) 硫化カルボニル（COS）除去	高　（熱炭酸カリ） 低　（MEA以外のアミン系溶液） なし（MEA）	高	高
	(4) メルカプタン除去	低　（MDEA＋添加剤） なし（他吸収液）	高	高
4. エネルギー消費量		中	中	低
5. 炭化水素同時吸収量		低	中	高
6. LNGプラントでの実績		あり：MEA，DEA，DGA あり：MDEA＋添加剤 　Ucarsol：UOPライセンスプロセス 　aMDEA：BASFライセンスプロセス 　ADIP-X：シェルライセンスプロセス あり：熱炭酸カリ：UOPライセンスプロセス*	あり：シェルライセンスプロセス	なし

※　ベンフィールド ハイピュアープロセスと称し，熱炭酸カリと DEA を組み合せて性能を高めている。

触しても再生不可能な塩を作ることもなく，腐食性は低く，エネルギー効率も優れているが，炭酸ガスの吸収能力がほとんどない。これを補う目的で，近年では化学系の添加剤が工夫され，供用されてきている。これにより，H_2S と CO_2 を同時吸収させ酸性ガス吸収工程を成立させることが可能となっている。有機硫黄も一部はこの添加剤で吸収できるが，ほとんどすべての有機硫黄は後段のモレキュラーシーブによる脱水工程にこれの吸着機能を付加させて対応することとなる。したがって，モレキュラーシーブの再生工程で生ずる再生ガス中の有機硫黄の除去に別途物理吸収剤による処理が加わることになる。

　このように化学吸収プロセスは，有機硫黄除去の役割分担を後段のモレキュラーシーブに明確化することで，構成は複雑になるがプロセスの性能を確保してきている。一方，物理吸収剤と化学吸収剤の混合溶液プロセスは，化学吸収プロセスに比べて炭化水素の吸収量が多いことから，特に大規模な適用において，シンプルさのメリットを生かせない状況にあるが，ライセンス所有会社によっては化学系の添加剤を併用し，物理吸収剤のデメリットを緩和する工夫をして対応している。

CO_2 主体の酸性ガス処理については，有機硫黄の含有量が少ないこともあり，中東系に比べて容易で簡素な装置構成となる。酸性ガス除去プロセスは難処理ガス対応の場合と同様に化学吸収プロセスや物理・化学混合吸収剤プロセスにて対応するが，化学吸収プロセス適応の場合でも後段モレキュラーシーブでの有機硫黄吸着機能を省く，または軽減した構成となる。

酸性ガス除去プロセスの選定にあたっては，原料ガスの組成をもとに最適化が計られるが，プラントオーナーの嗜好も勘案され決定されている。

3.2.2 LNG プラントをとりまく環境

北海油田の枯渇，経済発展の顕著な中国，インドなどでの1次エネルギーとしての天然ガス需要増加，北米にあっては天然ガス埋蔵量の枯渇化懸念に対して将来の発電原料を LNG でカバーしようとする動きなどにより，LNG プラントへの期待は大きい。

LNG 生産基地のみならず，輸送，受入基地を含む LNG チェーン全体がほかの化石燃料に比較し巨額の投資が必要であり，またエネルギー産業としてつねに多くの消費者に安いコストでエネルギーを供給する使命があるため，天然ガスの開発 → 液化 → 輸送 → 受入れ／再ガス化という，LNG チェーン全体でコストを下げる努力が続けられている。

生産基地ではトレインを大型化することにより LNG 単価のコストダウンを図ってきた。生産基地のトレインサイズが 800 万トン/年に達する段階となっていることに伴い，このトレインがなんらかのトラブルで停止する場合は，そのサイズの大きさゆえ市場に与える影響が大きい。したがって従来に比べ，より高い信頼性が要求される。最近の信頼性工学を適用して高い信頼性を確保することが肝要となろう。また従来LNGは，大半を消費する日本の需要に合せ総発熱量の高い，いわゆるリッチ LNG が LNG の主流であったが，最近需要が増した北米マーケットのように C_2^+ の炭化水素成分を大幅に低減して熱量を低くした，いわゆるリーン LNG に対応する必要が出てきたため，場合によってはどちらの LNG も生産できるフレキシビリティが求められることになる。そして世界的な温暖化に関する関心の高まりに対応し，天然ガス液化プラントでも，よりエネルギー効率を上げて CO_2 の排出量の低減，さらに酸性ガス除去設備から排出される CO_2 を地中に貯蔵して大気放出させない工夫などがより一般的になると思われる。

LNG 技術はある面では完成に近付きつつある技術といえなくもないが，巨額の投資を必要とするプロジェクトであるがゆえに，新たな技術開発の要求が絶えることはないであろう。

〔引用・参考文献〕

1) Chiu, C. H. : "Evaluate Separation for LNG Plants", Hydrocarbon Processing, pp.266〜

272 (1978)
2) Low, W. R., Andress, D. L., Houser, C. G.：U. S. Patent 5611216, "Method of Load Distribution in a Cascaded Refrigeration Process"
3) Gaumer Jr., L. S., Newton, C. L.：U. S. Patent 3763658, "Combined Cascade and Multicomponent Refrigeration System and Method"
4) Vink, K.J. and Nagelvoort, R. K.："Comparison of Baseload Liquefaction Process", LNG 12 Confernce, Perth, Australia (1998)
5) Roberts M., et. al.："Reducing LNG Capital Cost in Today's Competitive Environment", LNG 14, Confernce, Doha, Qatar (2004)

3.3 LNGの海上輸送

　LNG船（図 3.9）は公共のエネルギーを運搬する船である。したがって安全で確実な技術であることが絶対条件である。現在，LNG船の技術はIMO（国際海事機構）の安全基準で世界的に統一され，これに基づいてLNG船は建造され運航されている。
　以下，おもにLNG船の技術と，その特徴的なガスオペレーションを中心に，LNG船の運航に関して知っていると便利な基本的な事項をとりまとめた。

図 3.9　三菱重工業建造のサハリン船航走写真

3.3.1　タンク方式の技術と特徴

　LNG船の技術を特徴付けるのは，貨物であるLNGの性質である。すなわち極低温（-162℃）であること，比重が軽いこと（0.42〜0.47）かつ蒸発して空気と混じると爆発の可能性がある混合気を作ること，などの性質である。
　これをもとに考えられる設計の姿は
・比重が軽いため，タンクは比較的容積が大きく，極低温の貨物を積載するために極低温に耐え得る材料で構成，防熱されている。
・大きな温度差（変形）に対して，安全に船体に保持（支持）されている。
・万一タンクからLNGが漏れたときに船体がLNGの低温と着火の危険から安全に保たれている。
　この基本要件のうち，特にタンクの温度変形を吸収する対策と，万一の漏れに対して船体を保護する対策とがLNG船の設計を特徴付けており，それを実現するための諸方式が提案

されている．現在実船建造に採用されている技術方式は，フランスの技術である3種類のメンブレン方式（ガストランスポート方式，テクニガス方式およびCS1方式）と，ノルウェーで開発された独立球形方式（モス方式）と，日本で開発された自立角型方式（SPB方式）の5種類である．

〔1〕 **LNG船の歴史**

LNG船の歴史は，1950年代の後半に開発された自立角型タンクを使ったコンチ社の設計で始まった．この設計で1959年にメタンパイオニア（実験船），60年代にメタンプリンセス，メタンプログレスなど中型のLNG船が建造された．その後，自立角型タンクの別設計のエッソ方式のLNG船も建造された．しかし，当時の技術はいずれも自立角型タンクの長所を充分発揮するものではなかった．また同じ頃，円筒型タンクのウオルムス方式のLNG船も建造された．その後コンチ社の特許に触れずに，かつより安い船を提供するという視点から，タンク材料の軽減を図ったメンブレン方式が出現し多数建造された．しかし，メンブレンタンクでスロッシング（船体とタンク内液運動の共振）損傷を起すトラブルが発生した（ただし，その後タンク積付制限と補強によりこの種のトラブルを回避している）．また，ほぼ同じ時期に高度な応力解析を使って信頼性を評価し，独立球形方式が開発された．1970年代の後半にコンチ方式（自立角型）の大型LNG船も建造されたが，防熱と2次防壁設計の不具合からトラブルを起し完工できず，このためにコンチ方式は信頼を失墜した．その後，多くのLNGプロジェクトの実現にめぐまれて，独立球形方式やメンブレン方式のLNG船が多数建造された．さらに1990年代の前半にわが国において高度に発達した設計並びに建造技術を背景に自立角型のSPB方式が開発され，実現化した（図3.10）．

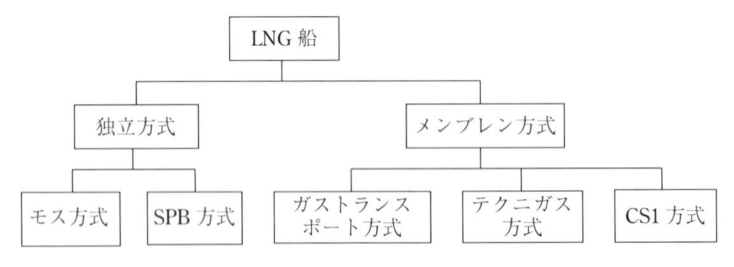

図3.10 LNG船のタンク方式

〔2〕 **LNG船の建造技術**

1） **独立球形方式：モス方式（モス社，ノルウェー）**　　図3.11に示すような，IMOタイプB[†]の承認を受けた方式である．タンクは厚板（平均30～40 mm）のアルミ合金製

[†] タイプBとはIMO規則の定めるガス船のタンク疲労強度評価による分類で，船の一生を通じてタンクが漏れのないように設計，建造され，厳密な品質管理で設計どおりに製作されていることが確認されたタンクシステムのことであり，部分2次防壁が認められている．

独立球形タンクで，赤道部が支持荷重を受けるため，厚板構造(160〜180 mm 程度)となっており，ここを円筒状のスカート構造で船体に接続している。スカートとタンクおよび船体の接続は溶接で，スカート部のアルミと鋼材（またはステンレス帯板）とは特殊な継ぎ手で接合されている。タンク防熱と船体の間には人の通れる保守・点検用の空間がある。タンクの温度収縮はスカートの変形により吸収される。タンク外面にプラスチックフォームの成形材の防熱

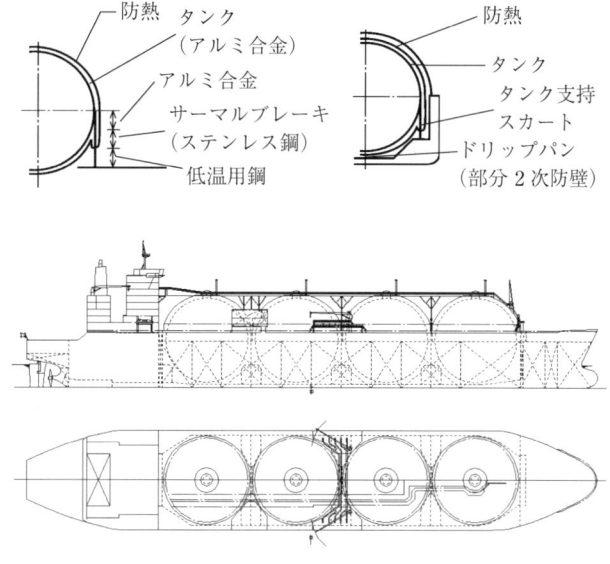

三菱重工業建造　サハリン船 (147000 m³型) 主要目
Loa x B x D − d = 288.0 m x 49.0 m x 26.8 m − 11.25 m

図 3.11　モス方式概要

が取り付けられ，防熱表面層がスプレーシールドで，これと底部防熱の下のドリップパンが部分2次防壁である。球形タンクは内圧には強いが外圧強度は小さいため，タンクの内外差圧制御が装備されている。球形方式の別の設計にセナー方式やテクニガス球形方式があるが，大型船の建造実績はない。

2) ガストランスポート方式メンブレン（ガストランスポート社，フランス）　タンクは 0.7 mm 厚さのインバー鋼材の薄膜（メンブレン）で，温度変形は膨張係数の小さいインバー鋼材自体の特徴と微小変形で吸収される。防熱はパーライトを詰めた合板箱である。タンクの荷重は合板箱が支え，船体で受ける。船体は2重殻で，内殻の内側に2段に取り付けた合板箱それぞれに，インバー鋼材のメンブレンが張られており，内側のメンブレンがタンク，外側のメンブレンが2次防壁となっている。隅部のインバー鋼材と船体との取合い構造などは何回か設計変更による改良が行われている。メンブレン方式はタンクが外圧に弱いため，タンクの内外差圧制御が装備され，またタンク間に挟まれた船体隔壁の過冷却を防止するための船体加温装置が装備されている（図 3.12 (a)）。

3) テクニガス方式メンブレン（テクニガス社，フランス）　タンクは 1.2 mm のステンレス鋼の薄膜でコルゲート状に縦横の皺が付けてあり，皺の伸び縮みで温度変形を吸収する。当初は，ステンレス鋼の薄膜が2重に張られる構造だったが，合理化のため，合板とバルサ材で構成される防熱と2次防壁の技術を導入して，ステンレス鋼の薄膜を1重にした設計（マークI），さらに防熱材をバルサ材から補強された高密度のポリウレタンフォーム

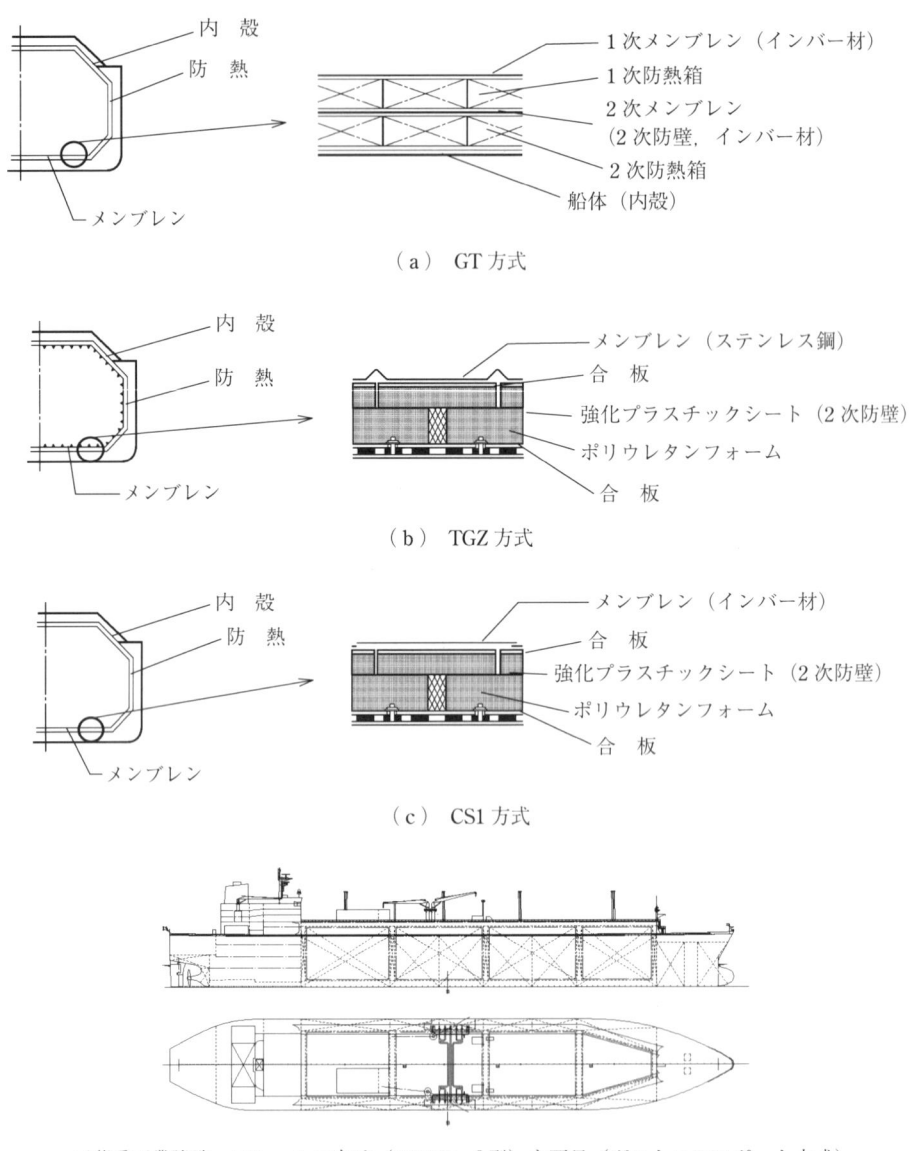

(a) GT方式
- 内殻
- 防熱
- メンブレン
- 1次メンブレン（インバー材）
- 1次防熱箱
- 2次メンブレン（2次防壁，インバー材）
- 2次防熱箱
- 船体（内殻）

(b) TGZ方式
- 内殻
- 防熱
- メンブレン
- メンブレン（ステンレス鋼）
- 合板
- 強化プラスチックシート（2次防壁）
- ポリウレタンフォーム
- 合板

(c) CS1方式
- 内殻
- 防熱
- メンブレン
- メンブレン（インバー材）
- 合板
- 強化プラスチックシート（2次防壁）
- ポリウレタンフォーム
- 合板

三菱重工業建造　マレーシア向け（152 000 m³型）主要目（ガストランスポート方式）
Loa x B x D - d = 289.8 m x 46.5 m x 25.8 m - 11.25 m

図 3.12　メンブレン方式概要

に代えて，2次防壁を合板からアルミホイルを挟んだガラス繊維で補強した強化プラスチックシート（トリプレックス）の接着構造に変更した案（マークⅢ）が出され，現在のこの方式が採用されている。メンブレン方式であるから，タンクの差圧制御と船体加温装置はガストランスポート方式の場合と同様である（図 3.12（b））。

なお，1994年にガストランスポート社とテクニガス社の船舶部門が合併し，ガストランスポートテクニガス社となった。

3.3 LNGの海上輸送

4） CS1方式メンブレン：CS1方式（ガストランスポートテクニガス社，フランス）

ガストランスポート社とテクニガス社が合併してできたガストランスポートテクニガス社は，ガストランスポート方式とテクニガス方式の利点を合せたCS1方式を開発した。タンクはガストランスポート方式同様，0.7mm厚のインバー鋼材の薄膜（メンブレン）を採用し，かつ，防熱・2次防壁はテクニガス方式と同様に高密度のポリウレタンフォーム，強化プラスチックシート（トリプレックス）の接着構造を採用している。本方式を採用したLNG船は，フランスの造船所にてこれまで3隻の建造実績があるが，第1船にて2次防壁の漏洩のトラブルが発生している。その後，補修を終えたものの，現在就航している3隻の信頼性を確認している状況である（図3.12（c））。

以上の技術はそれぞれにすぐれた特徴があり，いずれもIMOの安全基準を満足している。

5） 自立角型方式：SPB方式（石川島播磨重工業（現IHI），日本）　独立球形方式（モス方式）と同様に，IMOタイプBの承認を受けた方式である。タンクは自立角型方式で，その外面が直接プラスチックフォーム成形材の防熱で覆われ，タンク支持を介して船底で支えられ，タンクの頂部と低部に移動防止装置が取り付けられている。タンク防熱と船体内殻の間には保守・点検用の人の通れる空間がある。

タンクの支持は特別に設計された断熱性強化材のブロックでタンク底部を支える。移動止めはタンク付のブロックを，船体付のガイドでライナーを介して受けるブロックガイド方式が採用されており，タンクの移動は止めるが，温度変形は拘束しないように設計されている。独立球形方式と同様にタンク付防熱の表面層がスプレーシールドで，これと防熱下部のドリップパンが部分2次防壁である。タンク内には，必要に応じてスロッシング防止の制水隔壁が設けられる（図3.13）。

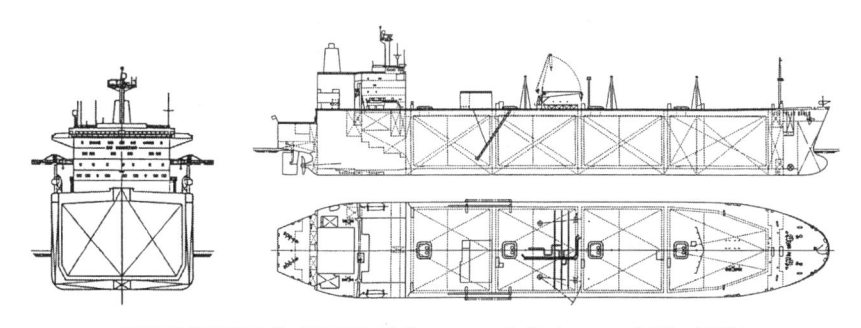

石川島播磨重工業（現IHI）建造　アラスカ船（89000 m³型）主要目
Loa x B x D - d = 239 m x 40.0 m x 26.8 m - 10.1 m

図 3.13　SPB方式概要

〔3〕 タンク方式の特徴的な事項

1） 2次防壁の必要性　LNGの船外漏洩は，ほかの貨物と比較して非常に大きな被害

を及ぼす可能性を持っているため，万が一のタンクからの漏洩に備えて，かりにタンクになんらかの損傷が起きた場合でも，船体が損傷，さらなる漏洩につながらないように設計されなければならない。

すなわち「液化ガスのばら積み運送のための船舶の構造及び設備に関する国際規則」（IGC コード：international gas carrier code）（ガスキャリア規格）において，万が一の漏洩の場合でも，船体鋼材が過冷却・脆化・損傷しないよう，タンク外で15日間 LNG を格納できるようにする仕組みを持つことが求められており，この仕組みが「2次防壁」である。

IGC コードではタンク方式ごとに2次防壁の方式が規定されており，メンブレン方式では完全2次防壁が，タイプB独立タンク方式では部分2次防壁が要求されている（**表 3.14**）。

表 3.14 2次防壁の設置要求（IGC コード 4.7.3）

大気圧下での貨物の温度	−10 °C 以上	−10 °C 未満 −55 °C 以上	−55 °C 未満
タンク方式	2次防壁の要求なし	船体構造を2次防壁として利用可能	要求される場合，別個の2次防壁が必要
一体型		通常このタンク方式は認めていない。	
メンブレン		完全2次防壁	
セミメンブレン		完全2次防壁	
独立型			
タイプA（初期方形タンク）		完全2次防壁	
タイプB（球形タンク，SPBタンク）		完全2次防壁	
タイプC（小型の圧力容器型タンク）		2次防壁の要求なし	
内部防熱方式			
タイプ1		完全2次防壁	
タイプ2		完全2次防壁が組み込まれている。	

また IGC コードにより，同時に LNG 船には2重底，2重船側構造が要求されており，衝突・座礁に対する安全性を高めた構造となっている。

2） 隔壁の加温設備がメンブレン方式にあって独立タンク方式にない理由　　メンブレン方式の場合は，タンク間に挟まれた船の2重隔壁に加温設備が付いている。これは隔壁の両面が，防熱層を介してLNGの低温に直接接しているため，隔壁全面で熱が奪われ，一方，隔壁への熱の供給は隔壁周縁の狭い部分からしかないため，隔壁の温度低下が起るのを防止するためである。

独立タンク方式の場合には，球形および角型ともに隔壁とタンク防熱の間に常温の空間があるから，そのスペース内での気体の対流で隔壁の温度低下は少なく，加温設備は必要とならない。

3） LNG 船の衝突強度　　LNG 船は通常の船として充分な強度を持っているので，通常の運航と接岸などで強度上の問題を起すことはない。安全規則としては，船体外板（船側および船底）からの LNG タンクの距離，並びに LNG タンクに加わる加速度（前と左右に

0.5 G, 後向きに 0.25 G の加速度) に対する強度が定められている. しかし衝突などのように状況や規模などを特定し難い現象は直接には安全ルールの前提になってはいない. したがって LNG の安全輸送は, 大きな衝突などを避ける慎重な運航が大前提となっているわけである.

4) LNGタンクの積付制限　現状のメンブレン LNG 船はタンクの中間液位の積付を制限している. これは初期に建造された船が, 中間液位でスロッシングによりタンクとタンク内艤装品の破損事故を起したため, スロッシングによる過剰な衝撃圧を防止するために設けられた制限である.

独立タンク (球形および角形) の場合, スロッシングは問題とならず, 中間液位の積付も可能である.

5) 部分2次防壁　タイプ B の独立タンクは, タンクのスキンが厚板構造であり, その疲労評価を含む強度解析を行った設計をもとに, 設計どおり製作されたことが品質管理/検査で確認されたタンクである. このタンクになんらかの理由でクラックが発生したと仮定して, クラックの進展とそこからの漏洩量を算定して, その漏洩に対して船体を保護するように部分2次防壁を設けることで安全性を高めた設計となっている. 現実には漏洩したLNG を下に導くスプレーシールドとそれを下で受けるドリップパンで構成されている.

メンブレン方式の場合には, LNG との境界が薄膜 (メンブレン) であるので, このメンブレンが損傷することを想定して, 完全2次防壁を装備することになっている.

6) タンクの差圧制御　メンブレンタンクや独立球形タンクは, タンク強度は内側からの荷重に重点が置かれ, 外圧に対しては比較的弱い構造となっているので, 外圧がタンクにかからないように, 精度の高い差圧制御を行う必要がある.

自立角型タンクの場合には, 板材を骨材で補強したタンク構造になっているため, タンクの内外両方からの荷重に対して比較的強い構造となっており, このような差圧制御は必要でない.

3.3.2　推進プラント

現在就航しているほとんどの LNG 船は, 混焼ボイラーを装備した蒸気タービン推進を採用している.

オイルショック以降, ほとんどすべての商船で熱効率の良い低速ディーゼル主機への変換が進んだが, LNG 船では, 混焼システムが BOG を安全かつ有効に処理できる最適な方法であったため, 蒸気タービン推進が採用され続けてきた.

推進主機の運転形態は
・燃料油焚の運転

- ガスと燃料油の混合焚の運転その1．ガス一定
- ガスと燃料油の混合焚の運転その2．燃料油一定
- ガス焚の運転

の四つの形態で運転できるようになっている。すなわち、燃料油のほうが安いときは燃料油主体で運転し、ガスのほうが安いときはガスだけを使うことができるような制御になっている。LNG船の燃料費経済性を考える上では、他船種のようにプラント効率のみを考えるのではなく、BOGをどのように扱うかが大きな鍵となる。

近年、燃料油価格の高騰の背景もあり、燃料消費量の低減を図るために新しいタイプの推進プラントが開発され、現在建造されているLNG船（一部引渡済み）に採用されている推進プラントは多様化している。蒸気タービンを含め、現状実績のある推進プラントシステムを以下に紹介する。

〔1〕 蒸気タービン機関（steam turbine plant）

深冷状態でLNGを運搬するLNG船では、タンク外からの侵入熱により不可避的に発生するBOGをボイラーの燃料として処理し、蒸気タービン主機で推進力として利用する。燃焼熱量が推進力に対し余る場合は蒸気ダンプで海水へ投棄し、不足する場合はC重油、もしくはLNGの強制蒸発による追焚で所要熱量を賄う。このようにLNGからC重油まで燃料とすることが可能であり、最も経済的な使用燃料の組合せが選択できる仕組みになっている。

また、稼働率・信頼性・保守性はそのほかの方式より優れており、熱効率以外に代替推進方式から劣る点はない。しかし、一般商船では馴染みの薄いプラントになってしまった上、乗組員の習熟度への要求も高く、新造船の急増に見合った船員の育成と確保が厳しくなってきており、代替推進化を促すおもな要因になってきている。

蒸気タービン機関には実績に裏付けられた高い稼働率・信頼性・保守性はあるものの、近年開発されている新規プラントにプラント効率が大きく差を開けられている。蒸気タービン機関はその効率向上が求められているが、現在では高い信頼性はそのままに、再熱サイクルを適用するなど随所に改良を加えてプラント効率を大幅に向上させた高効率蒸気タービン機関も開発されて、今後の蒸気タービン機関の主流となるものと思われる。

〔2〕 混焼エンジンプラント電気推進（electric propulsion with dual fuel engine plant）

近年、ガスまたはディーゼル油を燃焼できるガス焚ディーゼル機関が開発された。ガス燃料を主としディーゼル油をパイロット燃料とする"ガスモード（オットーサイクル）"と、"油モード（ディーゼルサイクル）"を切り替えて運転できる機関で、混焼エンジンと呼ばれている。この混焼エンジンを電気推進プラントと組み合せ、LNG船の推進プラントとして採用することでプラント効率が高く、かつBOGを有効に活用できる新しい推進機関として

3.3 LNGの海上輸送

注目を集めている。

同じく混焼機関である高圧ガス噴射式ディーゼル機関に比べ，ガス圧が約5barと低く，安全性に優れ船舶用として受け入れられやすい。また，ガス専焼機関との違いは，LNGを積まない航海において燃料油のみでの運転が可能であり，主機関構成をシンプルにできることである。

その高いプラント効率と，またディーゼル機関ゆえの運転要員確保の容易さから，近年建造されているLNG船に多数採用されているが，そのメンテナンス時間・費用を考慮した運航全体に対する経済性評価は今後の実績に基づいた評価が待たれるところである。

〔3〕 ディーゼルエンジン直結推進＋再液化システム（diesel engine direct propulsion ＋BOG re-liquefaction system）

大出力，かつ広い出力範囲での運転性能に優れた低速ディーゼル主機を採用することで，比較的安価なC重油を燃料として使用し，かつ高い燃焼効率を得て，燃料経済性を高めようとする推進プラントである。

低速ディーゼル主機は，固定ピッチプロペラに直結して駆動することができ，大型商船で一般的な機関であり，運転要員の確保の問題は少ない。ただし，稼働率や保守負荷の面で蒸気タービンに劣るので，冗長性確保の目的で同型機2基（＝2軸船型）を要求されることが一般的である。

BOGは，他方式と違い燃料として使用せず，再液化プラントにて再液化を行い，あくまで貨物としてタンク内に戻す。この再液化にも当然燃料を必要とするため，プラント全体の経済性はこの再液化に要する燃料も考慮する必要があり，現状では他プラントと大差はないものと思われるが，LNGを燃料として使用できないためC重油の価格が上昇した場合には，経済性の悪いプラントとなる可能性がある。

なお，高圧ガス噴射方式の低速ディーゼル機関も発電施設用として実用化されているが，信頼性・実績・高圧ガス取扱いなどの理由で舶用では実績がなく，別途BOG再液化プラントなどのBOG処理系との組合せが選択される。

また，現在では実現化されていないが，将来的にはガスタービンコンバインドサイクル電気推進（electric propulsion with gas turbine & steam turbine combined cycle）も大幅な燃費改善が見込まれるシステムとして注目されている。

3.3.3 LNG船の経済性

LNGの取引では，売手が船を手配し，仕向地まで輸送するDES（delivered ex ship, 着船渡）契約，または売手が，買手が手配した船にLNGを積み込むFOB（free on board, 本船積込渡）契約がおもなものであるが，ここでは船自体の経済性を議論するため，一般的

に用いられている尺度の一つである T/C（transportation cost）について説明する。

T/C は輸送貨物1トン当りの輸送コストを表し、つぎの式で定義される。

$$T/C = \frac{年間総経費}{年間総輸送量}$$

ただし、LNG の場合は一般的に熱量当りの輸送費用で輸送コストを表す（百万 Btu 当りの費用の表示）。

年間総経費は

年間総経費 ＝ 直接船費 ＋ 間接船費 ＋ 運航経費

で表され、さらに各項について以下のように分けられる。

直接船費 ＝ 船員費 ＋ 潤滑油費 ＋ 一般保守費 ＋ 船用品費 ＋ 店費 ＋ 雑費

間接船費 ＝ 減価償却費 ＋ 金利 ＋ 固定資産税 ＋ 保険料

運航経費 ＝ 燃料費 ＋ 港費

以下、それぞれの項目について説明する。

・直接船費

① 船員費：乗組員（備船員を含む）の給与、乗下船費用、乗船中の食費、福利厚生費、船員保険料など。

② 潤滑油費：主機関、補機類などの潤滑油費用。

③ 一般保守費：定期検査および中間検査に必要な検査費用、入渠費、船体・機関の保守整備、修繕などに必要な費用。

④ 船用品費：船内用の備品類、消耗品類、飲料水などの費用。

⑤ 店費：陸上勤務の従業員給料・役員報酬、通信費、社屋費用などの一般管理費や、借入資金の金利など。

⑥ 雑費：海難費用、船内消毒費、本船用図書購入費、上記項目に含まれない費用の合計。

・間接船費

⑦ 減価償却費：新造船の価値は年々減少し最後は廃船スクラップとして処分される。したがって船の資産価値の減少分を一定の方法で計算し、耐用年数が来るまで各年度に損失として計上する。これを減価償却費と呼んでいる。

⑧ 金利：船舶の建造に要する資金の、銀行からの借入金に対する金利、あるいは造船所に対して船価の一部を延払するときは、延払金に対する金利を経費として計上する。

⑨ 固定資産税：償却資産に対して課税される税金で、船もその対象となる。

⑩ 保険料：船舶保険などにかける費用で、船の種類、総トン数、船価、船令、船会社の運航実績などによって決定される。この保険は船の衝突、沈没、座礁、火災などで船

体，機関，属具など船に生じた損害をカバーするためにかけられる費用。

・運航経費

⑪ 燃料費：航海中に必要な主機や発電機の燃料費の合計で，運航経費のうちの大半はこの費用である。

⑫ 港費：港を利用する際に発生する費用で，水先料，トン税，曳船料，岸壁使用料などが含まれる。またパナマ運河やスエズ運河などの運河通行料も含まれる。

ここまで総経費の内訳について述べたが，これらの経費を削減するよう，プロジェクトに応じて船のサイズ，船速，主機プラント，タンク方式が選択されている。

これより輸送コスト評価に関し，LNG船固有のものとして考慮すべきおもな事柄について説明する。

・LNG船は高信頼性を有した高技術であり高船価　LNG船は，海上輸送貨物としては類を見ない-162℃という極低温で輸送されるので，その対策として，タンクや機器配管に低温材料を使用し熱伸縮対策を施した上で，防熱を施工する。また，万一のタンク損傷に備えて2次防壁を設け，タンク保護の観点から船底・船側を2重殻構造としている。LNGタンクからは可燃性のBOGが発生し，LNG船推進プラントの燃料に使用されるが，これを安全かつ経済的に処理する必要がある。これら種々の対策が必要である。また，プロジェクトの投資額が大きくLNG船が故障で不稼動となると損害は膨大となり，その上，LNGの使用目的は公共性が高いことや，事故を起した場合の損害が他種船に比べはるかに大きくなる可能性があるなどの理由から，高信頼性が求められている。LNG船は高い信頼性と最高度の技術が必要とされる船であり，高船価な船となっている。

・満載航海で発生する自然発生BOG量により輸送量に差異が発生　自然発生BOG量は防熱の仕様で決まるが，過剰に防熱すれば防熱コストがかさみ，また推進燃料としてのBOGが不足する可能性はあるが揚荷量は増加する。防熱性能を落とせば防熱コストは低減できるが自然発生BOG発生量が増加し，スチームダンプ（蒸発ガス抜き）などによる無駄な貨液減少につながる。

・バラスト航海のために残すヒール量　揚荷後，積地へ向かうバラスト航海でのタンク内温度の低温保持のため，および燃料として使用するために受入基地でLNG全量は揚荷せず，一定量をタンクに残すヒール量を考慮する必要がある。通常は全タンク容量の0.5～3％を残しているようである。

・入渠前後にガスオペレーションが必要で不稼動日が増加する　入渠前後には温度管理や防爆対策としてのガスオペレーションが必要で，このための所要日数が加算され，一般船より多くの不稼動日が発生する。ガスオペレーションについては次項で説明する。

LNG貨物の蒸発ガスである自然発生BOGの価値に対する考え方でLNG船の経済性評

価は大きく変わってくる。この考え方は，LNG 売主が LNG を輸送して揚げ地で LNG を引き渡すか，または LNG 買主が積み地で LNG の引渡しを受けて LNG を輸送するかによって大きく変わるようである。この自然発生 BOG の価値の考え方次第では自然発生 BOG を LNG 船の推進燃料として使用するだけでなく，再液化して貨物に戻す方式も経済的に成立する。一般船（ディーゼル主機）に使用される FO (fuel oil：一般に C 重油) 価格は，第 1 次オイルショック以降 5 千～6 万円/トンという大きな幅で変動してきた。同様に，自然発生 BOG 価値も上述のごとく不確定要素を持っており，一概には設定し難い。この自然発生 BOG の価値について，BOG 価格比というものを発熱量当りの FO 価格との比を用いて表すとつぎのように表せる。

$$\text{BOG 価格比}〔\%〕= \frac{\text{単位発熱量当りの BOG 価格}〔円/MJ〕}{\text{単位発熱量当りの FO 価格}〔円/MJ〕}$$

BOG 価格比は，時代やプロジェクトによって 0～100 ％ あるいはそれ以上と極端な変動幅を示してきた。0 ％ というのは自然発生 BOG が無償で使用できるという考え方であり，100 ％ は FO と発熱量等価の価値があるという考え方，そして両者の中間的なレベルで考えられることもあり，自然発生 BOG 回収コストと照らし合せて設定することができる。LNG 船の経済性を検討するにあたっては，これらの要素も的確に反映できるものでなくてはならない。

3.3.4　ガスオペレーション

LNG を安全に取り扱うための特徴的なガスオペレーションについて述べる。これを一口でいえば，空気とガスとの混合を避け，並びに LNG の極低温による危険な温度変動を避けて LNG を取り扱うオペレーションということになる。実際の配管は，単に荷役のための配管だけでなく，BOG を推進主機の燃料に利用したり，タンク周囲の安全制御など，諸々の機能を持つ系統が付加されるため，若干複雑になっている（図 3.14）。

〔1〕　出渠（ドッグからの出船）ガス操作

1）　エアパージ（air purge）　新造時や定期検査などでドックを終了した後の

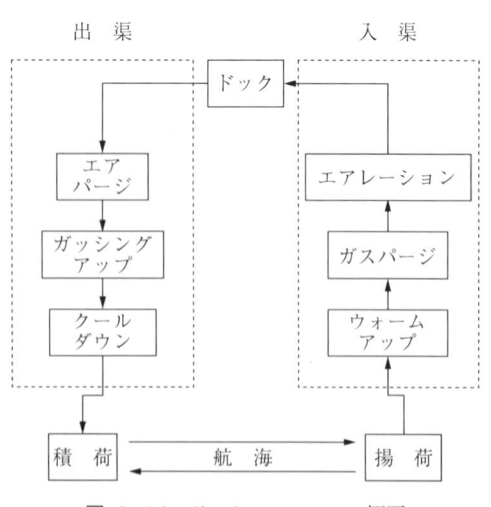

図 3.14　ガスオペレーション概要

LNG船の状態は，タンクも配管も常温で内は空気である。ここに，イナートガス†を送入してタンクの中などのO_2の濃度を（基地の基準に合った）安全な状態（理論上は13％以下）に下げる。実際はこれに安全率をみて2％以下程度まで下げている。

2） ガッシングアップ（gassing up） 陸からLNGを受け入れて，タンク内の状態を基地の基準（CO_2濃度，O_2濃度，露点など）に合うようにガスを送入する。この状態でO_2濃度はさらに下り，イナートガス中のCO_2もまた水分も除去される。これにより，タンクを低温にしたときにCO_2や水分が凝固して，ポンプや配管に悪影響を及ぼすのを防止する。この操作は所定のLNG基地に接岸して行うのが通常である。

エアパージ，ガッシングアップの所要時間と所要ガス量は，タンクシステムによる差はあまりない。基地の基準はそれぞれの事情で異なるが，例えばCO_2 1％，露点マイナス40℃以下程度である。

3） クールダウン（cool down） 引続きタンク内にLNGを導き入れタンク内で噴霧することにより，徐々にタンクを冷却する。このときに発生するガスは通常陸上フレアーで焼却する。冷却はタンク内に大量の液を積み込むことが可能な温度分布状態にタンクがなるまで続けられる。これはタンク方式により異なるが，通常はタンク温度が$-110 \sim -130$℃程度になるまで行われる。

所要時間はタンク方式により異なり，数時間から20時間程度である。所要時間および冷却液の消費量を左右する要素はタンクおよび防熱の熱容量並びに終点の目標温度などである。

〔2〕 LNG 輸 送

1） 積 荷 LNG船がLNGの輸出基地に接岸してLNGの積荷が行われる。LNGは陸のポンプまたは陸タンクと船のタンクの高位差を利用した重力差で積み込まれる。積み込むときは本船と陸の間で液管とガス管が接続され，液を受け入れたときにタンクから排出されたガスは陸へ送り返される。いわゆるクローズドサイクル（closed cycle）で作業が進められる。基地の設備状態や本船のタンク方式によって変わるが，積荷作業は通常10～20時間位で完了する。

2） 揚 荷 揚げ地で本船のポンプによりLNGは揚荷される。所要時間は10～20時間で行われる。

この場合もガス管と液管が陸と船の間で接続され，本船から液を排出した量に相当するガスを陸から受け入れるクローズドサイクルで荷役が行われる。

LNGの取引量を確認するための計量は，積荷，揚荷の前後に基地と本船の間で行われる。

3） 航 海 積み地から揚げ地へのLNGの輸送である。LNG船は通常蒸発ガス

---

† イナートガス：船上にあるイナートガス発生装置で作られるN_2とCO_2の混合気を用いることが多い。

を推進主機の燃料として利用している。一般に蒸発ガス量は推進主機の所要量よりもかなり低く抑えられているが，これは湾内などで推進主機の出力を下げた場合でも，余剰ガスを少なくするための配慮である。

バラスト航海中もタンク保冷のために若干の LNG を残し，これにより船が積地に着いてすぐに LNG の受入れができるタンクの温度状態を保つ。このため，積地に向かう空荷の航海中にもガスの蒸発があり，ガス焚運転が行われる。港内でガスを消費しない場合にタンクを一定時間の間，密封することも行われている。

以上，LNG 船として特徴的なガスオペレーションについて述べたが，LNG 船の安全は船自体の安全運航の確保がそのもとにある。すなわち，運航設備面の充実，安全航路の確保，港湾内の航行規制，管轄官庁の指導，運航者のすぐれた航海技術と対応，さらに基地の行き届いた防災体制などが LNG の安定輸送を支えていることはいうまでもない。

〔3〕 入渠（ドッグへの入船）準備操作

1） ウォームアップ（warm up） 定期検査などで入渠する場合に，タンクから LNG を底まで排出したあと，蒸発ガスをガスヒーターで温めて，タンク内を循環させタンクを昇温する。この温度の目安はつぎのガスパージで使用するイナートガスの露点（-40〜-20℃）以上をターゲットとするのが通常である。この所要時間はタンク方式により異なるが，およそ 30〜60 時間である。所要時間および所要温風（熱量）はタンクおよび防熱の持つ熱容量に影響される。

2） ガスパージ（gas purge） 露点の低い乾燥したイナートガスをタンク内に送り，ガスの濃度を安全な濃度以下にする。このガス濃度は理論上おおよそ 5％ 以下であるが，実際にはこれに安全率を考慮して，ガス濃度 2％ 以下となるように調整される。

3） エアレーション（aeration） 引続き乾燥した空気をタンクの中に送り込み，ドックの基準に基づいて人間が入って検査などの作業のできる環境を作る。

ガスパージとエアレーションの所要時間はタンク方式によりあまり差はなく，通常合計で 30〜40 時間程度かけて行われている。

以上タンク中心のオペレーションについて述べたがタンクの周囲スペースや配管システム内などのオペレーションもこれに準じて並行して行われる。

〔4〕 入 渠 検 査

入渠検査は 5 年ごとの定期検査と，その間の中間検査が通常行われている。LNG 船としての特徴的な検査は，タンクの検査，防熱の検査，支持の検査，2 次防壁の検査などで，タンク方式に応じて IMO コードの要求に沿って行われる。

さらに LNG ポンプ，ガス圧縮機，蒸発器，ガスヒーター，イナートガス装置，ガス焚装置，LNG 配管・計装などが検査される。ドック期間はシステムによって異なるが 2〜4 週

間かけて行われる．この間，船体や機関部一般の検査も実施される．タンク方式により，ドックの期間中，タンク内の圧力や湿気の管理が行われる場合もある．

以上，LNG船のガスオペレーションについて一通り述べたが，これらは船が建造された直後のガストライアルでテストされる．

3.3.5 近年の技術動向

LNG船は現在，安全な技術として確立されてはいるが，安全性，信頼性，および経済性を高めるための発展改良の余地のある技術である．今後も安全でより経済的なLNG輸送をめざした改良が続けられていくであろう．

・大型化　まず大型化により輸送コストを下げて経済性を高める努力が進んでいる．LNG船は1959年に5 000 m³型が登場し，1960年代の25 000～40 000 m³，その後70 000～140 000 m³へと大型化され，近年では200 000 m³型以上のLNG船も建造されている．大型化は運航コストの低減に寄与する一方，受入れターミナル側の整備が整っていないと入港できないこともあるので，大型化によって多様なターミナルへの入港の汎用性が犠牲になる可能性があるが，新造船全体の傾向として大型化が進んでいる．

・LNGのタンク数　かつて，9～6タンクだったLNG船が，いまでは5～4タンクで計画されている．タンク数の減少によりLNG船のコストは下がる．これも合理化の一つである．

・任意液位の積付　タンク方式によって対応は異なるが，タンクや断熱の強度，タンクの寸法や形状の制限，タンク内の仕切り壁の設置，ならびにタンク内の艤装品の取付け強度などを見直して，任意液位の積付をすることは可能である．これにより，LNGの複数港での積付や揚荷が可能になり，輸送の自由度が増して将来の合理化につながる．

・メンテナンス　LNG船は通常の船に比べてメンテナンスの費用が大きい．メンテナンスの合理化が輸送の経済性に多少ならず影響する．今後，船の生涯を通じた経済性を考慮した上で，メンテナンス費用を削減する設計の合理化も進められると考えられる．

・船上再ガス化装置付LNG船　LNG船で輸送されたLNGは，通常液化されたまま受入ターミナルへ揚荷されるが，近年，船上にLNG気化装置を搭載し，陸上のLNG受入ターミナルを介さず，船上でLNGの気化を行い，直接天然ガスパイプラインに接続する新しいシステムが開発・実用化されている．米国など危険物を貯蔵するターミナルの建設が困難な場合などにこのシステムが検討されることが多いようである．

また海上でのLNGガス貯蔵・気化に特化したLNG FSRU（LNG floating storage & regas unit）も計画されている．

以上，最近の技術動向の概要を述べたが，その中の多くはLNG基地の協力があって初め

て実現できるものである．将来LNGの輸送の合理化が求められた場合には，サプライチェーン全体としての検討を進めることがより重要となる．

さらにLNG船で確立したタンクシステムは，洋上浮体とか沿岸のタンクにも利用が可能で，LNG生産プラント技術と組み合せた，LNG FPSO（floating production storage and offloading system）の開発が進んでいる．

3.4 LNGの受入基地と貯蔵タンク

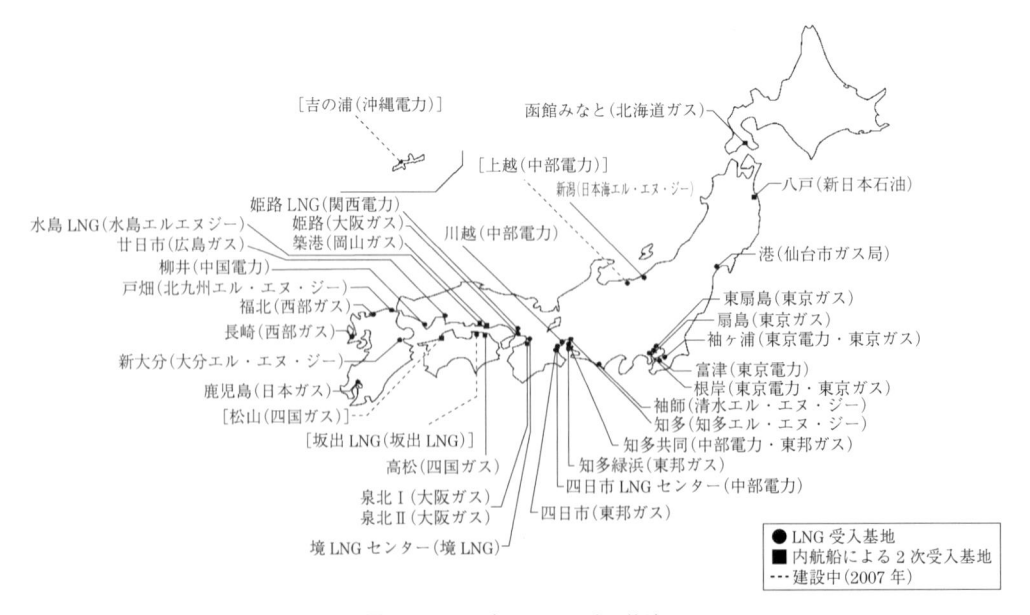

3.4.1 国内・海外のLNG受入基地

LNG受入基地とは，天然ガスの産出地からLNG船で海上輸送されたLNGを荷揚，貯蔵し，火力発電用燃料源および都市ガス源などとしてガス化し送出するための一連の設備を有する基地である．受入基地に設置されるLNGプラントは，基地の立地条件，ガスの使用目的，年間を通してのLNGの受入量やその性状などにより多少異なっているが，LNGを受け入れて貯蔵し再ガス化して送出するという基本的なプロセスはいずれの基地においても同じである．

LNG受入基地は2000年ぐらいまでは米国，欧州，日本，韓国，台湾といった国々で建設されてきたが，近年，LNG需要国の増加に伴って，インド，メキシコ，中国といった国々でも建設されている．図3.15に国内のLNG受入基地，および表3.15に国内のLNG受入基地の概要また表3.16に海外のLNG受入基地の概要を示す．

図3.15 国内のLNG受入基地

表 3.15 国内の LNG 受入基地の概要（サテライト基地除く）(2007 年)
（出典：日本エネルギー学会誌 Vol.85, No.4 (2006) ほか）

基地	会社名	適用法規[1]	受入開始	LNGタンク 基	LNGタンク 貯蔵容量〔万kℓ〕
1. LNG 受入基地					
(1) 根 岸	東京電力・東京ガス	ガ ス	1969	14	118.0
(2) 泉北 I	大阪ガス	ガ ス	1972	4	18.0
(3) 袖ヶ浦	東京電力・東京ガス	ガ ス	1973	35	266.0
(4) 泉北 II	大阪ガス	ガ ス	1977	18	158.5
(5) 戸 畑	北九州エル・エヌ・ジー	高 圧	1977	8	48.0
(6) 知多共同	中部電力・東邦ガス	ガ ス	1978	4	30.0
(7) 姫路 LNG	関西電力	電 気	1979	7	52.0
(8) 知 多	知多エル・エヌ・ジー	高 圧	1983	7	64.0
(9) 新 潟	日本海エル・エヌ・ジー	高 圧	1984	8	72.0
(10) 東扇島	東京電力	電 気	1984	9	54.0
(11) 姫 路	大阪ガス	ガ ス	1984	8	74.0
(12) 富 津	東京電力	電 気	1985	10	111.0
(13) 四日市 LNG センター	中部電力	電 気	1988	4	32.0
(14) 柳 井	中国電力	電 気	1990	6	48.0
(15) 新大分	大分エル・エヌ・ジー	高 圧	1990	5	46.0
(16) 四日市	東邦ガス	ガ ス	1991	2	16.0
(17) 福 北	西部ガス	ガ ス	1993	2	7.0
(18) 袖 師	清水エル・エヌ・ジー	高 圧	1996	2 (1)	17.7 (16.0)
(19) 廿日市	広島ガス	ガ ス	1996	2	17.0
(20) 鹿児島	日本ガス	ガ ス	1996	2	8.6
(21) 港	仙台市ガス局	ガ ス	1997	1	8.0
(22) 川 越	中部電力	電 気	1997	4	48.0
(23) 扇 島	東京ガス	ガ ス	1998	3	60.0
(24) 知多緑浜	東邦ガス	ガ ス	2001	1 (1)	20.0 (20.0)
(25) 長 崎	西部ガス	ガ ス	2003	1	3.5
(26) 堺 LNG センター	堺 LNG	高 圧	2005	3	42.0
(27) 水島 LNG	水島エルエヌジー	高 圧	2006	1 (1)	16.0 (16.0)
(28) 坂出 LNG	坂出 LNG	高 圧	2010	(1)	(18.0)
(29) 吉の浦	沖縄電力	電 気	2010	(2)	(28.0)
(30) 上 越	中部電力	電 気	2011	(2)	(36.0)
2. 内航船による 2 次受入基地					
(1) 高 松	四国ガス	ガ ス	2003	1	1.0
(2) 築 港	岡山ガス	ガ ス	2003	1	0.7
(3) 函館みなと	北海道ガス	ガ ス	2005	1	0.5
(4) 八 戸	新日本石油	ガ ス	2007	1	0.45
(5) 松 山	四国ガス	ガ ス	2008	(1)	(1.0)

※ 表中のカッコ内は、建設中を示す。
※ 1) 適用法規　ガス：ガス事業法，電気：電気事業法，高圧：高圧ガス保安法

表 3.16 海外の LNG 受入基地の概要（出典：エネルギー経済　Vol.33, No.5 (2007) ほか）

国・地域	所在地	会社名	受入開始	貯蔵容量〔万kℓ〕
フランス	Fos-sur-Mer	Gas de France	1972	15.0
	Montoir-de-Bretagne	Gas de France	1980	36.0
スペイン	Barcelona	Enagas	1969	24.0
	Huelva	Enagas	1988	16.5
	Cartagena	Enagas	1989	5.5
	Bilbao	Bahia de Bizkaia Gas	2003	16.0
	Sagunto	Planta de Regassification de Sagunto	2006	30.0
イタリア	Panigaglia	GNL Halia	1978	10.0
ベルギー	Zeebrugge	Fluxys LNG NV	1987	26.1
トルコ	Marmara Ereglisi	Botas	1994	25.5
ギリシャ	Revithoussa	Depa	2000	13.0
ポルトガル	Sines	Galp Atlantico	2003	12.0
イギリス	Isle of Grain	Grain LNG	2005	20.0
	Teesside Gas port (Offshore)	Excelerate Enargy	2007	―
米国	Everett	Suez LNG North America	1971	15.5
	Lake Charles	Southern Union	1982	28.5
	Elba Island	Southern LNG	1978	19.1
	Cove Point	Dominion Energy	1978	38.0
	Gulf Gateway	Excelerate Energy	2005	―
プエルトリコ	Penuelas	Eco Electrica	2000	16.0
ドミニカ	San Andres	AES	2003	16.0
メキシコ	Terminal de LNG de Altamira	Shell	2006	30.0
インド	Dahej	Petronet LNG Limited	2004	32.0
	Hazira	Shell India	2005	32.0
韓国	Pyeong-Taek（平澤）	Kogas	1986	100.0
	Incheon（仁川）	Kogas	1996	248.0
	Tongyeoung（統営）	Kogas	2002	98.0
	Kwangyang（光陽）	Posco	2005	20.0
台湾	Yung-an（永安）	CPC	1990	69.0
中国	広東省深セン	広東大鵬 LNG	2006	32.0

3.4.2　LNG 受入基地の主要設備・安全対策

〔1〕　LNG 受入基地の主要設備

受入基地の機能は，受入，貯蔵，気化，送出であり，低温設備から発生する BOG を処理する設備を含め，主要設備としては，受入設備，貯蔵設備，気化設備，BOG 処理設備の主として四つの設備から構成されている。図 3.16 に LNG 受入基地の基本フローを示す。また以下に主要設備についてその概要を示す。

1）　受 入 設 備　　受入設備は大型船が着桟可能な LNG 受入用バース，LNG 船と陸上の LNG 貯蔵設備とを接続するアンローディングアーム，受入配管および LNG 船へガスを

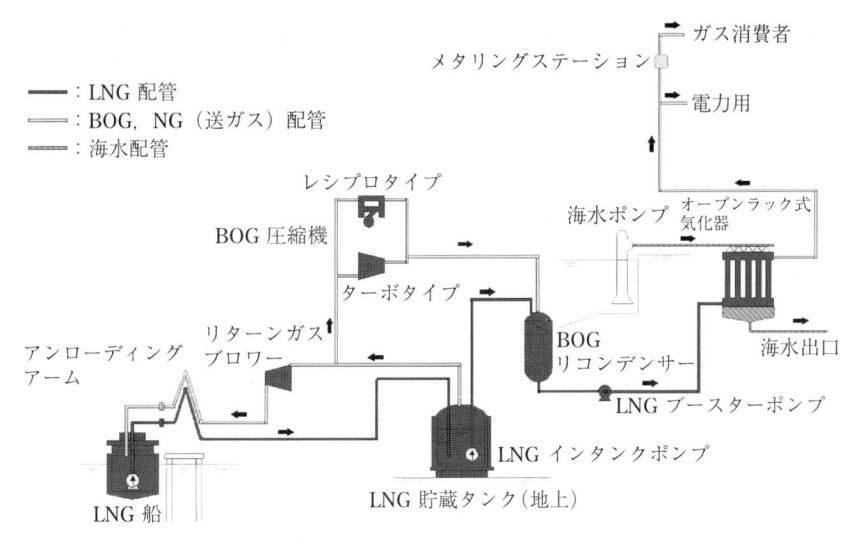

図 3.16 LNG 受入基地の基本フロー

返送するリターンガスブロワーなどからなっている。LNG 船は受入桟橋に着桟した後アンローディングアームによって陸上設備と接続され，LNG は LNG 船のカーゴポンプで昇圧され受入配管を通って LNG 貯蔵タンクに貯蔵される。受入中の LNG 船カーゴタンクの圧力を一定に保つため，受入基地側からはリターンガスブロワーなどによって LNG 船に BOG が返送される。アンローディングアームは吃水の変化，潮の干満，風や波浪などによる LNG 船の動きに自由に追従する必要があるため，回転自在のスイベルジョイントから構成されている。なお LNG バースでは非

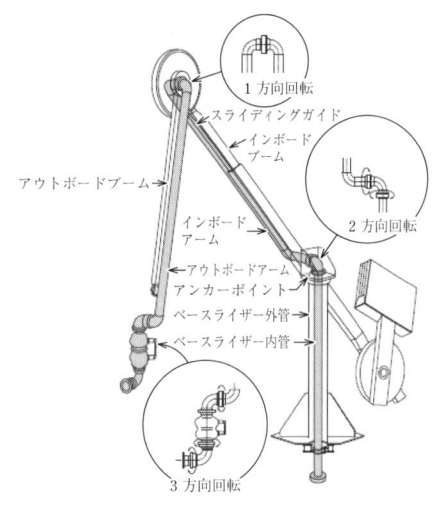

図 3.17 アンローディングアーム

常時の船の緊急離桟を可能にするため LNG 船マニホールドとの接続部には緊急離脱装置を装備して安全確保を図っている。図 3.17 にアンローディングアームを示す。

2） 貯 蔵 設 備 桟橋より受入された LNG は受入管を通じて LNG 貯蔵タンクに導入される。LNG 貯蔵タンクは周囲からの侵入熱を防ぐ断熱構造を持ち，断熱性能は発生 BOG 量換算で通常，貯蔵容量の 0.1％／日程度以下で計画されている。LNG 貯蔵タンクの詳細については，3.4.3 項の LNG 貯蔵タンクの概要に示す。

3） 気 化 設 備 LNG 貯蔵タンクに貯蔵された LNG は，需要に応じて LNG ポンプにより払出されるが，通常，ポンプは低温かつ可燃性の液化ガスを扱う特殊性からサブマー

ジドモーター形遠心ポンプが使用されている。昇圧されたLNGは必要に応じてセカンダリーポンプによりさらに昇圧されLNG気化器に送られる。気化器にはいくつかのタイプがあるが一般的にはオープンラック式ベーパライザー（ORV：open rack vaporizer）とサブマージド式ベーパライザー（SMV：submerged combustion vaporizer）が使用されており，ベースロード用としては前者が，またピークシェービング（3.5.4項〔1〕参照）用としては後者が利用されている。

ORVはLNGと海水を熱交換させてLNGを気化する方式の気化器であり，設備費はSMVに比べて高いが，海水を熱源としているために運転費は海水ポンプの動力のみであり，ランニングコストが低廉である。このため，日本では，本形式の気化器がほとんどの基地で使用されており，実績として圧倒的に多い。この気化器はアルミ製の多数のフィン付伝熱管よりなるパネルと，パネルの外面に海水を落下液膜として流すためのトラフ，それらを支持する架構と，LNG，NG，海水の配管で構成されている。LNGはパネル内を下から上に上昇する間，パネル表面を流下する海水と熱交換され気化する。パネルの枚数は気化量により決定される。図3.18にオープンラック式ベーパライザーの概要図を示す。

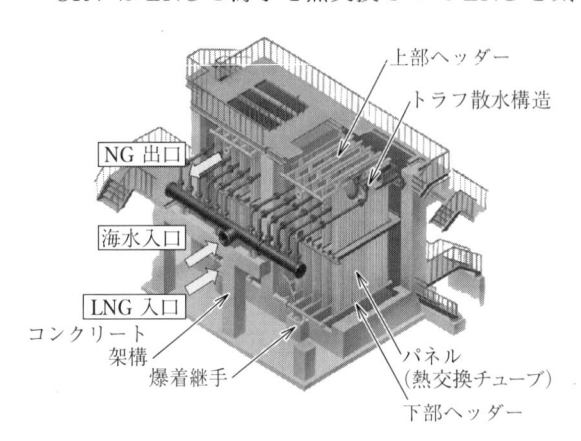

図3.18　オープンラック式ベーパライザー概要図

一方，SMVは水中燃焼を利用したものであり，熱源としてLNGの気化ガスを使用している。設備費はORVに比較して安いが，ランニングコストが割高となるため，ピークシェービング用あるいは非常用として使用される場合が多い。この気化器は，熱交換チューブがコンクリート製の水槽内に設置されており，水中燃焼バーナーからの高温燃焼ガスを水槽下部に設置された噴出管により細かい気泡として水中に噴出させることで水を温め，LNGを気化させている。また，この際，燃焼バーナーには燃焼用空気のほかに過剰の空気を空気ブロワーにより供給し，燃焼ガスと合せて水槽に吹き込むことにより，水槽内を

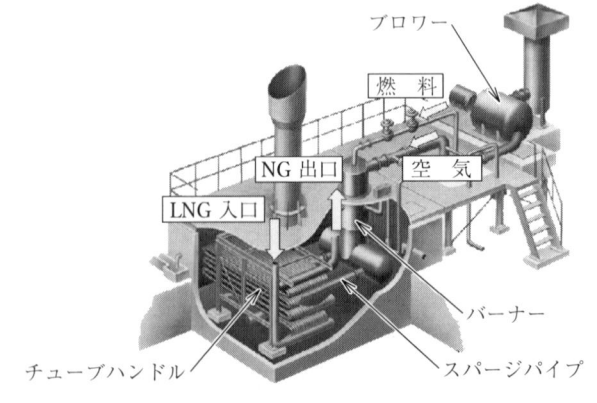

図3.19　サブマージド式ベーパライザーの概要図

十分攪拌することで伝熱性能を高めている。図 3.19 にサブマージド式ベーパライザーの概要図を示す。

なお，気化器としてはこのほかにも海水ではなく大気と直接熱交換を行う空温式気化器，海水で中間媒体であるプロパンを蒸発させ，LNG はこのプロパンを凝縮させることにより気化させる中間媒体式の気化器などがある。

4) BOG 処理設備　LNG 貯蔵タンクから発生する BOG は受入基地の運転状態，大気圧の変動などによって変化するが貯槽圧力が 10 kPa 程度の正圧となるよう処理される。処理の方法として，一般的に日本国内では，BOG 圧縮機により 0.7～3 MPa 程度に昇圧し，ガス送出ラインに合流させている。海外の受入基地では低圧圧縮機で昇圧後，LNG プライマリーポンプからの送出 LNG に吸収させた上で，セカンダリーポンプにより 2 段昇圧して気化器に送る再液化の方法も採用されている。図 3.16 に示した LNG 受入基地の基本フローはこの例である。

〔2〕 **LNG 受入基地の安全対策**

LNG は可燃性であり，超低温に起因する急激な気化，材料の脆性破壊などもあり，LNG 受入基地の計画・設計・建設・運転・保守のすべての面にわたり，保安防災に関して十分な配慮が払われている。

受入基地の安全対策は，以下の三つの基本的な考え方に基づき実施されている。

・事故の発生の未然防止
・事故の波及／拡大の防止
・万一の事故拡大時に対する影響の緩和／抑制

ここではまず事故の発生を防止することであり，設備自体を地震，劣化，誤操作などに対し信頼性の高い設計，維持，運転をすることを基本と考えている。つぎにこのような多層化した未然防止策を講じた上で，万が一の事故想定時に，事故の波及／拡大と影響を最小限に抑えるのが拡大防止策である。また LNG の漏洩などによる事故が発生した場合には，漏洩を早期発見するとともに，流出範囲を限定，極小化し消火ならびに周辺設備の防護を行うことが重要である。

3.4.3　LNG 貯蔵タンクの概要

LNG 貯蔵タンクは地上タンクと地下タンクに大別され，さらに地上タンクについては金属 2 重殻式地上タンクと PC 外槽式地上タンクに分類される。

・**LNG 地上タンク（金属 2 重殻式地上タンク）**　金属製内槽，保冷材，それを保持する金属製外槽で構成された貯槽で，最も歴史が古く実績が多い。内槽はアルミニウム合金または 9% ニッケル鋼の低温用鋼板で，最近は 9% ニッケル鋼が使用されている。外槽は常

温用鋼板で構成されており，漏液時のLNG保持機能はない。そのため周囲を比較的低い防液堤で囲む必要があり，そのための広い敷地が必要である。漏液時のガス拡散を低減するため泡消火設備，防液堤内断熱などの設備が設置される（図 3.20）。

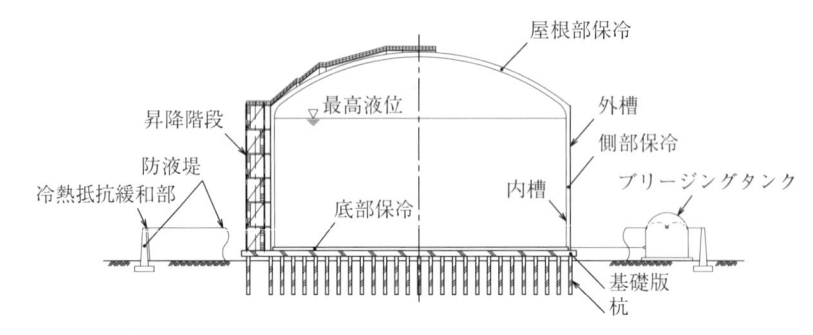

図 3.20　金属2重殻式地上タンク

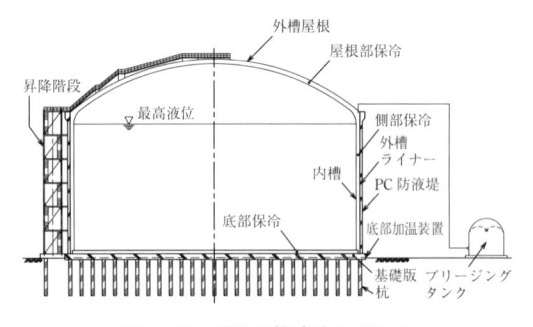

図 3.21　PC外槽式地上タンク

・LNG 地上タンク（PC外槽式地上タンク）　金属製内槽，保冷材，外槽ライナー，それを保持するプレストレストコンクリート（PC）防液堤で構成された貯槽で，比較的新しい形式である。防液堤が内槽に近接しているため敷地の利用効率が高いこと，万が一LNGが流出した場合の流出範囲が局限化されるため安全性が高いことなどから，近年建設された地上タンクはこの形式が多い（図 3.21）。

・LNG 地下タンク　地下タンクは「低圧の液化ガス用貯槽であって，貯槽内の液化ガスの最高液面が盛土の天端面以下にあり，かつ，埋設された部分が周囲の地盤に接する躯体，屋根，メンブレン，保冷，その他により構成されるものをいう。」と定義付けられている。

地下タンクはそのすべてまたは大部分が地盤面下に埋設されることから，LNGが地上に流出することがなく安全性が高く，防液堤が不要で貯槽間距離を小さくとることができることから土地の利用効率が高い。躯体は地盤面下に存在し地上からはドーム屋根しか見えないため，周囲の景観を損なうことが少ない（図 3.22）。

LNG地下タンクは日本独自で開発されたもので，1970年に東京ガス根岸基地において1万kℓ地下式タンクが建設されて以来多数のタンクが建設されている。海外においては台湾，韓国で建設実績がある。また，最近では従来の鋼製屋根が地上に露出したタイプに加え，コンクリート製の屋根を有するもの，さらには屋根部も埋設されたものも建設されている（図 3.23）。

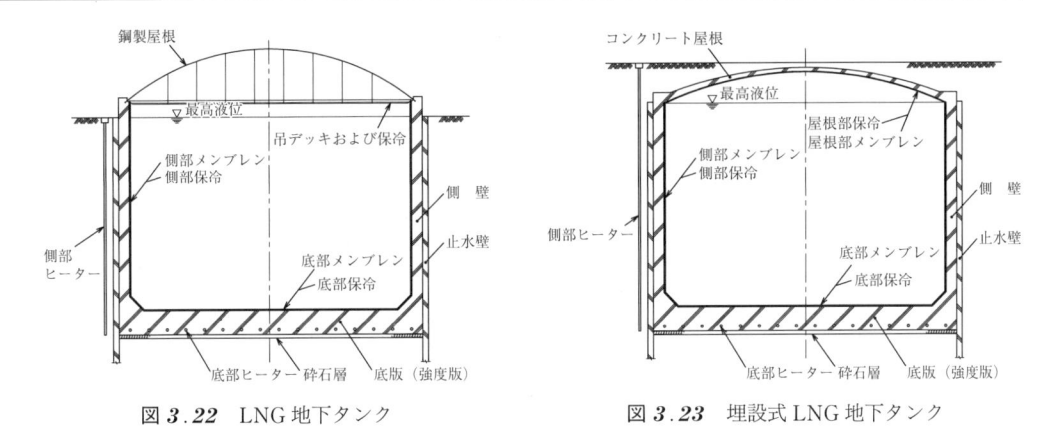

図 3.22 LNG 地下タンク

図 3.23 埋設式 LNG 地下タンク

「埋設された部分が周囲の地盤に接する」という地下タンクの定義からは外れるが，地中に円筒形の空間（ピット）を作り，その中に金属2重殻式地上タンクを据え付けたピットイン式地上タンクも建設されている。

3.4.4 LNG 受入基地をとりまく環境

最近，日本におけるガス事業者の LNG 受入基地では，電力の自由化に伴う自家発電設備の基地内設置や LPG から都市ガスに変換する地方のガス需要先への LNG 供給のためのローリー出荷設備の設置など，従来の受入基地からの機能拡大が図られるようになってきている。

LNG 受入基地内でのローリー出荷設備に関しては，中小規模のガス需要先に対し，需要地に 100～2 000 kℓ 程度の小型貯槽を備えた LNG サテライト基地を設置して，ガスが供給されるケースが増えているという背景がある。受入基地からの LNG 2次輸送については LNG タンクローリーが広く利用されているが，このほかにもコンテナ輸送や小型の LNG 内航船も使われている。

一方，海外の LNG 受入基地では基地建設地のさまざまな事情により，従来の陸上基地に代り，洋上の LNG 受入基地の計画が出てきている。その代表的なものが FSRU（floating storage regasfication unit），GBS（gravity base structure）である。FSRU は受入設備，貯蔵設備，気化設備を有する浮体構造物であり，GBS は着底式の構造物である。現在イタリアでは世界で初めての GBS タイプの LNG 受入基地が建設されている。

3.5　天然ガスパイプラインと地下貯蔵

3.5.1　国内の天然ガスパイプライン

国内の天然ガスパイプラインは，大きく分けると海外から輸入した LNG を受入基地で気

化したものを輸送するパイプラインと，国内で産出された天然ガスを井戸元にて脱湿や熱量調整などの処理を施してから輸送するパイプラインの2種類がある。また適用法規別に見ると，工場や各家庭などにガスを供給するための「ガス事業法」の適用を受けるいわゆる都市ガスパイプライン，火力発電所に燃料用の天然ガスを輸送するための「電気事業法」の適用を受けるパイプライン，さらには国産天然ガスを井戸元から送り出すために用いる「鉱山保安法」の適用を受けるパイプラインなどに分類される。なお，上記のうち，都市ガスパイプラインを流れるガスの原料としてはLNGや国産天然ガスの天然ガス系原料と，LPGなどの石油系原料があるが，近年の天然ガス需要の高まりにより現在では都市ガス原料の約9割が天然ガス系となっている。

LNG受入基地や井戸元の生産基地から送り出される天然ガスの圧力は7MPaから2MPaなどの一般に高圧と呼ばれるものが多い。ガス体，液体を問わずすべての流体は目的地まで輸送される間にパイプ内面との摩擦によって徐々に圧力が低下していくため，より遠くまで流体を輸送するためには送出当初は充分な圧力を持っていなければならないからである。都市ガスパイプラインに例をとって，高圧で送り出されたガスがどのようにして需要家まで供給されるかの1例を**図3.24**に示す。

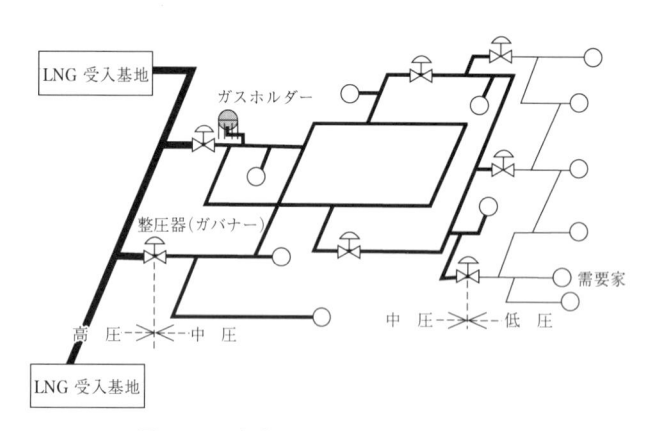

図3.24 都市ガスパイプラインの構成例

都市ガスパイプラインはガス事業法によって，ガス圧力の1MPa以上が高圧，0.1MPa以上で1MPa未満が中圧，0.1MPa未満が低圧と分類されており，ガス導管の最高使用圧力がどの範囲にあるかによって，それぞれ高圧導管，中圧導管，低圧導管と呼ばれている。**表3.17**に2006年度末の全国ガス事業者の保有するガス導管延長を示す[†]。

表3.17 全国ガス事業者の保有するガス導管延長[1)]

高圧導管	中圧導管	低圧導管
1 898 km	29 950 km	200 480 km

図3.25に国内の高圧を中心としたおもな天然ガスパイプラインを示す。全国規模でパイプラインが敷設されている欧米に比べると，この図に示されるようにわが国のパイプラインネットワークはいまだ充分に発達しているとはいい難い。

[†] 表1.5に示した日本の輸送パイプライン3千kmは，表3.17の高圧導管に中圧導管の一部を足したもの。

図 3.25　国内のおもな天然ガスパイプライン[2]

　一方，電気事業者や国産天然ガス事業者などの保有するガスパイプラインの延長は現在，合計で約 2 000 km を若干超える程度の規模となっている。

　国内の天然ガスパイプラインは前述したとおり，海外から輸入した LNG と国産の天然ガスを輸送する 2 通りのものがあるが，LNG 受入基地は LNG 船の入港する港湾に近接しており，大都市圏における都市ガスパイプラインとしては，複数の LNG 受入基地を基点とする高圧導管が都市圏を環状に取り巻くように敷設されている。これらの高圧導管から中圧導管が，その中圧導管から低圧導管が分岐し，全体が網の目状に形成されている。一方，国産天然ガスは，新潟県や北海道の勇払地区などでその多くが生産されており，その輸送パイプラインは井戸元から都市ガス会社や電力会社などへ受け渡す地点までを結んでいる。

　なお，2004 年のガス事業法の改正によって，それまでは「一般ガス事業者」と呼ばれる都市ガス会社しか都市ガスパイプラインを所有できなかったが，「ガス導管事業者」というカテゴリーが創設され，新たなガス供給の形態が生まれることとなった。すなわち，一般ガス事業者以外の会社が届出を行い，ある一定規模のパイプライン（口径，圧力，延長それぞれの規定を満たすもので特定ガス導管と呼ばれる）を保有することで，「ガス導管事業者」として認められ，ほかのガス事業者または大口需要家への供給が可能となったのである。

3.5.2　欧米の天然ガスパイプライン

　米国の天然ガス産業は，生産，輸送，配給の 3 段階で構成されており，約 1 世紀の歴史を有している。ガス輸送を担うパイプライン会社は，1920〜30 年代に南西部の原油生産を行う際に随伴して出てくる天然ガスを近隣消費地に配給する業者として誕生した。従来，配給業者は石炭ガスを供給していたが，天然ガスが市場に出てくると，安価で安定供給性がある

表 3.18 米国 48 州の天然ガス設備（2006 年）[3]

項　目	数　値
パイプラインネットワーク数	210 以上
州際および州内パイプライン延長	約 30 万マイル（約 48 万 km）
コンプレッサー・ステーション数	1 400 以上
国産天然ガス集積地	29 か所
地下貯蔵設備	394 か所
パイプラインによる輸出入箇所	55 か所
LNG 受入基地数	5 か所
LNG ピークシェービング設備	100 か所

天然ガスに切り替えるようになった。ガス生産と配給業の中間にあるパイプライン会社は，両社の経営を左右できる権益を握り，独占的な位置を占めるようになったため，連邦政府は各種の規制（州際パイプライン）を敷き，これら業者間の公正な取引が保証される措置を講じた。米国には約 1 120 社のパイプライン会社がある。その経営規模はさまざまであり，州際パイプライン会社（州をまたがって天然ガスを輸送するパイプライン会社）は約 30 社ある。パイプラインの総延長は 174 万 km であり，そのうち幹線（transmission pipeline）は約 50 万 km である。全世界の天然ガスパイプラインの総延長は約 91 万 km と推定されるので，米国は全世界の 55 % を占め，パイプライン王国の様相を呈している（表 3.18 に米国 48 州の天然ガス設備を示す）。

図 3.26 は米国の天然ガスパイ

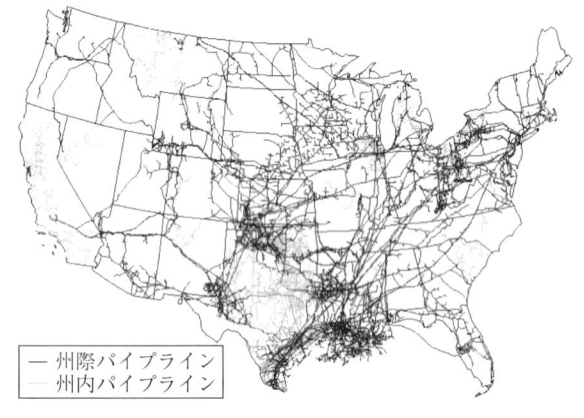

図 3.26 米国の天然ガスパイプライン網[3]

プライン網を表した図である。この地図が示すように，米国内ではルイジアナ，テキサス，オクラホマ州などから中西部，北東部への需要地に向かってパイプラインが伸びている。また，カナダとメキシコからも天然ガスが輸送されている。

欧州では 1957 年フランスのラックガス田，1959 年オランダのクローニンガス田，1965 年北海ガス田と，1950 年から

図 3.27 欧州における天然ガスのパイプライン網[4]

1960年代にかけて，フランス，オランダ，北海で大規模なガス田が発見され，天然ガスの大規模な利用が始まった。パイプラインはガス田で生産された天然ガスを消費地へ輸送する手段として敷設されるようになった。欧州におけるパイプラインの総延長の推移を見ると，1965年には約6万kmであったものが，1980年には約15万kmに，2000年には約23万kmになっており，この35年間に約4倍に増大している。1960年代中頃になると，アルジェリア，リビアからのLNGが輸入されるようになった。1970年代になると，ロシアからパイプラインガスが供給されるようになった。さらに，1980年代以降は北海やアルジェリアからパイプラインガス（一部海底パイプラインを含む）の供給量が飛躍的に増大し，現在では欧州全域に国際・国内パイプライン網が張り巡らされている（図3.27）。

3.5.3 天然ガスパイプラインの最新技術動向

天然ガスパイプラインを構成する技術には，材料，溶接などの基礎技術や，各種敷設工法などの建設技術のほかに，流送解析や耐震解析などの設計・評価技術などがある。ここではこれらパイプラインを構成する技術の概要と動向について述べる。

〔1〕 材料・接合技術

パイプラインの設計圧力や口径によって，それぞれ使用されているパイプ材料は異なる。

先に述べた高圧や中圧クラスのパイプラインでは，そのパイプ材料としては強度とじん性に優れた鋼管が用いられている。中圧クラスではJIS G 3452 SGP（配管用炭素鋼鋼管）が用いられる場合が多いが，高圧クラスではJIS G 3454 STPG（圧力配管用炭素鋼鋼管）やアメリカのAPI（American petroleum institute）規格に規定されるAPI 5L X52や，X60，X65などの高強度鋼管が使用されている。

これらのパイプは製鉄所で通常10m前後の長さで製造されるが，敷設現場でパイプを接続していく方法としては溶接が用いられる。現場での円周溶接法としては，所定の資格を有している溶接士が行う手溶接によるほか，比較的口径の大きいパイプを接続する場合は，所定の溶接品質を確保しつつ溶接能率を上げるため，専用溶接機による自動溶接も用いられている。この自動溶接方法ではあらかじめプログラムされた電流や溶接スピードによって溶接が行われていく。最近ではAPI 5L X65を超えるより高強度なパイプ材料と，それに応じた自動溶接方法の適用が進められつつある。図3.28に自動溶接状況を示す。

溶接部の品質を確認する検査方法としては，放射線透過探傷試験（RT：radiographic testing）と呼ばれ，溶接部にX線

図3.28 自動溶接状況(JFEエンジニアリング提供)

を照射して溶込み不足や溶接割れなどの溶接欠陥がないことを確認する方法が主体であるが，ガス事業法適用のパイプラインでは2004年のガス事業法改定で超音波自動探傷装置による検査（AUT：automatic ultrasonic testing）も認められ，X線照射の必要がなく検査能率の向上も期待されるAUTの適用も一部で始まっている。

都市ガス導管における0.1 MPa未満の低圧導管では1980年代よりPE管と呼ばれるポリエチレン樹脂を原料としたものが用いられてきている。PE管はそれまでの低圧導管材料の主体であった鋳鉄管に比べ軽く取扱性が良く耐震性，防食性にも優れている。このPE管の接合には電熱線を埋め込んだ専用のポリエチレン継手を用い融着する方法が用いられている。

〔2〕 敷　設　技　術

わが国のパイプラインの敷設場所は上下水道などと同様，そのほとんどが公道下となっているが，河川などを横断する必要のある箇所では既設橋に添架したり，非開削工法と呼ばれる方法で河川の下を通過したりするなどしている。

非開削工法としてはシールド工法や推進工法などが一般的であるが，これらの工法では河川の両岸に立坑と呼ばれる縦穴を構築し，片側の立坑から専用の掘進機を用いて河川の下を掘り進め，パイプを通すための専用のトンネルを構築する。シールド工法の場合には鋼製やコンクリート製のセグメントと呼ばれる壁材を掘削につれて順次つなぎ合せていくことで直径2 000 mm程度の，また推進工法の場合には鋼管やヒューム管などの既製管を押し込んでいくことで直径800〜1 000 mm程度のトンネルが構築される。これに対して近年では立坑の不要な弧状削進工法と呼ばれる

図 3.29　非開削工法の一種「弧状削進工法」
（JFEエンジニアリング提供）

工法も用いられている。この工法では立坑を構築せずに，片側からリグと呼ばれる専用の建機を用いて先導管を斜めに掘り進めた後，反対側にあらかじめ所定の長さ分だけ製作しておいたパイプをリグにより引込む工法で，全体の形状としてはあたかも円弧状に河川の下にパイプラインを敷設するものである。立坑の構築が不要なため，短工期で済む，掘削土量も少ないなどの利点がある。この工法の概要を図3.29に示す。

〔3〕 各 種 解 析 技 術

天然ガスパイプライン中のある場所の管内圧力や流量などは，需要家で消費されるガス量に応じて1日のうちで刻々と変動している。水や石油などの液体と異なり気体である天然ガスでは，その圧縮性によって圧力に応じて体積も変化するのでパイプライン内を流れている

ガス圧力や流量を的確に把握するのには非定常流送解析技術が必要となる。この技術は，需要量や輸送距離に応じてパイプラインの口径や設計圧力を検討する設計フェーズはもちろんのこと，実際のパイプラインにおける運転支援用ツールとして需要予測に応じたLNG基地や井戸元からの送出圧力や送出流量の計画検討などに用いることができる。大規模なパイプライン網の解析に際して従来はかなりの解析時間を要していたが，数値解法の進歩や計算機性能の向上も相まって非定常流送解析技術の活用はここ数年で大きく広がってきている。図 3.30 に解析状況の一例を示す。

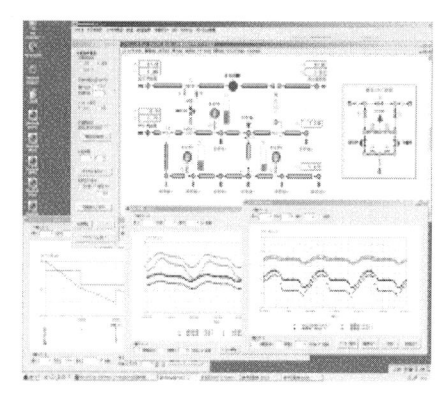

図 3.30 ガスパイプライン非定常流送解析状況の一例（JFEエンジニアリング提供）

また，地震国であるわが国では耐震解析の技術も進んでおり，想定される地震動や地盤変状に対してのパイプライン耐震設計・評価が行われている。

3.5.4 天然ガスの地下貯蔵の概要
〔1〕 従来の天然ガス地下貯蔵

都市ガスの場合，夏季と冬季のガス需要に大きな差があるのに対し，生産量は年間を通じてほぼ一定であるため，「ピークシェービング」と呼ばれる需要の季節変動への対応が必要となる。天然ガスを液化してLNGとして貯蔵する方法もあるがコストがかかるため，採取された天然ガスをそのままの状態で地下に貯蔵する方法が，パイプライン網が発達した欧米を中心に採用されている。

また，需要地近傍に緊急時用の備蓄として，あるいは価格の季節変動への対応策としても，天然ガスの地下貯蔵は有効である。

従来から行われている天然ガス地下貯蔵の概要はつぎのとおりである。

1） 枯渇油ガス田への貯蔵 枯渇した油ガス田には，元々油やガスが溜っていた岩石の隙間があるので，そこに天然ガスを圧入して貯蔵する方式である。枯渇油ガス田の場合，油ガス層の上部に稠密な層（キャップロック）が必ず存在するため，注入した天然ガスが漏洩するリスクは少ないので，採用事例が多い。

2） 帯水層への貯蔵 地下の帯水層にも枯渇油ガス田と同様な岩石の隙間が存在するため，そこに天然ガスを圧入して貯蔵する方式である。ただし，枯渇油ガス田と異なりキャップロックが存在するとは限らないため漏洩リスクが高いので，採用事例は少ない。

3） 岩塩ドームへの貯蔵 地下の岩塩層を水によって溶解し，人工的に空間を作って天然ガスを貯蔵する方式である。岩石内の隙間への貯蔵ではなく岩塩層内の空間への貯蔵で

あるため，圧入・排出抵抗が小さいという利点がある。一方，貯蔵空間を確保できるような岩塩層は限られるため，貯蔵容量は限定されており，建設可能な地域も限られる。なお，日本国内には岩塩層が存在しないため，日本での岩塩貯蔵の可能性はない。

従来から行われている天然ガス地下貯蔵の特徴をまとめると以下のとおり。

- 大規模な貯蔵が可能。1か所当り数億 m^3 の貯蔵実績がある。
- 長期間の貯蔵が可能。気体状態での貯蔵であるため，LNG 貯蔵のような BOG の処理の必要がなく，長期間の安定貯蔵が可能である。
- 低コストの貯蔵が可能。主要設備は掘削井，圧入機，水分除去装置のみと簡単。
- 安全性が高い。大深度地下での貯蔵のため，地震に強く漏洩リスクも少ない。
- 自然の地下構造を利用するため，建設可能な地域が限定される。わが国では新潟県の数か所で枯渇油ガス田を利用した地下貯蔵が行われているのみである。

〔2〕 最近の天然ガス地下貯蔵の動向

わが国には油ガス田が少なく，従来型の天然ガス地下貯蔵が可能な地域は限定されている。そこでそれらに頼ることなく天然ガスの地下貯蔵を実現するための新技術として「鋼製ライニング式天然ガス岩盤貯蔵施設」の研究開発が行われている。

この施設は，地下 100 m 程度の深さの岩盤に空洞を掘削して，そこに天然ガスを圧縮して貯蔵し，需要の変動に対応しようとするものである。図 3.31 の概念図に示すとおり，天然ガスを貯蔵する岩盤貯槽，天然ガスの出入れや圧力調整を行う地上設備，両者を結ぶアクセストンネル，天然ガスの受入，払出のためのパイプラインから構成されている。主要設備である岩盤貯槽では，岩盤の内面を鋼製のライニング材で覆って天然ガスの漏洩を防止する。鋼製ライニング材と岩盤の隙間にはコンクリートを充てんして，貯蔵圧力が岩盤に均等に伝達されるようにする。また，貯蔵圧力の変動に伴う岩盤の変形によってコンクリートに発生するひびわれの影響を緩和するため，鋼製ライニング材の外面には緩衝材が取り付けられている。

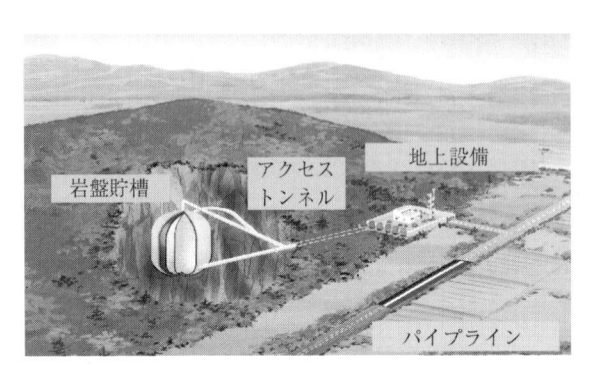

図 3.31 鋼製ライニング式天然ガス岩盤貯蔵施設

これまで，幾何容積 240 m^3，貯蔵圧力 20 MPa（200 気圧）の小規模な鋼製ライニング式天然ガス岩盤貯蔵施設が建設されて実証試験が行われた。その結果，20 MPa の気密性と 30 MPa の耐圧性が確認されている。さらに，実機規模を想定した幾何容積 2 万 m^3，貯蔵圧力 20 MPa の大規模貯槽の試設計を行い，実際の運用条件を考慮した圧力変動 1 万回（$-$ 200

回／年 × 50 年）程度にも耐えられる構造について研究開発が進められている。

〔引用・参考文献〕

1) 資源エネルギー庁ガス市場整備課・原子力安全・保安院ガス安全課 監修：ガス事業便覧 平成18年版（2007）
2) 経済産業省大臣官房広報室・財団法人経済産業調査会 編：経済産業ジャーナル4月号，No. 396（2004）
3) 米国エネルギー省エネルギー情報局　http://www.eia.doe.gov/pub/oil_gas/natural_gas/analysis_publications/ngpipeline/index.html（2008年8月20日現在）
4) IEA：Natural Gas Information 2007

3.6 天然ガスの新たな輸送技術

天然ガスの輸送について，液化天然ガスによるLNG輸送が一般的となっているが，LNG導入に際して，LNGとメタノールのチェーンコストの比較評価を行い，最も経済的な輸送方法としてLNGが選定された経緯がある。

近年のエネルギー資源の高騰，生産開発環境の変化などを考慮した，天然ガスの新たな輸送技術の可能性が増してきた。具体的には，ハイドレート化した天然ガスハイドレート（NGH：natural gas hydrate），圧縮高密度化した圧縮天然ガス（CNG：compressed natural gas），合成燃料化したDMEが注目されており，製造・貯蔵・輸送・再ガス化の全体のチェーンコストの低減を狙った輸送技術が開発されている。LNG，NGH，CNG，DMEの貨物の性状を表 3.19 に示す。輸送技術の開発を行う際には，これらの貨物の性状に合せた最適化を図る必要がある。

表 3.19　天然ガスを利用した貨物の性状

	LNG	NGH	CNG	DME
状　態	液　体	固　体	気　体	液　体
温　度〔℃〕	−162	−20	−29/常温	−25
比　重〔トン/m³〕	0.43	0.85〜0.95	0.23	0.74
圧　力〔bar〕	ほぼ大気圧	ほぼ大気圧	130〜250	ほぼ大気圧
低位発熱量〔kcal/kg〕	12 000	1 000〜2 000	12 000	6 900

3.6.1 天然ガスハイドレート（NGH）の輸送技術

ガスハイドレートは，水分子とガス分子からなる固体物質で，水分子が作る氷状の立体網状構造の籠にガス分子が取り込まれる包接水和物（ハイドレート）である。天然ガスの主成分であるメタンガスの場合，メタンハイドレート1 m³当り約170 m³$_N$の天然ガスを包蔵で

きる。LNG 1 m³ 当り天然ガス 600 m³$_N$ 相当と比べると体積当り 4 分の 1 弱と実質の輸送量は少なくなる。また，氷状のために比重も約 2 倍となるので，重量当りで比較すると天然ガスの包含量は LNG の 7 分の 1 から 8 分の 1 となるので，輸送の効率化を図るためには大量輸送が不可欠となる。

輸送時の温度条件は -20 ℃ 程度と大幅に緩和されるので，タンク材料の選定は容易となる。

NGH は液体とは異なるので，輸送・貯蔵の面では特別な取扱いが必要となり，ペレット化の検討が進んでいる。NGH の製造，ペレット化，ガス化などの最適条件を見出す実証試験も行っており，精力的な開発が進められている。

ペレット化を前提とした NGH 船の開発も進んでおり，特殊な積付・荷役を考慮した貨物倉システム，荷役システムなどの研究も行っている。また，技術・安全基準の確立を目指し，IMO で検討することとなった。NGH 船概念図を（図 3.32）に示す。

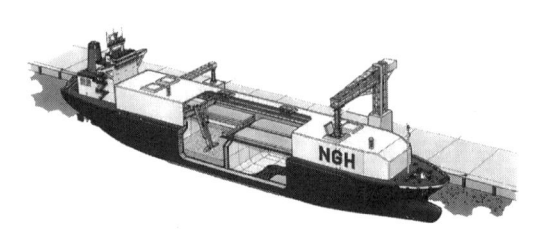

図 3.32 NGH 船概念図（三井造船提供）

3.6.2 CNG の輸送技術

天然ガスを圧縮して海上輸送を行うアイディアの歴史は古く，約 40 年前にパイロットプラントと輸送船までの実証試験も行われていたが，経済性の面で実現しなかった。

CNG は，高圧であるのでタンクの重量が非常に大きくなること，また，貨物の比重が小さいので容積効率が悪いことなどが大きな短所であった。ただし，ガスを直接圧縮するだけなので，製造・再ガス化コストを大幅に低減できることがわかり，再び注目を集めるようになってきた。受入設備として既存のガスインフラが整備されている地域，例えば米国，欧州で，なおかつ，短距離の輸送の場合にはチェーンコストが低減できる可能性がある。

CNG 船としていろいろなアイディアがあるが，代表的な 3 方式の概要・特徴を説明する。

・コセル方式（カナダ）　概略配置図を図 3.33 に示す。長さ 16 km，直径 6 インチのコイルを巻き付けた円筒状のコセルと呼ばれる標準容器に常温 200 bar の CNG を格納する方式で，90 年代後半にカナダのクラン氏とステニング氏が開発したもので，CNG 輸送の経済性はパイプライン輸送と LNG 輸送の中間的な輸送距離で最適化が図れることを積極的にアピールして，CNG が再び注目を集めるきっかけとなった。

特殊な形状であるが，小径で板厚が薄く軽量化が図れるのが特徴で，コセルの製造，検査方法なども含めて実用化の段階まで開発されている。

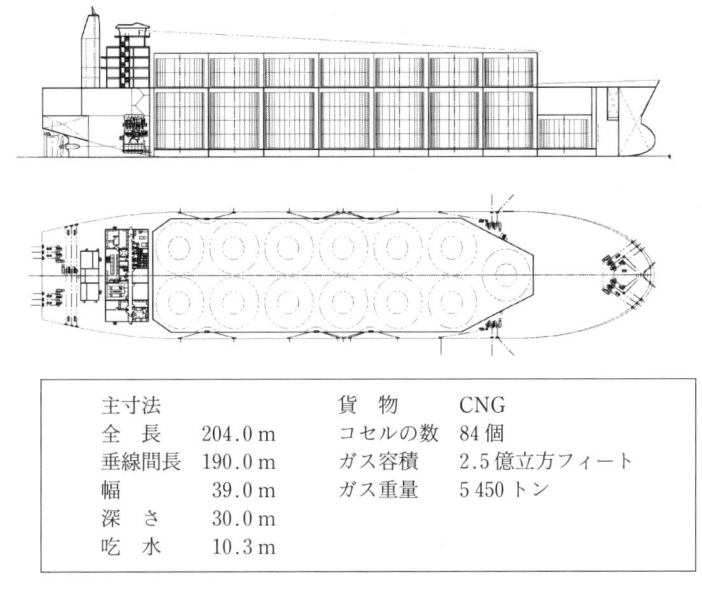

主寸法		貨物	CNG
全　長	204.0 m	コセルの数	84個
垂線間長	190.0 m	ガス容積	2.5億立方フィート
幅	39.0 m	ガス重量	5 450 トン
深さ	30.0 m		
吃水	10.3 m		

図 3.33　CNGコセル方式の概略配置図（SeaNG社提供）

・クヌッセン方式（ノルウェー）　42インチのシリンダータンクを複数つなぎ合せたものを一つのタンクとして扱う方式。

シリンダータンクをホールドカバー内に垂直に搭載して，タンクに常温で250 barのCNGを格納するもので，従来の円筒容器の考え方に従ったものであるが，格納容器が大口

表 3.20　CNG船の方式比較

	コセル方式	クヌッセン方式	エナシー方式
タンクの特徴	パイプをコイル状に巻いた"コセル" 108個（6段積）	竪円筒タンク多数 2 672本	パイプを多数配置 2 400本
設計条件			
圧　力〔bar〕	200	250	130
温　度〔℃〕	常　温	常　温	−29
タンク材質	API 5 L X 70	API 5 L X 80	API 5 L X 80
外　径〔mm〕	168	1 067	1 067
板　厚〔mm〕	6.5	36.5	19.0
長　さ〔m〕	16 000		
船の主要目			
タンク容積〔m^3〕	32 700	77 100	74 260
船　長〔m〕	243.0	276.2	306.0
船　幅〔m〕	38.0	54.0	50.0
型　深〔m〕	25.9	29.0	27.4
喫　水〔m〕	10.3	13.5	10.3
備　考	コセル 直径15^m，高さ3.5^m		船内で冷却

径で板厚も厚くなるので，重量面の問題，溶接の課題などがある．疲労試験，破壊試験を実施して実用化の段階まで開発されている．

・エナシー方式（アメリカ）　圧縮ガスの性状を考慮した上で容積効率の向上を狙って，約 $-30\,°C$ で $10 \sim 13\,MPa$ の状態の CNG を搭載することを前提に，パイプを水平ないし垂直に 100 本まとめて一つのモジュールとした方式．温度と圧力の最適化により容積効率向上とタンクの軽量化が図れることが特徴である．

これら 3 方式の比較を**表 3.20** に示す．各方式とも圧縮ガスの性状を考慮して，それぞれのタンク方式の最適化が図られている．LNG と異なり，ガスでの荷役が可能であるので，いずれの方式とも陸側のガスパイプと海底パイプラインを経由して直接つなぐことができるサブマージド・タレット・ローディング方式（STL：submerged turret loading system）を採用している．

3.6.3　DME の輸送技術

DME は，化学式が，CH_3OCH_3 で表される最も簡単なエーテルで，沸点が $-25\,°C$ の無色の気体で，化学的に安定な物質である．$25\,°C$ における飽和蒸気圧力も 6.1 bar と低く，圧力をかけると容易に液化できるので，LPG 代替燃料として注目されている．LPG よりも比重が大きく，沸点が高いことが特徴で，おおむね LPG と類似の設備で取扱い可能である．

金属に対して腐食性はないものの，膨潤するゴム類があるので，パッキング類などの材料選定の際には注意が必要である．DME 対応可能なサブマージ・ポンプも開発されている．

DME は常圧での沸点が $-25\,°C$ で，$37.8\,°C$ にて 2.8 bar（絶対圧力）を超える蒸気圧を有する液化ガスであるので，IGC コードの適用対象貨物となるが，従来 IGC コードの対象貨物には含まれていなかった．新たにばら積み海上輸送の可能性が出てきたので，IGC コードの新規貨物としての規則要件が決まった．

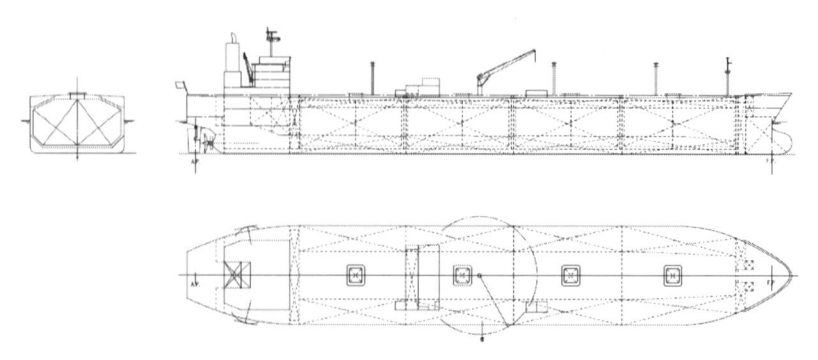

Loa x B x D - d = 230.0 m x 36.6 m x 20.8 m - 12.0 m

図 3.34　DME 船の概略配置図（三菱重工業提供）

DME 船の概略配置図を図 **3.34** に示す．基本的には LPG 船と同様の船となる．

3.6.4 新たな輸送技術の経済性と実現性

LNG のチェーンコストは ① 開発・生産コスト ② 液化・貯蔵コスト ③ 輸送コスト ④ 貯蔵・再ガス化コストの四つの要素で構成されているので，新たな輸送技術を検討する際に，各構成要素にどのような影響があるか評価する必要がある．

各要素への影響を考慮すると

- NGH は，エネルギー密度が低く，ハイドレート生成・貯蔵・輸送・再ガス化のおのおのの設備は大型となるが，LNG チェーンと比べて温度条件などが大幅に緩和されることを考慮すると，比較的小規模で中・短距離を輸送するプロジェクトでは LNG よりも経済性が高くなる可能性がある．また，再ガス化の際の冷熱および分解水も用途として利用可能である．
- CNG は，天然ガスを単純に圧縮するだけのプロセスであるので，生産・再ガス化などの面では LNG よりも大幅に設備投資を抑えることができる．ただし，容積当りの熱量は LNG の 3 分の 1 程度となるので，輸送・貯蔵面での効率は悪い．また，膨大な圧力容器を船に搭載することになるので，船自身も割高になる．受入側でパイプライン網が整備されて特別の貯蔵が不要な場合に，受入タンクは不要となる．したがって，短距離で受入側にパイプライン網が整備されているような特殊な条件下で，LNG よりも経済性が高くなる．
- DME は，LPG と類似の性状であるので，輸送・貯蔵面では LNG よりも取扱いは容易で，貯蔵・輸送・受入の面では，既存設備の活用も含めて経済性・実現性が高い．生産の過程でメタノール合成，脱水のプロセスがあるので，生産設備面では経済性が劣る．チェーンコストとしては LNG とほぼ同等となるものと推察される．DME は LNG 代替としてよりも，むしろ，ディーゼル燃料・LPG 代替としての用途がある．

〔引用・参考文献〕

1) 湯浅和昭ほか："クリーンエネルギー輸送〜LNG 船の昨日・今日・あした"，三菱重工技報，Vol. 40, No.1, pp.32〜35（2003）
2) 高沖達也："1.3 NGH による天然ガスの海上輸送"，日本造船学会誌，No.878, pp.21〜24（2004）
3) 大野陽太郎，井上紀夫："1.2 DME（ジメチルエーテル）の製造・輸送・利用技術について"，日本造船学会誌，No.878, pp.17〜20（2004）
4) 余川敏雄："1.4 LNG の製造・輸送・利用技術について（2）CNG 船開発の現状"，日本造船学会誌，No.878, pp.28〜32（2004）

4 天然ガスの利用

4.1 天然ガス利用の概要

4.1.1 電力事業への LNG 利用

わが国における天然ガス（輸入 LNG）のおもな利用は，電力会社における火力発電所の燃料用と都市ガス会社における都市ガス供給の二つである。日本の LNG 輸入量の推移とその内訳を図 4.1 に示す。2006 年度においては，わが国の LNG 使用量の約 35 % が都市ガスとして利用されるのに対し，3 分の 2 に迫る約 65 % は電力会社による LNG 火力発電のためのものとなっている。

LNG は，石油危機以降，石油代替エネルギーとして急速に導入の拡大が図られており，日本の輸入量は 2006 年度には約 6 300 万トンを超えるに至っている。

1960 年代の日本は，高度経済成長に伴って急速なエネルギー消費の増大が見られ，これに伴う「煤塵」「硫黄酸化物」などによる公害が重大な社会問題となっていた。電力業界では環境対策の観点から LNG に注目し，1969 年に世界で初めて日本が LNG を発電用燃料として利用を開始したのである。

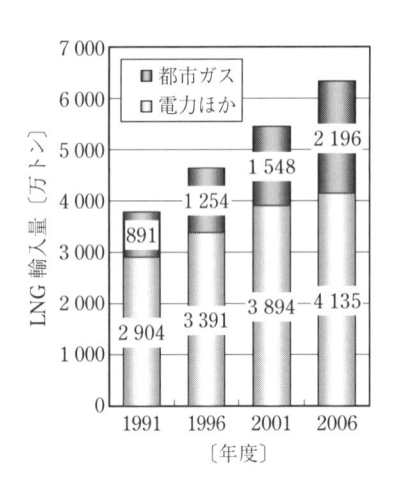

図 4.1 日本の LNG の輸入量の推移とその内訳[1]

わが国の電源別設備容量の推移を図 4.2 に示す。第 1 次石油危機直前の 1973 年度では，発電燃料源は 7 割以上を石油に依存しており，電源構成は石油火力に大きく偏っていた。

その後発生した第 1 次・2 次石油危機を教訓に，石油依存度の低下を図り特定のエネルギー源に過度に依存しない電力エネルギー源の開発と各種エネルギー源の適切な組合せ，いわゆるベスト・ミックスの実現による電力エネルギーの安定供給を確保することを目的に電源構成の調整が行われた。図 4.3 に 1 日の電力需要のエネルギー源を示す。

図のように電力の需要に合せ，エネルギー源の特徴と経済性を考慮し，ベース電源として

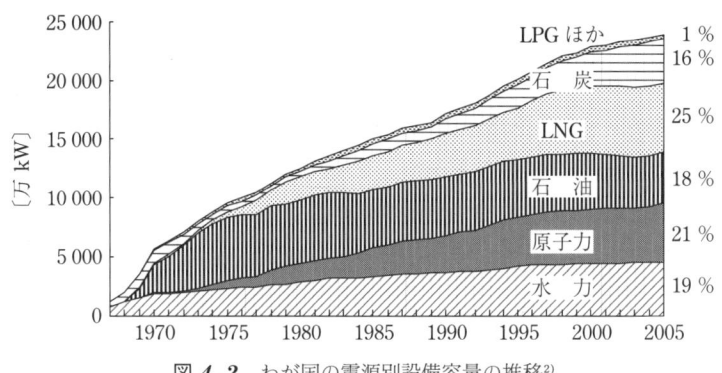

図 4.2 わが国の電源別設備容量の推移[2]

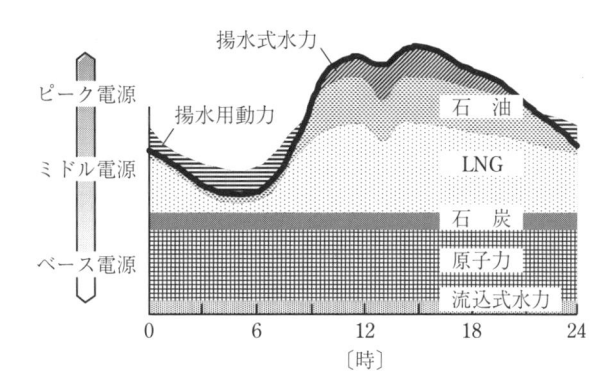

図 4.3 1日の電力需要のエネルギー源
（夏期平日の例）（2006年度）

原子力を使用，ミドル・ピーク電源に火力・揚水式水力を使用するベスト・ミックスの実現が可能となった。さらに火力燃料についても石油・LNG・石炭と燃料の多様化が図られており，火力燃料でもベスト・ミックスが行われている。その結果，2006年度では，電源構成比で，原子力 21 %，LNG（LPG 含む）26 %，石炭 16 %，水力 19 %，石油等 18 % となっている。特に LNG 火力は優れた環境特性や出力調整機能を有することから，需要地に近接した都市型電源として，さらにはミドル・ピーク電源供給力として開発を推進している。

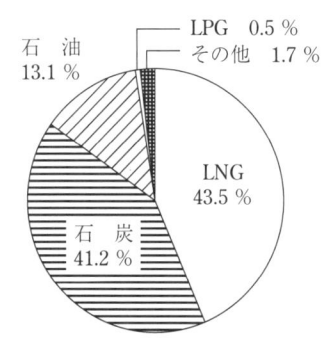

図 4.4 火力発電設備燃料構成率[2]

1980 年代の LNG による発電設備容量比は約 16 % に過ぎなかったが，現在では約 26 % となり，火力発電電力量に占める LNG の比率は，約 44 % を占めるまでになっている。図 4.4 に 2006 年度火力発電設備燃料構成率を示す。

いまや LNG は火力発電所の中心的な燃料として機能するに至っている。このように発電用燃料として LNG が着目され続けている理由として，つぎの 3 点が挙げられる。

・発電設備への柔軟な対応　火力発電所の設備は熱効率向上を目的として，コンベンショナル（従来型の汽力）発電方式からガスタービン発電方式と汽力発電方式を組み合せたコンバインドサイクル発電方式へと移行してきてい

る。ガスタービンは，燃焼器で燃料を高温高圧下で燃焼しその燃焼ガスで後流のタービンを回転させ発電するので，高効率化を図るためには，良質で高圧化が容易な燃料を必要とする。LNG はこのような発電方式の変化にも柔軟に対応できる燃料である。

- 環境に優しいクリーンなエネルギー　不純物をほとんど含まない LNG は燃焼時に硫黄酸化物の排出がなく，CO_2 排出量が石油や石炭に比べて少ない[†]ことから，地球環境に優しいクリーンなエネルギーといえる。この特性を活かし，高効率のコンバインドサイクル発電方式との組合せにより，さらに低い CO_2 の排出レベルが実現されている。また，LNG はボイラーやガスタービンを煤塵などにより汚すこともないため，設備にも優しいエネルギーである。
- エネルギーとしての供給安定性　中東地域に偏在している石油とは異なり，天然ガスの埋蔵地域は，各国に分散している。これら複数のプロジェクトからおもに長期契約で計画的に購入することにより，電力供給の安定性が確保できる。

2007 年 3 月末現在，日本の LNG 火力発電所は，一般電気事業者（電力会社）6 社，卸電気事業者 2 社，卸供給事業者 4 社で 33 地点あり，合計出力は，約 58 500 MW となっている。さらに，沖縄電力や四国電力においても LNG 基地および火力発電所を建設中であり，ますます電力の LNG に対する期待が大きなものとなってきている。

4.1.2　都市ガス事業における天然ガス利用
〔**1**〕　**都市ガス事業**

LNG 輸入量のうち約 3 割超が都市ガス事業の中で都市ガスとして利用されている。この分野では，都市ガス自体の需要の伸びとそれに占める天然ガスの比率が高まる中，1991 年から 15 年間で都市ガス用の LNG 輸入量も約 2.5 倍に伸びてきた。

通常ガス事業には，一般ガス事業，簡易ガス事業および液化石油ガス（LPG）販売業の 3 種類がある。このうち，一般ガス事業がいわゆる都市ガス事業のことで，これは LNG，ナフサなどを原料としてガスを製造し，供給区域を設定して一般の需要（不特定多数の需要）に応じて導管によりガスを供給する事業をいう。一方，簡易ガス事業とは，一定規模以上（70 戸以上）の団地などで，プロパンガスボンベを集中するなどの簡易な製造設備を置き，導管により需要家にガスを供給する事業のことである。

1872 年（明治 5 年）10 月 31 日，横浜の馬車道にガス灯が灯ったのが，わが国の都市ガス事業の始まりといわれている。現在は，全国 213 の都市ガス事業者（2007 年 6 月現在）が，家庭用から業務用，産業用までさまざまな分野にガスを供給するとともに，その販売量はこ

[†] 石油系燃料と天然ガスの炭素/水素比（C/H）の差から単位エネルギー当りの CO_2 発生率は石油の 3/4 である。

の10年間で1.5倍以上に拡大し，2006年度には337億 m³ を超えた．図 **4.5** に都市ガス販売量の用途別構成比を示す．用途別では，産業用の伸びが著しく，構成比でも家庭用を抜き約50％になっている．

また，都市ガス事業者が敷設した導管の延長は2006年時点で，低圧導管（0.1 MPa 未満）が約20万 km，中圧（0.1～1 MPa）は約3万 km に達するが，高圧導管（1 MPa 以上）は約1 900 km でしかなく，欧州や米国の天然ガスの高圧パイプラインが数十万 km であるのに比べればきわめて短く，国土を縦貫する天然ガスの高圧幹線パイプラインの必要性も含めて検討が進められている．

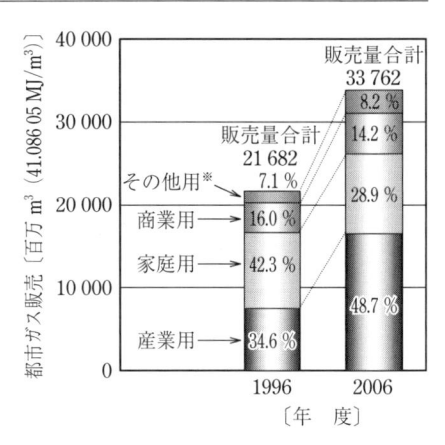

※　その他用：病院，公共施設など

図 **4.5**　都市ガス販売量の用途別構成比

〔2〕 **都市ガスにおける天然ガスの位置付け**

都市ガスの原料は，元々ほとんどが石炭であったが，1950年代になると原油からガスを製造する技術が開発され，石油系が主力になった．しかし，石油の利用は環境問題に課題を残す中，わが国では原料の長期確保と石油代替エネルギーの促進を目的に，1969年，東京電力と東京ガスとの共同により日本で初めてアラスカからクリーンなエネルギーであるLNGの輸入が開始され，都市ガス事業における天然ガスの利用が始まった．LNG はガス化効率100％，熱量は従来の製造ガスの2倍程度と，既存のガス導管の設備効率を倍増させる効果もあり，LNG への都市ガス原料のシフトは導管の設備投資を抑制できるなどのメリットも大きかった．

都市ガスは，原料などによって熱量や燃焼性などその種類が異なる．そのため，高カロリーガスである天然ガスへの切替えは，需要家の全ガス機器の調整を伴うこととなる．都市ガス事業者は，1972年より東京ガスを皮切りに天然ガスの供給に向けた熱量変更を開始し，東京ガスが1988年に，大阪ガスは1990年に全需要家の天然ガスへの転換を完了させるなど，全国の都市ガス事業者でも転換が進められた．さらに，天然ガスは国の基幹エネルギーとして一層の普及を求められるようになり，1990年には通商産業省（当時）資源エネルギー庁より「INTEGRATED GAS FAMILY 21 計画について」というガス種を統一するコンセプトが提案され，これを受け日本ガス協会と日本ガス石油機器工業会は，「IGF 21 計画」を具現化し2010年を目途に天然ガスを中心とした高カロリーガスへ統一することを定めた基本方針を確定した．この計画の推進もあり，都市ガスでは2006年において LNG など天然ガス系が96％を超えるまでになっている（図 **4.6**）．

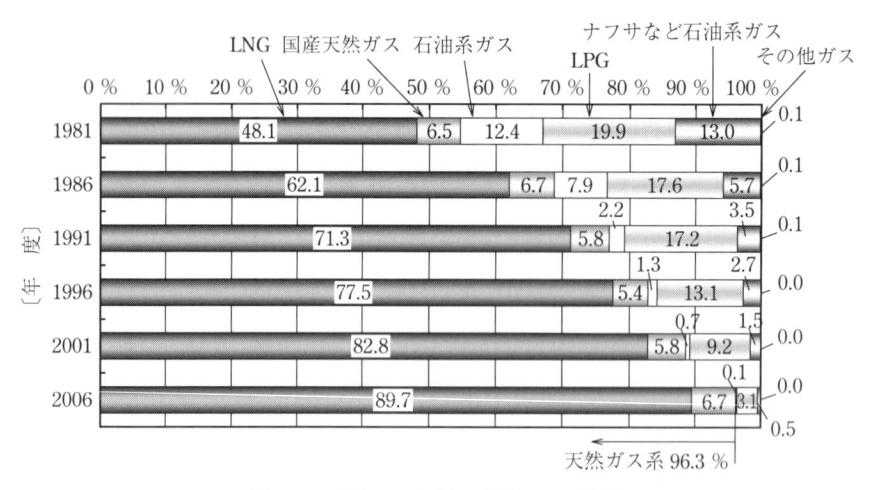

図4.6 都市ガス原料の内訳とその推移

〔引用・参考文献〕

1) 財務省：日本貿易統計，http://www.customs.go.jp/toukei/info/index.htm （2008年8月20日現在）
2) 資源エネルギー庁電力・ガス事業部 編：電源開発の概要（平成19年度）

4.2 LNG火力発電

4.2.1 電力会社が保有するLNG基地とガス導管設備

〔1〕 電力会社が保有するLNG基地

長期固定数量契約が多いLNGを燃料とする発電所は，年間を通じてほぼ均等（多少の季節変動はあるが）に入荷するLNGに合せて消費，発電設備の定期検査などを計画的に実施する必要がある。長期的には，年間LNG受入量に見合った年間発電計画と，短期的にはつぎのLNG船が入船するまでにLNGタンクに受入スペースを確保できるような消費スケジュール（発電計画）を実施しなければならない。十分なタンク容量があればこのような計画は多少大まかであってもタンク容量で調整可能であるが，現実的にはLNG消費に対して十二分な貯蔵容量があることが少なく，消費計画をきめ細かく管理することが必要とされる。

電力会社が保有するLNG基地の特徴を以下に示す。

・比較的高い貯槽回転率　電力会社は，特定のエネルギー源に偏らないように電源構成をしている。したがって，LNG設備の不具合により発電所への燃料供給支障が生じた場合でも，他燃料火力や水力，原子力により電気の供給が可能である。このような特徴と利点を活かし，電力会社のLNG基地は，比較的設備利用率が高く設計されている場合が多い。また，発電用燃料として用いているため，LNG使用量が多く貯槽回転率も

比較的高い。

- 未熱量調整ガスによる供給　LNGは産地によりその熱量が異なっているので，一般的に都市ガス会社はさまざまなガス消費機器に対応させるため13Aガスなどとして熱量調整を行っている。電力会社の場合，ボイラーやガスタービンなどのガス消費機器側での調整が可能であることから，ガスの熱量調整をすることなくLNGを気化させた未熱量調整ガスとして直接発電設備に供給している。
- 自発電設備によるBOG処理　ほとんどの電力系LNG基地は，隣接した発電設備を保有している。LNGタンクから発生するBOGは，この発電設備で処理している場合が多い。LNG受入時に発生する多量のBOGと常時LNGタンクから発生するBOGを火力発電所用の燃料として適切に処理するためにBOG発生量に見合った発電が常時必要となっている。このため，LNG基地に隣接した発電設備は停止することができないなど，運用制約の一つとなっている。近年では，この運用制約をなくすべく，高圧ガス導管を通じてより熱効率の高いLNG火力へBOGを供給するため，2段で昇圧する事例も増えてきている。

〔2〕 電力会社が保有するガス導管

　LNG基地から発電所までのガス導管は，総延長約240 kmにも及んでいる。各LNG基地から近隣発電所へのガス供給であるため，それぞれのガス導管は短く信頼性確保の観点から2条敷設する場合が多い。また，ガス導管の運用圧力は発電所での要求に合せた圧力で運用されており，0.8～7.0 MPaまでさまざまである。

　最近では，離れたLNG基地の運用性・効率性を高めるため，LNG基地間をガス導管により連結する計画も進められている。図4.7に電力会社が保有するガス導管を示す。

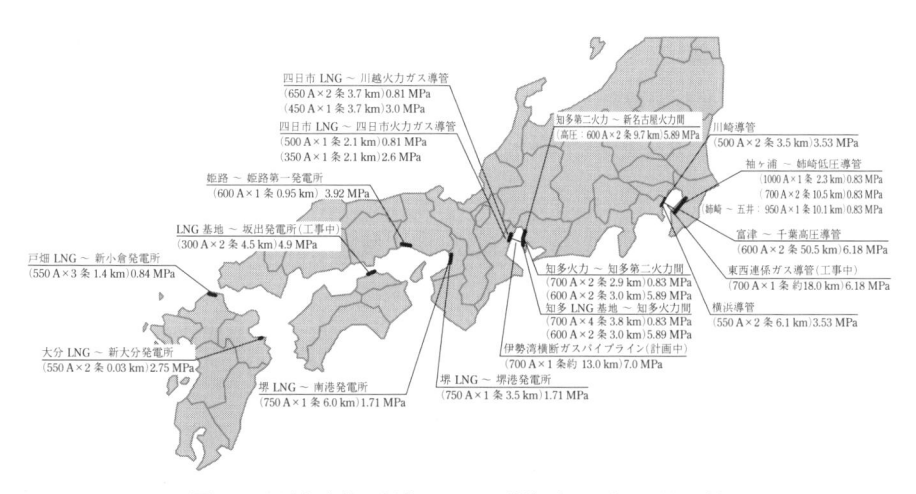

図4.7　電力会社が保有するガス導管（2006年12月現在）

4.2.2 LNG火力発電所

〔1〕 熱効率の推移

火力発電所の熱効率を1％向上させると，重油換算で年間約67万kℓ節約となり，また年間約160万トンのCO_2の発生量を低減することとなる（東京電力の場合）。

昭和30年代の火力発電設備は石炭を燃料として使用しており，熱効率は約31％（LHV基準）であった。石炭から石油へと使用燃料が変化するにつれ，熱効率は約43％へと向上した。さらにガスタービンと蒸気タービンを組み合せたコンバインドサイクル発電方式の導入により熱効率は飛躍的に向上し，現在では約59％に達している。この結果，同じ電力を得るのに必要な燃料量は昭和30年代の約半分，また排出されるCO_2も約半分となっている。図4.8に火力発電設備の熱効率の推移を示す。

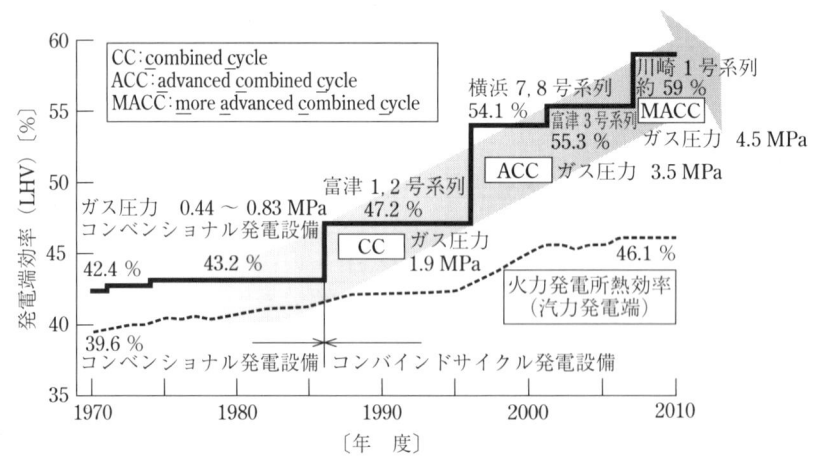

図4.8 火力発電設備の熱効率の推移[1]（出典：東京電力ホームページを参考とし加筆）

〔2〕 発 電 設 備

LNGを燃料とする火力発電所は，従来型のボイラー＋蒸気タービンで構成されたコンベンショナル発電方式とガスタービンと排熱回収ボイラーおよび蒸気タービンで構成されるコンバインドサイクル発電方式がある。

1） コンベンショナル発電方式　ボイラー内で燃料を燃焼して高温高圧の蒸気を発生させる。この蒸気の膨張力により蒸気タービンを回転させ，直結した発電機を回転させる。比較的低温域（600℃以下）での熱エネルギー利用に適している発電設備で熱効率は約43％である。

蒸気の高温高圧化ならびに設備の大容量化により，熱効率の向上，コストダウンを図ってきたが，技術的にもコスト的に限界となってきており，近年では大型コンベンショナル発電方式のLNG火力の建設は少なくなってきている。図4.9にコンベンショナル火力発電設

4.2 LNG火力発電

備とLNG基地を示す。

コンベンショナル発電方式の発電設備は，油焚ボイラーからの燃料転換の場合とガス焚専用に設計されたものがある。また燃料の多様性を考慮し石油とガスの混焼や切替えも可能な設計としている場合もある。ガス焚ボイラーはつぎのような特徴を有する。

図 **4.9** コンベンショナル火力発電設備とLNG基地（東京電力 東扇島火力発電所）

- 不輝炎であるため，油焚ボイラーに比べ火炉における輻射熱吸収熱量が減少するので，燃焼域のバランスを調整する必要がある。
- 燃料の天然ガス中に硫黄分が含まれていないことから，空気予熱器および排煙脱硝装置は硫黄分露点腐食の制約はなくなるが，排ガス中の水分が多くなることから湿分対策を必要とする。
- 油焚ボイラーに比べて排ガス中の水分が多いため，排ガス損失が大きい。

2） コンバインドサイクル発電方式　クリーンな燃料であるLNGの優れた環境特性と熱エネルギーを有効に活かし，大幅な熱効率の向上が期待できるのがコンバインドサイクル発電方式である。コンバインドサイクル発電方式は，LNGを高温燃焼させるガスタービンによる直接発電と，ガスタービンの高温排ガスを排熱回収ボイラー（HRSG：heat recovery steam generator）により熱を回収し，得られた高温の蒸気により発電する蒸気タービンとを組み合せた発電方式であり，比較的高温域での熱エネル

図 **4.10** コンバインド火力発電設備とLNG基地（東京電力 富津火力発電所）

ギー利用に適している。ガスタービンの動翼入口温度の上昇により高い熱効率が得られ，負荷追従性も良好なことから，現在ではLNGを燃料とする火力発電方式の主流となっている。図 **4.10** にコンバインド火力発電設備とLNG基地を示す。

現在，電力会社が採用しているコンバインドサイクル発電方式は，大きく分けてつぎの3方式がある。

- ガスタービン複数台と蒸気タービン1台を組み合せ，1系列を構成する多軸型と呼ばれる方式（**表 4.1** 左列）。

表 4.1 多軸型，1軸型コンバインドサイクル発電の比較

	多軸型コンバインドサイクル発電	1軸型コンバインドサイクル発電
概略構成	(図：天然ガス・空気・空気圧縮機・燃焼器・ガスタービン・G・低圧低圧高圧蒸気タービン・排熱回収ボイラー・煙突の構成図)	(図：各構成要素を1台ずつ一つの軸に直結したユニットを並列設置した構成図)
運用	ベース運用で有利 蒸気タービン定期検査時発電不可	ミドル，ピーク運用で有利 軸単位で定期検査が可能
効率	定格点の効率は，蒸気タービンの大型化が可能なため比較的高い	系列として構成する場合，1軸単位で停止が可能なため，部分負荷効率で有利

構成要素の説明：
- ガスタービンによる発電，排熱回収ボイラー，蒸気タービンによる発電を適宜組み合せる。（蒸気タービンよりもガスタービン系のほうが多い場合が通例である）
- それぞれの構成要素を1台ずつ一つの軸に直結したユニットを並列設置。

- ガスタービン1台と蒸気タービン1台で1軸を形成し，複数軸で1系列を構成する1軸型と呼ばれる方式（表 4.1 右列）。
- コンベンショナル発電方式の発電設備にガスタービンを追設し，ガスタービン排気ガスを既設のボイラーの燃焼用空気として利用する排気再燃型と呼ばれる方式。発電所のリパワリングとして採用されている。

コンバインドサイクル発電方式の特徴として

- 定格出力から部分負荷まで幅広い運転領域で熱効率が高く（最新鋭機では約59％），運用熱効率に優れている。
- 比較的小容量機の組合せで構成されているため，起動停止や負荷変動追従が容易である。コンベンショナル発電方式の発電設備は，点火から100％負荷まで約3時間程度かかるが，コンバインドサイクル発電方式では約1時間半であり，半分の起動時間である。

さらにガスタービンの燃焼方式や排煙脱硝装置の改善により，窒素酸化物は最低限に抑えられており，LNG の利用と高い熱効率により CO_2 の排出も低いレベルが実現されている。

表 4.2 にガスタービンによる直接発電方式，コンベンショナル発電方式，コンバインドサイクル発電方式の系統概念図と概略熱精算図を示し，以下にコンバインドサイクル発電方式の3方式について述べる。

- コンバインドサイクル発電方式（CC 発電）　コンバインドサイクル発電方式（CC：

表 4.2 各発電方式の系統概念図と概略熱精算図

	系統概念図	概略熱精算図
ガスタービン	燃料、空気 [100] → 空気圧縮機 → ガスタービン → 排ガス [68]、発電機 [32]	燃料 100 % → ガスタービン：排ガス損失 68 %、その他の損失、発電端出力 32 %
コンベンショナル	燃料 [100] → ボイラー → 排ガス [5]、蒸気タービン → 発電機 [43]、復水器 → 冷却水 [52]、ポンプ	燃料 100 % → ボイラー → 蒸気タービン：排ガス損失 5 %、その他の損失、発電端出力 43 %、復水器損失（温排水）52 %
コンバインドサイクル CC	燃料、空気 [100] → 空気圧縮機 → ガスタービン（GT：1 100℃級）[32] → 発電機 [47] [15]、排熱回収ボイラー → 排ガス [18]、蒸気タービン → 復水器 → 冷却水 [35]、ポンプ	燃料 100 % → ガスタービン 32 %、ガスタービン排ガス → HRSG 15 %、蒸気タービン 35 %、その他の損失、排ガス損失 18 %、復水器損失（温排水）、発電端出力 47 %
コンバインドサイクル ACC	発電機 [55]、冷却水 [34]、復水器、蒸気タービン [19]、空気圧縮機、ガスタービン（GT：1 300℃級）[36]、燃料 [100]、空気、排熱回収ボイラー → 排ガス [18]	燃料 100 % → ガスタービン 36 %、ガスタービン排ガス → HRSG 19 %、蒸気タービン 34 %、その他の損失、排ガス損失 11 %、復水器損失（温排水）、発電端出力 55 %
コンバインドサイクル MACC	発電機 [59]、冷却水 [33]、復水器、蒸気タービン [20]、空気圧縮機、ガスタービン（GT：1 500℃級）[39]、燃料 [100]、空気、排熱回収ボイラー → 排ガス [8]	燃料 100 % → ガスタービン 39 %、ガスタービン排ガス → HRSG 20 %、蒸気タービン 33 %、その他の損失、排ガス損失 8 %、復水器損失（温排水）、発電端出力 59 %

combined cycle）はガスタービン発電と蒸気タービン発電を組み合せた発電方式である。1 100 ℃級ガスタービンを適用し，その排気エネルギーを蒸気系で有効に回収することにより，熱効率を約47 ％まで向上することができる。また，小容量の単位機を複数組み合せて一つの大容量発電設備を構成するため，起動停止操作が容易で需要の変動に即応できる。このため，中間負荷および低負荷時においては単位機の運転台数を調整することにより，つねに定格出力並の高効率で運転できるなど機動性や運用熱効率の点で優れている。

- 1 300 ℃級コンバインドサイクル発電方式（ACC 発電）　1 300 ℃級コンバインドサイクル発電方式（ACC：advanced combined cycle）では，ガスタービンの動翼入口ガス温度を1 300 ℃へ高温化するとともに，蒸気タービンにおいても蒸気条件を高温・高圧化し，併せて再熱サイクルを適用することにより熱効率の向上を図っている。このような改良により，ACC 発電の熱効率は約55 ％に達している。
- 1 500 ℃級コンバインドサイクル発電方式（MACC 発電）　1 500 ℃級コンバインドサイクル発電方式（MACC：more advanced combined cycle）は，ACC 発電システムを基本とし，ガスタービンの動翼入口ガス温度をさらに高温化した高効率・大容量の発電方式である。ガスタービン耐熱材料の開発，ガスタービンの蒸気冷却などの技術革新により，1 500 ℃まで高温化することで約59 ％の熱効率が可能となった。高効率化による燃料の節約やCO_2排出量の低減効果はもちろんのこと，大容量化によるスケールメリットを活かして建設コストの低減も可能となることから，これからの火力発電の中心となる技術であるといえる。

〔引用・参考文献〕

1)　東京電力ホームページ：http://www.tepco.co.jp　（2008 年8 月20 日現在）

4.3　産　業　用　分　野

4.3.1　バ　ー　ナ　ー

工業炉で使用される産業用バーナーは，非常に多くの種類があり，燃焼容量（インプット）も小さいものでは数 kW から大きいものでは数万 kW クラスのものもある。

天然ガスを燃料とするバーナーには，以下の特徴があり，省エネ性，環境性が高い。

- 燃料中に硫黄分や灰分を含まないため，燃焼時に SO_x，煤塵を生成せず，また，NO_x の発生量も少ない。
- 燃焼性がよく，低い空気比（理論上必要な空気量に対する実際の燃焼設備に送られる空

気量の比）で完全燃焼するため燃焼排ガス損失が少なく燃焼効率を高くできる。

〔1〕 産業用バーナーの使用用途

産業用バーナーのおもな使用用途を表4.3に示し，その1例を図4.11に示す。

表4.3 産業用バーナーの使用用途

温度帯	高（約1300 °C以上） ⟷ 低（約500 °C未満）			
種類（おもな業種）	硝子溶解焼成	鋼材加熱熱処理炉	金属溶解（非鉄金属）	乾燥

図4.11 産業用バーナーが使用される工業炉の1例：熱処理炉（連続式浸炭炉入口）

〔2〕 おもな産業用バーナー

産業用バーナーは，使用燃料や使用用途のほかに，加熱方式（間接加熱 or 直接加熱），燃焼空気混合方式，排熱回収方式，低 NOx 技術の適用などにより多種多様である。

ここでは，間接加熱式の代表的なバーナーであるシングルエンドラジアントチューブバーナーと，高い排熱回収率が得られるリジェネレイティブバーナーを紹介する。

・シングルエンドラジアントチューブバーナー　炉内へ浸炭ガスを注入し，この浸炭ガス雰囲気の中で製品（金属部品など）を加熱して表面硬化処理など行う熱処理炉では，金属やセラミックのチューブ（ラジアントチューブ）内で燃料ガスを燃焼させ，ラジアントチューブ外面からの輻射熱で被加熱物である製品を加熱するラジアントチューブバーナーが多数使用されている。ラジアントチューブバーナーは，チューブの一方が燃焼側，もう一方が排気側となる U 型や W 型のものと，2重管形式のシングルエンド型がある。

図4.12に示すシングルエンドラジアントチューブバーナーは，インナーチューブ内のノズルでガスを燃焼させ，燃焼排ガスは先端でリターンして，アウターチューブとの間を通って戻ってくる。バーナーボディ内部で燃焼排ガス

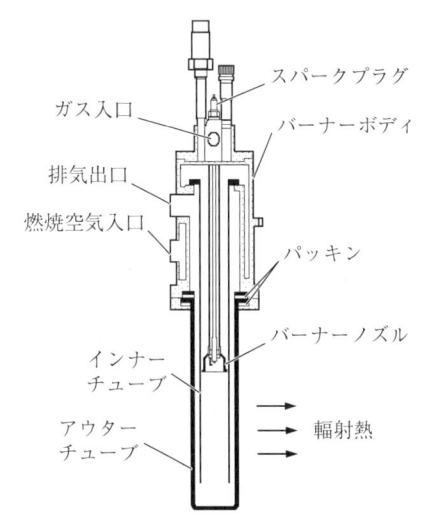

図4.12 シングルエンドラジアントチューブバーナー

と燃焼エアを熱交換することで排熱回収し,熱効率を高くすることができる。

また,シングルエンドラジアントチューブバーナーは,コンパクトで縦置き,横置きの双方に対応でき,メンテナンス性,設置性に優れている。

- リジェネレイティブバーナー　リジェネレイティブバーナーは,燃焼部(バーナー)と蓄熱部(リジェネレータ)を一体構成にしたバーナーを2台1組として使用するタイプ(ツインタイプ)(図4.13)と1台のバーナー内に二つの蓄熱部を有するタイプ(シングルタイプ)がある。このバーナーは,燃焼と排気を交互に切り替えることで,一般的な向流熱交換方式に比べより低温の排熱まで効率的に回収でき,高効率なバーナーを実現できる。この結果,向流熱交換方式のバーナーの熱効率が75％程度なのに対し,リジェネレイティブバーナーでは熱効率を85％以上にすることができる。

なお,リジェネレイティブバーナーは,直接加熱式だけでなく間接加熱式のものもあり,さまざまな用途に適用されている。

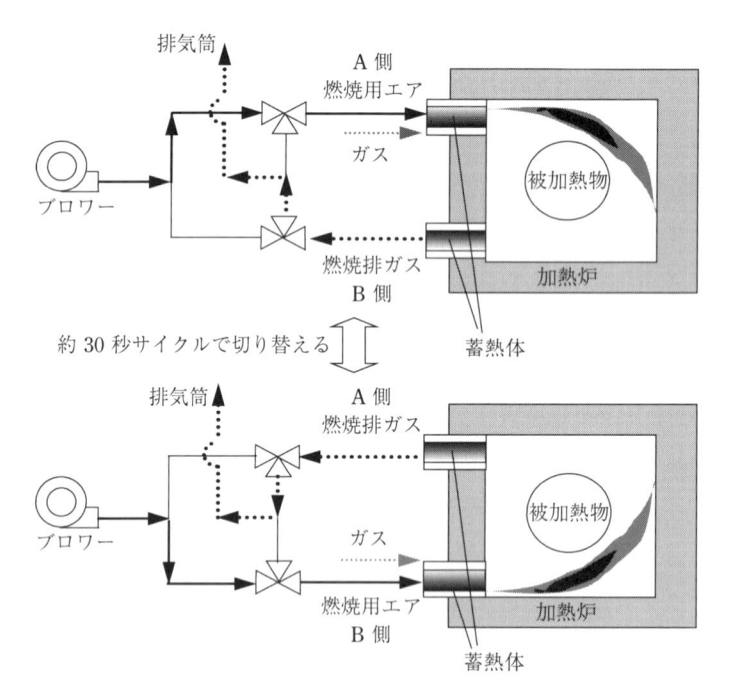

〈動作原理〉
1. A側:燃焼,B側:排気(上図の状態)
燃焼排ガスは,B側バーナーに内蔵した蓄熱式熱交換器に熱を吸収後,排気される。
2. A側:排気,B側:燃焼(下図の状態)
約30秒後にB側を燃焼,A側を排気に切り替えて,B側の燃焼に使用する空気を蓄熱されたB側バーナーの蓄熱式熱交換器を通過させることで予熱する。
3. 1と2の動作を約30秒サイクルで繰り返す。

図4.13　リジェネレイティブバーナー(ツインタイプ)

〔3〕 産業用バーナーの今後の課題など

天然ガスを燃料とする多種多様な産業用バーナーの共通の課題は，省エネ性，環境性，安全性のさらなる向上に集約される。

このため，リジェネレイティブバーナーの適用拡大，さらなる低 NOx 燃焼技術の開発，電子制御技術や自己診断機能を有する監視装置の適用拡大などが重要である。

4.3.2 ボイラー

ボイラーには温水ボイラーと蒸気ボイラーがあるが，産業用では，おもに蒸気ボイラーが多数使用されている。

近年は，地球環境保護の視点から，省エネルギー性や環境性の要求が一段と強まっており，天然ガスを燃料とするガスボイラーは，燃料がクリーンで扱いやすいなどの利点を活かし，クリーン性，省エネルギー性の高い製品が開発されている。

〔1〕 蒸気の性質

飽和水（沸騰状態の水）を加熱すると水の温度は上昇しないで沸騰を続ける。このとき発生した蒸気を飽和蒸気という。一般的にボイラーから発生する飽和蒸気は，数 % の水分（微小な水滴）が含まれる湿り飽和蒸気だが，この水分をまったく含まない蒸気を乾き飽和蒸気という。乾き飽和蒸気をさらに加熱すると蒸気の温度は飽和温度より上昇し過熱蒸気となる。過熱度が大きいと凝縮（蒸気が水に戻ること）しにくく，蒸気タービンなどで動力用にも利用される。蒸気の利用に関するおもな特徴は以下のとおりである。

・100 °C 以上の高温にできる。
・引火しない。
・均一に加熱ができ，温度の設定や管理が容易。
・加湿ができる。

〔2〕 使 用 用 途

産業用における蒸気ボイラーの利用は，製品の製造に直接関係する乾燥・反応加熱・洗浄をはじめ，工場内における調理・消毒・空調，さらには発電用動力などきわめて幅が広い（表 4.4）。

表 4.4 産業用の蒸気ボイラー利用

分 野	利用方法	用 途
生産用	直接加熱	液加熱（洗浄）など
	間接加熱	乾燥，調湿，蒸留 など
空調用	間接加熱，加湿	空気加熱，冷温水製造，空気加湿 など
業務用	間接加熱	調理，消毒（滅菌），給湯 など
その他	動 力	発電，気体圧縮 など

〔3〕 蒸気ボイラーの種類

使用用途や容量などに応じ多種多様なボイラーが製作されているが，本体構造や加熱方法などから分類すると，おもなものとして貫流ボイラー（小型貫流ボイラーを図 4.14 に示す），水管ボイラー，炉筒煙管ボイラーがある（表 4.5）。

なお，ボイラーは，構造，圧力，伝熱面積などに応じて設置届や取り扱い資格などについて労働

図 4.14 小型貫流ボイラー（三浦工業製 SQ-2500 ZS）

表 4.5 おもなボイラーの概要

貫流ボイラー	【特徴（概要）】一般に複数の垂直な水管が上部と下部でそれぞれ集合した構造である。下部から水管に給水し，水管部を加熱することで，水は水管内で蒸発する。基本的に水の循環はなく，ドラムがない構造のため，高圧化にも適し小型化が容易である。一方，保有水量が少なく始動は速やかだが，負荷制御や給水制御は速い応答性が要求される。近年，イオン交換樹脂による給水処理や高度な制御技術の適用により，小型の汎用蒸気ボイラーは，貫流ボイラーが主流となっている。 【一般的な性能】 ・容量：0.1～3 トン/h ・蒸気圧：0.1～1 MPa ・保有水量：蒸気量に対し 10～20％ ・起蒸時間：5分 ・ボイラー効率：90～96％ 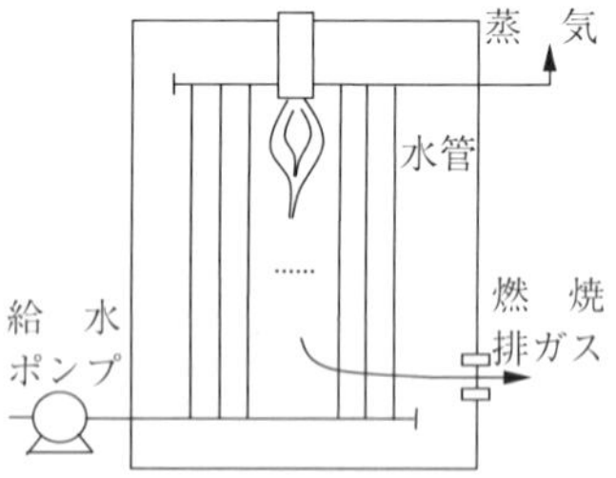	
水管ボイラー	【特徴（概要）】一般に上部に気水ドラム，下部に水ドラムを有し，その間を多数の水管で結んだ2胴形で，おもに水管により熱伝達を行う。大容量のドラムが不要で水管を増やすことで伝熱面積を大きくできるので，高圧化，大容量化が容易であるが，構造が複雑で比較的高価である。 【一般的な性能】 ・容量：3～300 トン/h ・蒸気圧：0.1～20 MPa ・保有水量：蒸気量に対し 30～40％ ・起蒸時間：10～20分 ・ボイラー効率：85～90％ 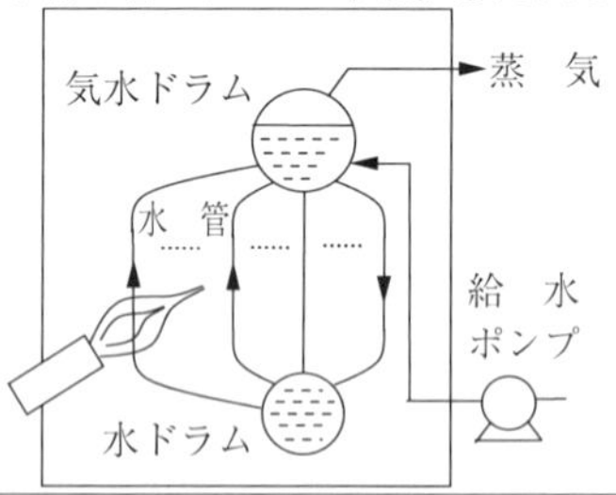	
炉筒煙管ボイラー	【特徴（概要）】水を満たした缶を主体とした丸ボイラーの代表的なもので，円筒型の大口径ドラムの内側に燃焼室となる炉筒，伝熱面となる煙管がある。これらの炉筒，煙管はいずれもドラム内の水の中にあり，燃焼ガスが炉筒，煙管の中を流れる。保有水量が多く大容量化が困難で，起動から所要蒸気の発生までの時間（起蒸時間）も長いが，蒸気使用の変動に対して蒸気圧力の変動が少ない。炉筒は，熱膨張を起すため，波形炉筒で熱応力を吸収するなどの技術が用いられている。 【一般的な性能】 ・容量：1～30 トン/h ・蒸気圧：0.1～2 MPa ・保有水量：蒸気量に対し 100～120％ ・起蒸時間：20～30分 ・ボイラー効率：85～90％ 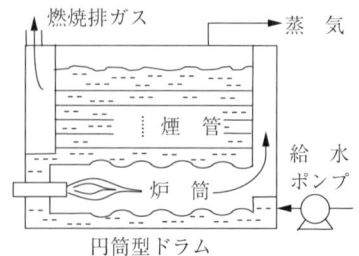	

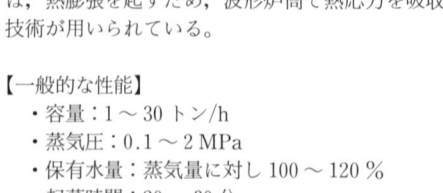

安全衛生法やその関係法規で規制を受けているので留意が必要である。

〔4〕 天然ガスを燃料とする蒸気ボイラーの利点

燃焼排気ガスがクリーンであること以外にも以下の利点がある。
- 燃焼性がよく低い空気比で燃焼でき燃焼排ガス損失が少ない。
- 硫黄分による低温腐食の心配がなく，低温まで排熱回収が可能である。
- 燃焼で発生するすすが少なく，伝熱面へのすすの付着による効率低下が少ない。

また，オーバーホール時の内部清掃も比較的容易である。

4.3.3 コージェネレーションシステム

エネルギーを有効に利用するには図4.15のようにエネルギーをその温度レベルに応じカスケード利用することが重要である。

コージェネレーションシステムはカスケード利用の一つであり，ガスエンジンやガスタービンによって発電機を回転させ発電を行うと同時に，ガスエンジンやガスタービンの排熱を温水や蒸気として回収し給湯や冷暖房に利用するものである。天然ガス

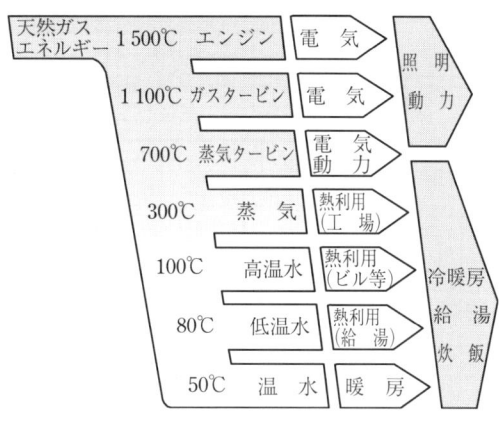

図4.15 カスケード利用の概念[1]

を原料とする都市ガスなどから電気と熱の2種類のエネルギーを同時に取り出し有効活用するシステムで，総合効率は70〜85％（LHV基準：以下同）に達する。

〔1〕 産業用コージェネレーションの普及状況

コージェネレーションシステムは，石油ショックの後，省エネルギーの観点から世界中で注目されるようになり，日本では電気事業法などの規制緩和により普及が加速した。さらに，環境負荷の低減，防災電源や停電対策といったエネルギーセキュリティの確保などの多様な導入ニーズもあり，普及は拡大している。

図4.16，図4.17に産業用・民生用コージェネレーションの発電容量と普及件数の推移を示す[2]。2007年3月末現在，全国での都市ガスによるコージェネレーション導入実績は家庭用を除いて約400万kW，5070件である。このうち産業用は約306万kW，896件であり，台数では民生用が多いが，産業用では一システム当りの出力が大きいため発電容量の占める割合は大きくなっている。

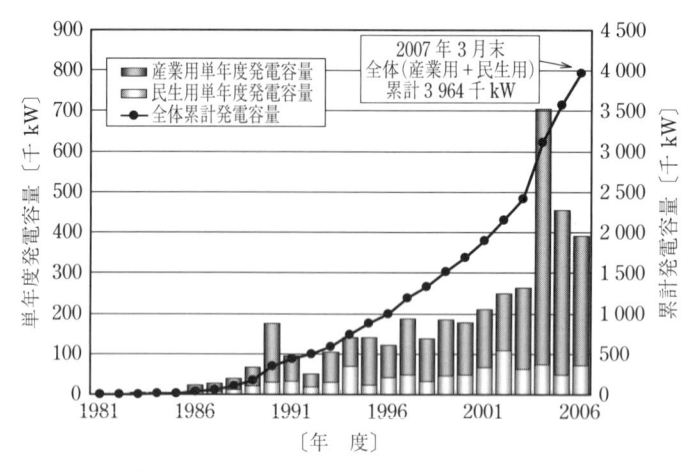

図 4.16 コージェネレーション発電容量の推移
（スチームタービンを除く）

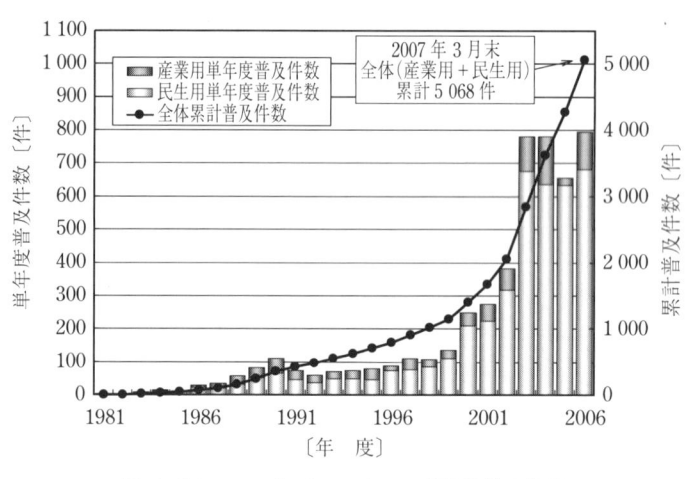

図 4.17 コージェネレーション普及件数の推移
（スチームタービンを除く）

〔2〕 産業用におけるシステム構成

コージェネレーションシステムはおもに原動機，発電機，排熱回収装置で構成され，用途や負荷状況によって**図 4.18** のように多様なシステムが構築できる。ガス吸収冷温水機にエンジンやタービンの排ガス，排熱を直接投入する技術の確立により，排熱利用の幅は広がり，より一層効率的な排熱利用が可能になった。

コージェネレーションシステムは，食品，化学，機械工場，地域冷暖房などの産業分野から，ホテル，病院などの民生用，最近では小規模な家庭用まで多くの分野で利用されている。特に産業用では，電力負荷が大きく，蒸気などの需要も多いため大型で蒸気回収しやすいガスタービンコージェネレーションが多く用いられている。

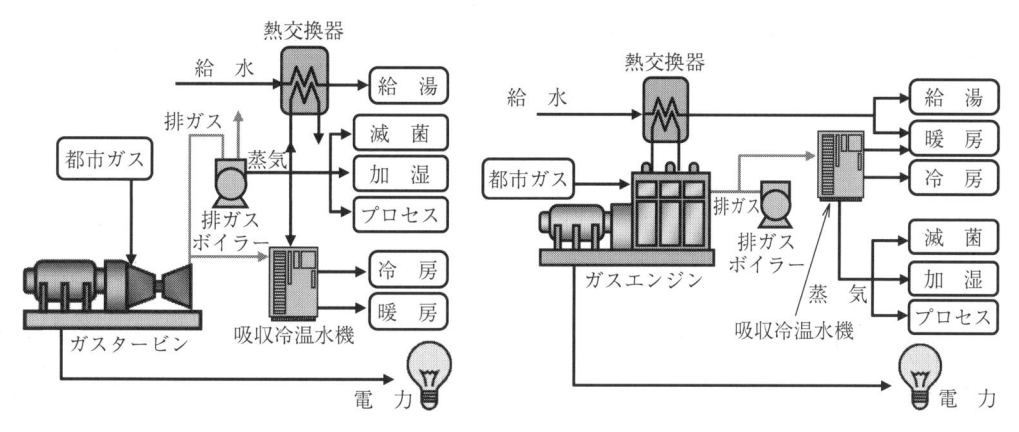

図 **4.18** コージェネレーションシステム構成例[1]

〔**3**〕 **コージェネレーションシステムの原動機**

1） ガスエンジン　図 **4.19** に 200 kW クラスのガスエンジンを示す。ガスエンジンの基本構造はガソリンエンジンと同じであり、燃料のガソリンをガスに置き換えたものである。基本的には 4 サイクルエンジンであり、ガスと空気の混合気をシリンダー内に吸入し、圧縮し、燃焼・膨張させて出力を得る、吸気 → 圧縮 → 燃焼・膨張 → 排気の 4 行程で作動する。小・中規模が主流であったが、大型化、高効率化開発が進められ、最近では 300 kW クラス（発電効率 40 %）から 8 000 kW クラス（発電効率 45～46 %）まで多くの機種が実用化される一方、一般家庭用の 1 kW クラスも開発されて普及している。以下に最近のガスエンジンに適用されている高効率化技術を紹介する。多くのガスエンジンではこれらの技術が組み合せて用いられている。

図 **4.19**　200 kW クラスガスエンジン

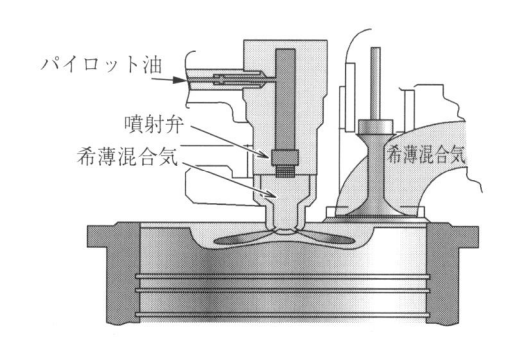

図 **4.20**　マイクロパイロット着火方式

- **希薄燃焼方式**　理論空燃比より空気過剰な混合気で燃焼させることにより、燃焼温度を下げ、NOx 排出を低下させるとともにサイクル効率を上げ高効率化を図る方式である。
- **マイクロパイロット着火方式（図 4.20）**　ガスエンジンは点火プラグによる着火方

式が多いが，本方式では点火プラグの代りに微量の油を使用する。

熱量比 1％未満のパイロット油を圧縮された混合気中に噴出させることにより自己着火させ，それが火種（パイロット火炎）となって混合気を燃焼させる方式であり，着火エネルギーが大きいため，一層の希薄化により高出力化と高効率化が図れる。

- ミラーサイクルエンジン（図 **4.21**）　通常ガスエンジンでは吸気弁の閉時期は下死点付近であるため膨張比＝圧縮比である。ミラーサイクルエンジンでは吸気弁を早閉じ（下死点前）または遅閉じ（下死点後）することで吸気バルブ閉止から上死点までの容積比（実圧縮比）を低減し，ノッキングを回避しながら膨張比＞実圧縮比を実現し，シリンダー内の燃焼ガスを十分に膨張させることで高効率化を図る方式である。

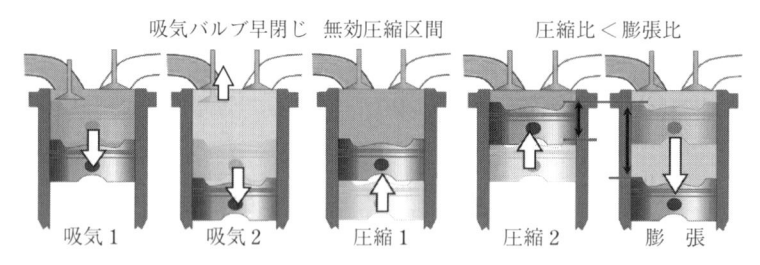

図 **4.21**　ミラーサイクルエンジン

2）　ガスタービン　　ガスタービンの基本サイクルはブレイトンサイクルと呼ばれ，吸気→圧縮→燃焼→膨張・排気の 4 行程から成り立つ。ガスエンジンではこの 4 行程を同一室内で間欠的に行うが，ガスタービンでは圧縮機，燃焼器，タービンなどを個別に持ち，4 行程をそれぞれ独立した室で連続的に行う。

同出力のガスエンジンと比較すると小型・軽量であり，おもに 1 000 kW 以上の中大規模クラスが主流であるが（7 000 kW クラスのガスタービンを図 **4.22** に示す），25 kW，300 kW 程度のマイクロガスタービンも実用化されている。

また，排熱をすべて蒸気として回収できるため排熱の用途は広く，熱利用だけでなく発電に利用することも可能である。さらに排ガス中で都市ガスを燃焼させ，蒸気回収量を増大させる追焚システムも実用化されている。以下にこれらのシステム例を紹介する。

図 **4.22**　7 000 kW クラスガスタービン（川崎重工業 M7A）

① 熱電可変型ガスタービン　排熱により発生した蒸気をガスタービンの燃焼室に噴射し発電電力を増加させるシステム。蒸気噴射量の制御による熱電比（蒸気熱利用量／発電出力）可変が特徴である。

過熱蒸気をタービンに注入するチェンサイクル（図 **4.23**）や，圧縮機から抽出した

図 **4.23** チェンサイクルのシステムフロー

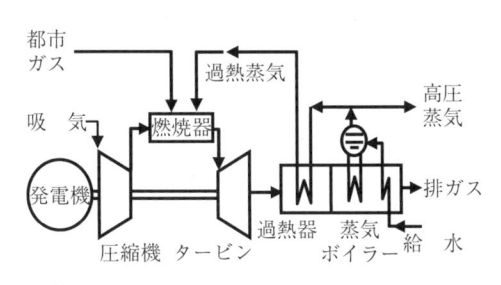

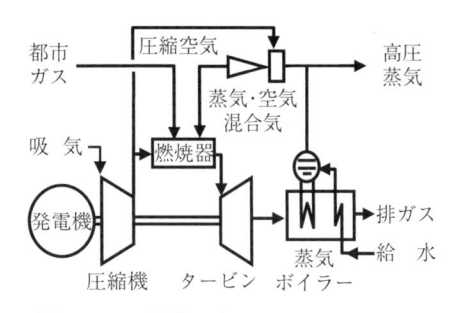

図 **4.24** 2流体サイクルのシステムフロー

高温の圧縮空気と蒸気を混合してタービンに注入する2流体サイクル（図 **4.24**）が代表的である。数千kWクラスで40％弱の発電効率が得られる。

② コンバインドサイクル　ガスタービンを用いて発電すると同時に，排熱を用いて蒸気を発生させ，蒸気タービンを駆動する。
①と同様熱電比可変であり，10 000 kW前後で42％程度の発電効率が得られる。

③ 追焚システム（図 **4.25**）　ガスタービンの排ガス中の酸素濃度は高く，排気煙道に追焚バーナーを設置し排ガスを燃焼用空気として都市ガスを燃焼させることが可能である。新たに空気を用いて燃焼させる場合に比べ，排ガス温度が高い分，省エネルギーとなり総合効率が向上する。

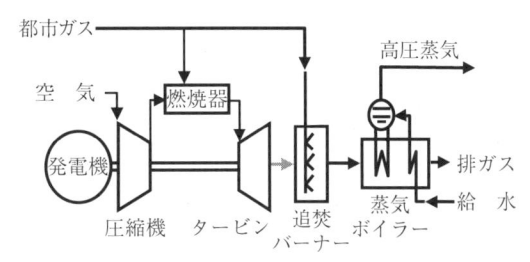

図 **4.25** 追焚システムフロー

4.3.4　新エネルギーとの組合せシステム

〔1〕　スーパーごみ発電

ごみ発電は，ごみの焼却によって発生する熱で蒸気を発生させ，蒸気タービンを駆動して発電を行うシステムである。しかし焼却炉燃焼ガス中には腐食性物質が含まれるため蒸気の温度には限界があり，発電効率は10〜15％にとどまっている。

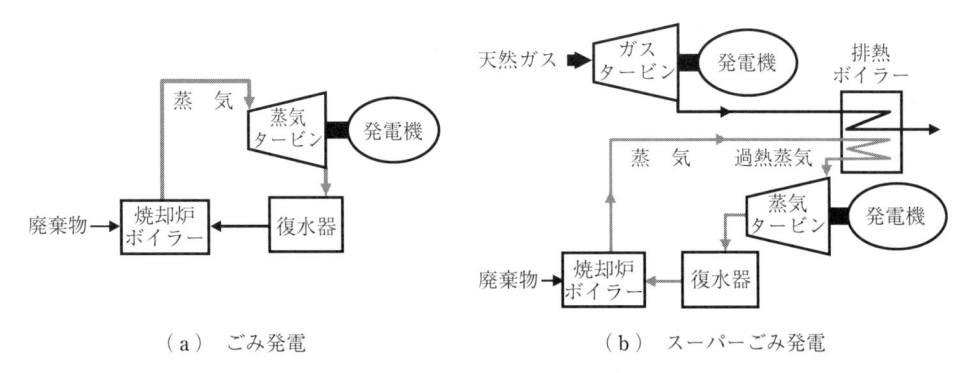

（a）ごみ発電

（b）スーパーごみ発電

図 **4.26** 従来のごみ発電とスーパーごみ発電のシステムフロー

スーパーごみ発電は，図 **4.26** のように従来のごみ発電にガスタービンを付加し，ごみの焼却熱により発生させた蒸気を，ガスタービンの排熱でさらに高温高圧化し，蒸気タービンの出力増加と発電効率向上を実現するシステムである。発電効率を 20～25 ％ にまで向上させることが可能である。

表 **4.6** にスーパーごみ発電の事例を示す。

表 **4.6** スーパーごみ発電の事例

	蒸気タービン出力〔kW〕	ガスタービン出力〔kW〕	合計出力〔kW〕	発電効率〔％〕
高浜クリーンセンター（高崎市）	9 000	16 000	25 000	35
堺市クリーンセンター東第二工場	12 400	4 100	16 500	21
北九州皇后崎工場	28 300	8 000	36 300	26
新港クリーンセンター（千葉市）	12 150	9 000	21 150	26.5

スーパーごみ発電は新エネルギー利用設備であるため，余剰電力は自然エネルギーの付加価値分を高めに電力会社に売電可能であることから，今後事例数は増加するものと思われる。

〔2〕 バイオガス混焼コージェネレーションシステム

バイオマス燃料に含まれる炭素は，大気中の CO_2 から植物が光合成によって作り出したものなので，燃焼により CO_2 が発生しても実質的に大気中の CO_2 濃度に影響を及ぼさない，いわゆるカーボンニュートラルな資源である。

地球温暖化対策の観点からバイオマスエネルギーの利用拡大を図ることは重要であり，2002 年 12 月に関係 6 府省による「バイオマス・ニッポン総合戦略」が策定され，また 2010 年の新エネルギー導入目標（総合資源エネルギー調査会需給部会）である原油換算 1 910 万 kℓ のうち約 80 ％ をバイオマスが占めるなど，バイオマス利用促進に向けた取組みがなされている。

バイオマスのうち下水汚泥の処理過程で発生する消化ガスやごみなどを熱分解することで発生する熱分解ガスなどのバイオガスはガス体燃料であり，都市ガスと同じようにコージェ

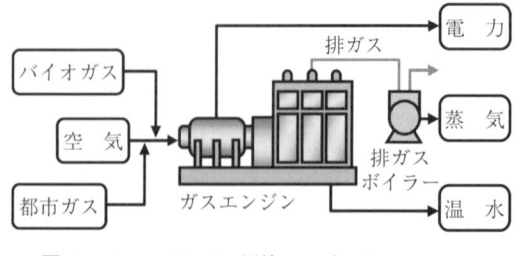

図 **4.27** バイオガス混焼コージェネレーションシステムの例

表 **4.7** バイオガス混焼シスム実用例

業　種	バイオガス種類	発電容量〔kW〕	台　数〔台〕
製鉄所	熱分解ガス	1 500	1
食品製造	消化ガス	520	1
	消化ガス	520	1
	消化ガス	730	1
	消化ガス	2 120	1
	消化ガス	920	1
下水処理場	消化ガス	500	2
	消化ガス	680	3

ネレーション燃料として利用することが可能である。しかし，バイオガスは性状が不安定であり，また発生量の時間的・季節的変動が生じやすいため，バイオガスのみを燃料としたシステムでは運転が不安定になる。

そこで，図 **4.27** のように性状や供給の安定している都市ガスとバイオガスを混焼するシステムが有効である。都市ガスとバイオガスの燃焼性の違いに起因する各種技術課題はあるが，制御方法の最適化などにより性能低下を最小限に抑える技術が開発されており，食品や飲料の製造業，下水処理場などで実用化が進みつつある（**表 4.7**）。

〔引用・参考文献〕

1) 社団法人日本エネルギー学会 編：よくわかる天然ガス，コロナ社（1999）
2) 社団法人日本ガス協会：平成 18 年度都市ガスコージェネレーション導入実績，日本ガス協会（2007）

4.4 業務用分野

4.4.1 業務用厨房

〔**1**〕 概　　要

業務用ガス厨房は，クリーンな天然ガスを使用することによる環境性に加えて，省電力による経済性，瞬時に火力を調整できる調理性といったメリットから広く普及してきた。また，課題であった機器の操作性，安全性についても，技術開発の進捗により，近年，飛躍的に向上している。

〔**2**〕 業務用ガス厨房機器の種類

厨房機器の種類は，食材貯蔵，下ごしらえ，調理，盛付，喫茶，食器洗浄・衛生管理といった厨房作業の工程に応じて多岐にわたっているが，ガス厨房機器は**表 4.8** に示すように，主として，加熱調理工程，洗浄・衛生管理工程において使用されている。

〔**3**〕 多様化するニーズへの対応

業務用厨房においては，近年，おいしい料理が提供できることのみならず，経済性，労働環境性，安全性，地球環境性といった多様なニーズに対応した最適厨房が求められている。厨房労働環境改善の取組み事例としては，置換換気方式の導入や低輻射型ガス厨房機器開発などが挙げられる。

・置換換気方式　　従来の業務用厨房においては，直接調理者に冷風を当てるスポット空調が採用されているが，この場合，空調気流によりあおられて，排気フードから排気や熱が漏れて臭気や油煙が室内に滞留し，厨房内の環境の悪化を招くことがある。この対応としては，室内の空調気流速を最小限に抑える置換換気方式の導入が有効である。図

表 4.8 おもな業務用ガス厨房機器の種類と使用先

工程	ガス機器	使用先			
		飲食店	社員食堂	給食	食品加工
加熱調理	ガスレンジ	○	○	○	
	テーブルコンロ	○	○	○	○
	フライヤー	○	○	○	○
	炊飯器	○	○	○	
	ホットプレート	○			○
	焼物器	○	○	○	○
	オーブン	○	○	○	○
	スチームコンベクションオーブン	○	○	○	○
	ゆで麺器	○			
	蒸し器	○	○	○	○
	圧力釜	○			○
	酒かん器	○			
洗浄・衛生管理	食器洗浄器	○	○	○	○
	食器消毒保管器		○	○	
	タオル蒸し器	○			

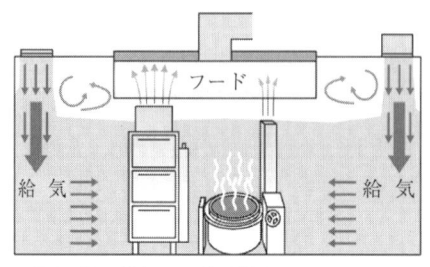

① 熱い排気は，すぐ排出
② 壁づたいに空調空気を給気
③ 室内排気が滞留しないため，涼しい厨房が実現

図 4.28 置換換気方式

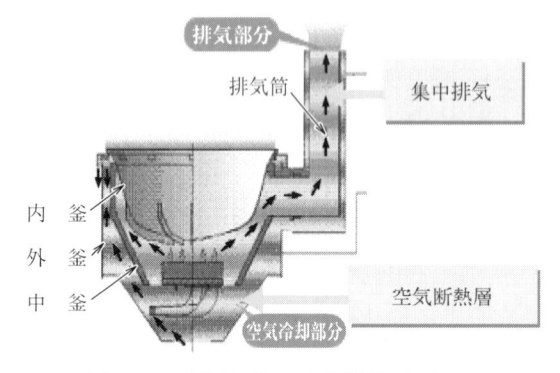

図 4.29 低輻射型ガス厨房機器（回転釜）

4.28 に置換換気方式の事例を示す。

・低輻射型ガス厨房機器　調理器具の輻射熱は厨房内を非常に暑くし調理環境を悪化させるが，近年，さまざまな低輻射型のガス厨房機器が商品化されている。これらの機器は，図 4.29 のように機器本体を 2 重構造にし，空気断熱層を設けて機器表面温度を低くすることで輻射熱の低減を図っている。回転釜の例では，表面温度が従来機器では 140℃ 程度であったが，低輻射型では 40〜50℃ まで下がったことで，温熱環境の大幅な改善が図られた。

4.4.2 ガス空調

〔1〕 吸収式冷凍機

1） 普及の背景　都市ガスの空調用熱源としての本格的な利用は，1968年にわが国において世界に先駆けて，2重効用（再生器が二つある）のガス吸収冷温水機（温水取出し機能もある吸収式冷凍機）が開発されたことに始まる。ガス吸収冷温水機の商用第1号機は1970年に東京の蔵前国技館に採用された。その後，オイルショックや大気汚染防止を目的とした SOx, NOx 排出量規制，オゾン層破壊防止を目的としたフロン規制といった社会環境の中で，吸収式ガス空調は天然ガスを熱源としたクリーンなノンフロン空調用熱源機として，業務用ビルにおいて普及が進んだ結果，全国の2006年度末における冷房容量は30 616 MW（870万 USRT，1 USRT＝3.516 kW）に達している（図 4.30）。

2） 吸収式冷凍機の原理　空調用の一般の吸収式冷凍機には冷媒として水，吸収溶液

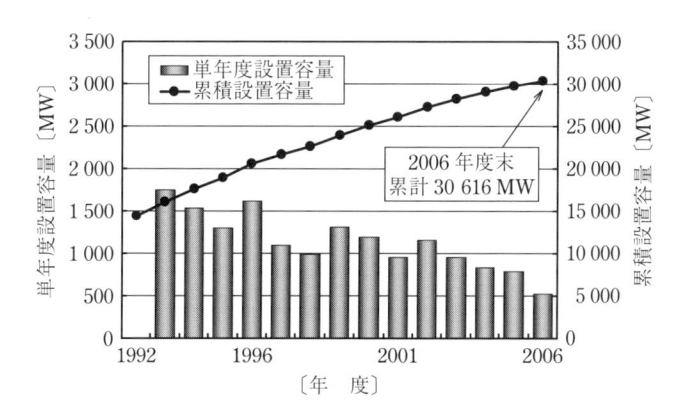

図 4.30　吸収式ガス空調の普及推移[1]

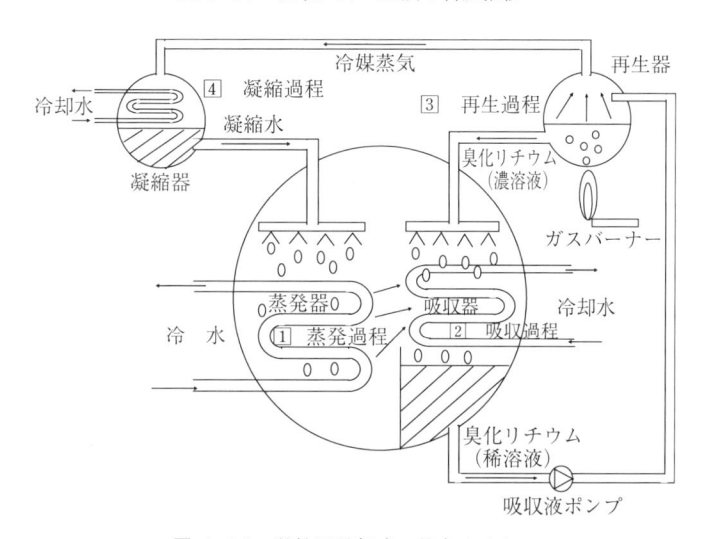

図 4.31　単効用吸収式の基本サイクル

として臭化リチウム（LiBr）水溶液を使用している。図 **4.31** に単効用吸収式の基本サイクルを示す。単効用吸収式は，蒸発器，吸収器，再生器，凝縮器から構成されており，まず，蒸発器において，真空化で冷媒が蒸発し，冷水から熱を奪うことで冷水を冷やす（1 蒸発過程）。蒸発した冷媒は，吸収器において吸収溶液に吸収されることで，蒸発器の真空は維持される（2 吸収過程）。冷媒の吸収により，濃度が薄くなった吸収溶液は，再生器において，ガスバーナーの加熱により，冷媒を蒸発させることで再び濃縮され，吸収器へ戻される（3 再生過程）。再生器で蒸発した冷媒蒸気は，凝縮器で冷却され凝縮し，再び蒸発器へ戻される（4 凝縮過程）。

3）吸収式冷凍機の種類　吸収式サイクルを利用したおもな熱源機の種類を表 **4.9** に示す。

表 **4.9** 吸収式サイクルを利用した熱源機の種類

名　称	サイクル	熱源の種類	用　途
吸収式冷凍機	単効用	蒸気（< 0.3 MPa）	冷　房
		温水（80〜95℃）	冷　房
	2重効用	蒸気（0.3〜0.9 MPa）	冷　房
吸収冷温水機	2重効用	都市ガスなど	冷暖房，給湯
	3重効用	都市ガスなど	冷暖房，給湯
吸収ヒートポンプ	第1種	都市ガスなど	暖房，給湯
	第2種	温水（80〜95℃）	工業用プロセス蒸気製造
アンモニア吸収冷凍機	単効用	蒸　気	工業用冷水，冷水ブライン製造

※　排熱利用型のものは，4.3.3 項の表 **4.10** に示す。

吸収式冷凍機としては，冷媒に水を，吸収溶液に臭化リチウム溶液を使用するタイプのもの以外にも冷媒にアンモニアを，吸収溶液に水を使用するものも商品化されている。吸収式は単なる空調用熱源機としてだけではなく，80℃から千数百℃までさまざまな温度レベルの熱源を冷熱製造に利用できる特長を活かして，工場の余剰熱やコージェネレーション排熱利用（4.3.3 項参照）などにも活用されている。また，吸収式サイクルをヒートポンプとして利用する吸収ヒートポンプは，河川水や下水処理水のような 10℃程度の熱源水から暖房・給湯用の温水を製造する未利用エネルギー活用にも利用されている。

4）吸収式冷凍機の高効率化　2重効用吸収式が開発されて以来，現在に至るまで技術開発による高効率化が推進されてきた。図 **4.32** にガス吸収冷温水機の冷房 COP（coefficient of performance）の変遷を示す。2002 年に商品化された高効率の 2 重効用機では高位発熱量基準（HHV：higher heating value）で COP は 1.35 まで向上しており，2重効用機初号機に比較して 45% の省エネ化が実現している。

さらに，2005 年には世界初の 3 重効用ガス吸収冷温水機が商品化されたことで，COP は

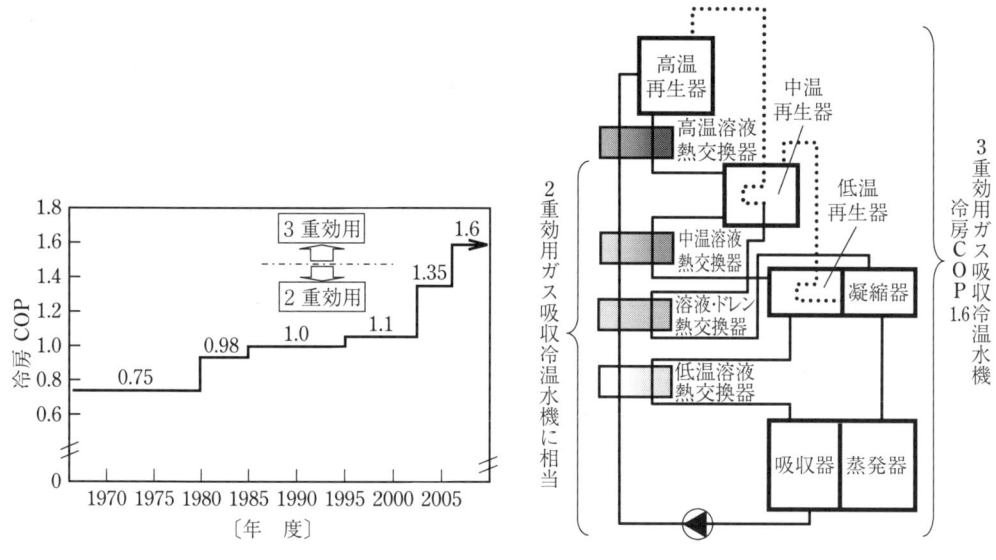

図 **4.32** ガス吸収冷温水機の高効率化の変遷

図 **4.33** 3重効用ガス吸収冷温水機の構成

1.6に達している。3重効用技術は，新エネルギー・産業技術総合開発機構（NEDO）からの委託を受けて，日本ガス協会と吸収式メーカーが2001年度から4年間の国家プロジェクトとして進めてきたものである。図 **4.33** に3重効用機の構成を示す。2重効用機が高温と低温の二つの再生器を持つのに対して，3重効用機は，さらに高温高圧の再生器が加わり，高温，中温，低温と合せて3個の再生器を有する構成となり，燃料エネルギーを3段階にカスケード利用することで高効率化を図っている。

〔**2**〕 **ガスヒートポンプ（GHP）**

1）普及の背景 従来の小規模業務用ビルにおいては，電気パッケージ空調が主流であったが，夏期の電力ピークの上昇を発端に，1979年に小型ガス空調機の開発が国の重要技術研究補助事業に指定され，その後の研究開発によって，1987年にGHPが商品化され

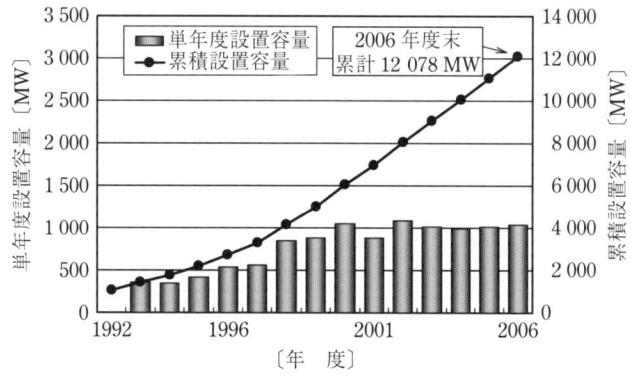

図 **4.34** GHPの普及推移

た。

　GHPは電動モーターの代りにガスエンジンで圧縮機を駆動するヒートポンプであるため，消費電力が非常に小さく，エンジン排熱の利用により，外気温度が低いときにも暖房能力が確保できるなどのメリットがある。また，1992年にはビル用マルチ型も商品化され，使い勝手の良い個別分散空調システムとして普及が進んだ（図4.34）。

　2）GHPの種類　　GHPの種類としては，**表4.10**に示すように建物に応じてさまざまなシステムが採用されているが，特に，大型ビルにおいて主流となっているのはビル用マルチ型である。このシステムでは，集中コントローラーやリモコンにより多数の室内機をきめ細かく個別制御することが可能であり，設計施工も容易である。

表4.10　GHPの種類

種類		システム構成	用途
パッケージ型	シングル	室外機1台 + 室内機1台	店舗，事務所の小部屋
	ツイン	室外機1台 + 室内機2台	変形スペースの効率的空調
	店舗用マルチ	室外機1台 + 室内機1～10台	店舗付住宅，医療，診療所など部屋数の多い建物
ビル用マルチ型		室外機1台 + 室内機1～32台	テナントビルなど

　また，近年，圧縮機を駆動するガスエンジンで同時に発電も行う「発電機付きGHP」，電算センター用の「高顕熱GHP」，高層ビルのベランダ設置が可能で，都市のヒートアイランドにも配慮した「水熱源GHP」（**図4.35**）といった高機能，高付加価値型のシステムも商品化されている。

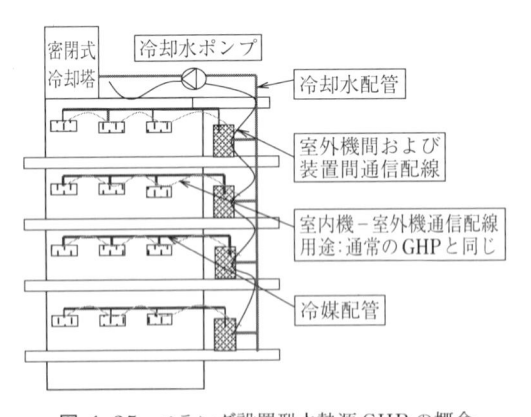

図4.35　ベランダ設置型水熱源GHPの概念

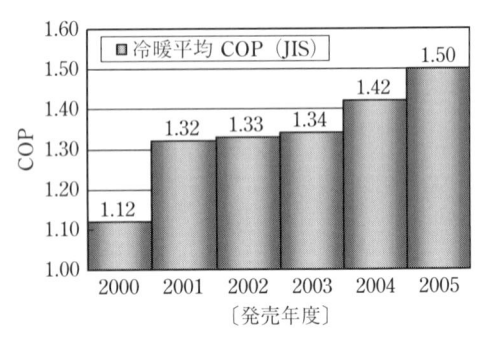

図4.36　GHPの高効率化の変遷（56 kWクラス）

　3）GHPの高効率化　　GHPについても，吸収式と同様に，高効率化が進められてきた。図4.36にJIS基準の冷暖平均COPの変遷を示す。ガスエンジン，圧縮機，熱交換器といった各部位をそれぞれ高性能化することにより，COPは1.5に達している。また，近

年，定格COPの向上のみならず，部分負荷における効率を向上させたモデルについても商品化されている。

4.4.3 ガスコージェネレーションシステム

〔1〕 概　　　要

ガスコージェネレーションシステムは，都市ガスを燃料にガスエンジン発電機やガスタービン発電機あるいは燃料電池によって電気を製造すると同時に，これら発電装置で発生する排熱を回収し，これを冷暖房や給湯などに利用することで，エネルギーの有効利用を図るシステムである。エネルギーを利用する建物内で直接発電することにより，熱も含めて，都市ガスの入力エネルギーの最大70～85％（LHV基準）のエネルギーを利用できることから，図4.37に示すように優れた省エネルギー性，環境保全性，経済性を持つとともに，商用電力との併用により電源の信頼性向上が図られる。また，ガス空調とともに，電力会社の発電設備の負荷平準化にも寄与している。このように，ガスコージェネレーションシステムは多くのメリットを有するシステムであることから導入が進んでいる。

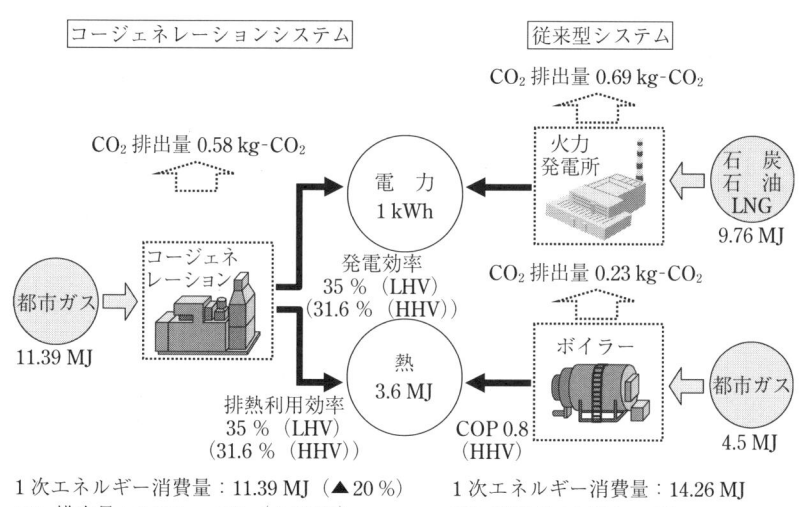

図4.37　ガスコージェネレーションの導入評価の1例

・ガスコージェネレーションの効率は1例
・都市ガスのCO_2排出係数：2.29 kg-CO_2/m^3_N（13A都市ガスの代表組成より）
・電力のCO_2排出係数：0.69 kg-CO_2/kWh（温室効果ガス排出削減における個別対策の評価として，火力発電のCO_2排出係数を使用：中央環境審議会地球環境部会 目標達成シナリオ小委員会中間とりまとめ（平成13年7月）より）
（参考：電力の1次エネルギー換算係数：9.76 MJ/kWh）

〔2〕 普及の背景

1981年，国立霞ヶ丘競技場の陸上競技場（通称：国立競技場）に第1号機が設置されて

以来，エネルギー問題や環境保全に対する社会の関心が高まる中で，省エネルギー性，環境性，経済性などのメリットを有するガスコージェネレーションシステムの導入ニーズが強まってきた．さらに，発電効率向上，排熱利用技術開発などの技術開発の進展と併せて，商用電力系統への連系方法や常用防災兼用に関する規制緩和，国の各種支援制度等普及環境の整備といった普及環境整備も随時行われてきたことで順調に稼動ストックが増加してきた（図4.16，図4.17）．

〔3〕 発電機の種類

ガスコージェネレーション用発電機にはガスエンジン，ガスタービン，燃料電池があるが，ここでは燃料電池について述べる（ガスエンジン，ガスタービンについては，4.2.4項参照）．

1）燃料電池の特徴 燃料電池は，水に電流を流して水素とO_2を発生させる電気分解の逆反応を利用し，都市ガスから作った水素と空気中のO_2から直流電流を取り出すものである．このため発電効率が高く，低振動・低騒音の発電機である．

表4.11 燃料電池の種類と特徴

種類	りん酸形 (PAFC)	固体高分子形 (PEFC)	溶融炭酸塩形 (MCFC)	固体電解質形 (SOFC)
電解質	りん酸水溶液	高分子膜	アルカリ金属炭酸塩	ジルコニア系セラミックス
作動温度	200 ℃	70〜90 ℃	600〜700 ℃	700〜1 000 ℃
発電効率	35〜45 %（LHV）	30〜40 %（LHV）	45〜55 %（LHV）	45〜55 %（LHV）
排熱温度	50〜90 ℃温水	60〜70 ℃温水	高温蒸気	高温蒸気
適用分野	業務用CGS 産業用CGS	住宅用CGS 移動用動力源 携帯用電源	産業用CGS 発電プラント	小型CGS 中規模発電プラント
開発段階	商用段階	実用化研究〜初期商用化段階	初期商用化段階	基礎研究〜実用化研究段階

※ CGS：コージェネレーションシステム

2）燃料電池の種類 燃料電池は，表4.11に示すように電解質や作動温度の異なるさまざまなタイプの研究開発が進められているが，りん酸形や家庭用の固体高分子形についてはすでに商品化されている．図4.38にりん酸形燃料電池の外観を示す．

図4.38 りん酸形燃料電池の外観

〔4〕 排熱利用機器の種類

排熱の暖房や給湯への利用は，プレート式の温水熱交換器や貯湯槽による熱交換によって行う．冷房利用は，排熱利用型の吸収冷凍機によっ

て行うが，これにはさまざまなタイプのものが開発されている。排熱利用型の吸収式冷凍機の種類と特徴を**表 4.12** に示す。

表 4.12 おもな排熱利用型吸収式冷凍機の種類

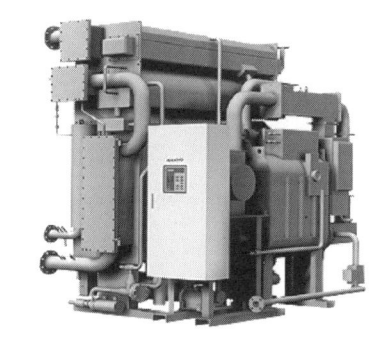

種類	温水吸収冷凍機	排熱投入型ガス吸収冷温水機	排ガス投入型ガス吸収冷温水機
利用排熱	80～90℃の温水	80～90℃の温水	排ガスおよび80～90℃の温水
排熱の冷房利用効率	排熱利用COP 0.6～0.8	排熱利用COP 0.7～0.9	排熱利用COP 1.0
排熱利用方法	1重効用吸収冷凍機の溶液再生に排温水を利用	2重効用ガス吸収冷温水機の溶液加熱に排温水を利用	2重効用ガス吸収冷温水機の溶液再生に排ガスを，溶液加熱に排温水を利用
排熱利用特性	定格負荷時の利用量が大きい	部分負荷においても安定した排熱利用量が確保できる	排ガス利用のため排熱利用効率が大きい

1） 温水吸収冷凍機　温水吸収冷凍機は，排熱温水を単効用吸収冷凍機（4.4.2項〔1〕参照）の熱源として利用するもので，排熱利用効率はやや低いものの，より多くの排熱を冷房利用できることで，排熱投入型ガス吸収冷温水機が開発されるまでは排熱利用型の吸収冷凍機の主流であった。

2） 排熱投入型ガス吸収冷温水機　排熱投入型ガス吸収冷温水機は，ビル空調に実績の多いガス吸収冷温水機に，排熱温水利用のための熱交換器および3方弁制御を内蔵させたものである。本機は温水吸収冷温水機と比較して，定格冷房能力当りの排熱利用量が小さいが，熱源機設置スペースが小さいことや設計・施工・運用が容易であることから，現在，排熱利用型の吸収冷凍機の主流となっている（**図 4.39**）。

図 4.39 排熱投入型ガス吸収冷温水機の概観

3） 排ガス投入型ガス吸収冷温水機　排ガス投入型ガス吸収冷温水機はガスエンジンの排ガスを直接熱源として利用するもので，併せて排熱温水も利用できる熱交換器を内蔵している。本機は高温の排ガスを利用できることから，排熱ボイラーが不要である上に，排熱利用効率も高い。近年，設計施工の簡易化を図るために，ガスエンジン発電機と一体化したシステムも商品化されている。

4） 新たな排熱利用用途　コージェネレーションの普及とともに，冷暖房や給湯以外への排熱の利用が模索されている。その一つに，スーパーの食品売り場や工場のクリーンルームなどで採用されるデシカント空調機にコージェネレーション排熱を利用する事例がある。**図 4.40** にコージェネレーション排熱を利用したデシカント空調機の構造概念図を示

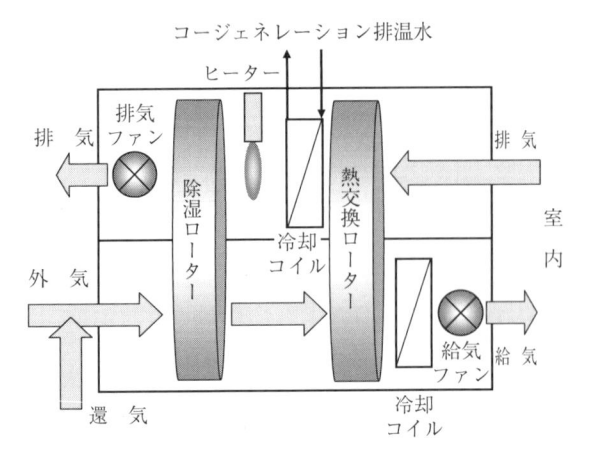

図4.40 コージェネレーション排熱を利用した
　　　　　デシカント空調機の構造概念図

す。デシカント空調とは，吸湿材を利用して空気中の湿気を取り除く空調であるが，除湿ローターの再生に排熱を利用することによりエネルギーを節約することができる。

また，工場などにおいては，ガスエンジンの温水排熱を第2種吸収ヒートポンプの熱源として利用し，プロセス蒸気を製造するシステムや，真空式の上水蒸留に利用し，純水を製造するといったシステムが開発されている。

4.4.4 地域冷暖房

〔1〕概　　　要

地域冷暖房システムとは，図4.41に示すように，1か所の熱供給プラントから複数の建物へ，冷暖房，給湯用の冷水，蒸気，温水などを地域配管を通じて供給するシステムである。地域冷暖房事業は熱供給事業法の適用を受ける公益事業で，指定エリア内の建物に対しての熱の安定供給が義務付けられている。

〔2〕普及の背景

わが国の地域冷暖房の歴史は，1970年に大阪で開催された日本万国博覧会の会場および隣接する千里ニュータウンで熱供給が開始されたことに始まった。その後，大都市圏でつぎつぎにプラントが開業し，2006年3月末現在では，154地点に達している。普及の背景としては，1970年代の高度成長期に深刻化した大気汚染問題やその後のオイルショックを契機として，行政により，地域冷暖房の普及促進政策が推進されたことが挙げられる。その結果，地域冷暖房の導入は進み，重油から天然ガスへの燃料転換や熱源の効率的運用もあって，大都市圏における大気汚染物質の削減において一定の役割を果たすものとなった。

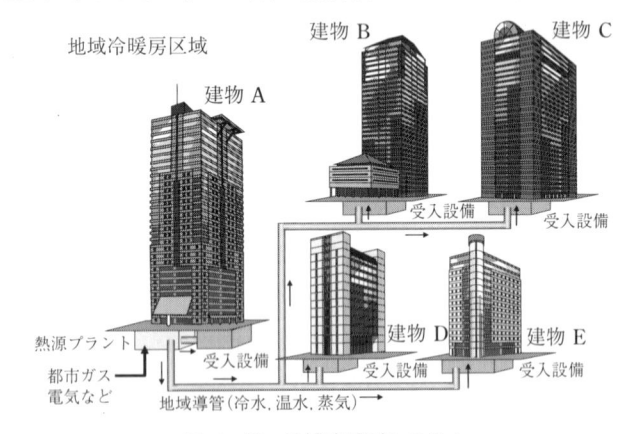

図4.41 地域冷暖房システム

〔3〕 地域冷暖房のメリット

　地域冷暖房を個別熱源方式と比較したメリットとしては，クリーンな天然ガス利用や熱源集中化による効率的運用による大気汚染防止，省エネルギーの促進のほか，都市景観の向上，都市基盤の充実といった側面もある。また，熱供給を受ける建物側では，熱源設備が不要になるため，設備管理の省力化やスペースの有効利用といった経済的なメリットや，安定した熱エネルギー供給を受けることができるといったメリットがある。

〔4〕 コージェネレーションを導入したシステム事例

　地域冷暖房においては，複数の建物群へ多量の熱供給を行うことから，地域冷暖房プラントを設置する建物内に大型のコージェネレーションを設置し，建物への電気供給を行うとともに，排熱を地域冷暖房の熱源として利用し，エリア全体で省エネルギーを図るシステムも有効である。このようなシステムの事例として，新宿新都心地区の地域冷暖房システムフローを図 4.42 に示す。

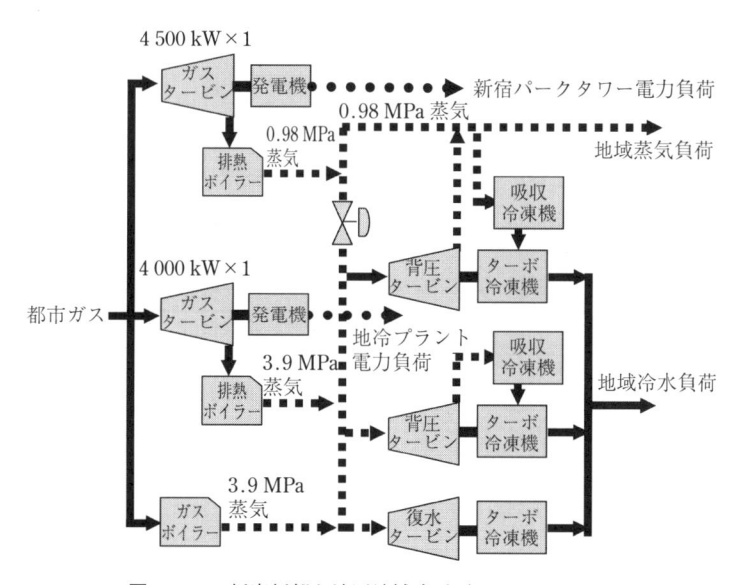

図 4.42 新宿新都心地区地域冷暖房システムフロー

　このほかにも，ごみ焼却場熱や海水，河川水といった未利用エネルギーを活用することで，省エネルギーを図っている事例もある。

4.4.5 特定電気事業

　天然ガスなどを利用した地域エネルギーシステムの新たな形態として，特定電気事業がある。特定電気事業とは，電力会社が広域の供給区域内で行う一般電気事業に対して，電力会社以外の事業者が特定の供給地点に発電所を設置し，自前の配電線により電気供給を行う事

業で，1995年12月の電気事業法改正によって創設された。特定電気事業は，**表4.13**に示すように，諏訪エネルギーサービスが1997年6月に事業許可を受けて開始して以来，2007年3月末現在で，6地点（発電容量約27万kW）が稼動している。

表4.13 特定電気事業

事業者	事業開始年	出力〔kW〕	燃料
諏訪エネルギーサービス	1997年	3 122	LPG
尼崎ユーティリティサービス	1998年	12 600	都市ガス
東日本旅客鉄道	2001年	198 400	灯油
六本木エネルギーサービス	2001年	38 660	都市ガス
住友共同電力	2003年	1 000	水力
JFEスチール	2004年	15 000	コークス炉排熱など

2001年に稼動した六本木ヒルズ地区（事業者：六本木エネルギーサービス）では，供給区域内に天然ガスコージェネレーションを用いた発電所を設置し，排熱を地域熱供給に利用することで，供給区域全体としての省エネルギー化を可能としている。

表4.14に，電力会社以外の事業者が自営線により行う電力供給方式の比較を示す。ほかの自家発自家消費電気供給方式では，電力会社からの電気を常時併用することができるが，特定電気事業では，事業者が当該供給区域内への電気供給義務を負い，電力会社からの電力供給は発電機の定期検査時などのバックアップ時に限られる点が特徴である。

表4.14 電力会社以外の事業者が自営線により行う電力供給方式の比較

特定電気事業	自家発自家消費		
	1建物内の電気供給	1構内の電気供給	共同受電による電気供給
特定の供給地点（建物）に対して，電力会社以外の事業者が，コージェネレーションを設置し，建物に直接電力を供給販売する事業。	建物所有者，あるいは建物入居者（テナント）と関係のない第3者がコージェネレーションを設置して電力を供給することが可能。	棚・塀などで区画されている1構内においては，第3者がコージェネレーションを設置して別の建物へ，電力を供給することが可能。	地域再開発，コンビナートなど地域的一体性が認められるエリアについては，第3者がコージェネレーションを設置して周辺建物へコージェネレーションにより電力供給することが可能。

4.5 家庭用分野

　都市ガスの原料は時代や地域によっても異なるが，家庭用における都市ガスの利用は明治にまで遡り，さまざまな機器が開発され生活を支えてきた。1970年代以降，熱量変更が始まる中，現在は，ほとんどの家庭の都市ガスが天然ガスを原料とし，これを燃料に家庭用ガス機器が使われている。ここでは，家庭用ガス機器の歴史を踏まえ，最近の家庭用分野における天然ガスの利用や安全対策などについて紹介する。

4.5.1 家庭用ガス機器の歴史
〔1〕 あかりから熱へ

　ガス事業は横浜で明治5年（1872年）に開始されたのが最初で，横浜の大江橋から馬車道，本町通りにかけて10数基のガス灯が点灯されるが，明治10年代になると街のあかりだったガス灯が室内でもガスランプとして用いられるようになり，家庭用ガス機器の歴史が幕を開ける。

　明治30年代前半になると，薪，炭，石炭などの価格が高騰したのをきっかけに，熱源としてのガス需要が開拓され，ガスは台所の煮焼にも使用されるようになる。明治末になると国産ガスストーブが登場し暖房器具としての普及が始まり，昭和に入ると効率を飛躍的に向上させたガス風呂も完成し，爆発的に普及した。また，戦後の混乱が落ち着くと，昭和32年（1957年）にはガス炊飯器が登場し，同じ頃，乾電池使用の自動点火装置を採用したガスコンロやガステーブルの普及も始まり，ガス機器が暮らしを彩るようになる。

〔2〕 お湯のある暮らしへ

　ガス湯沸器が普及するのは昭和30年代以降となる。小型軽量へとコンパクト化も進み，昭和30年代後半には短時間に湯を沸かし連続的に取り出すことのできる瞬間湯沸器が開発され，その後機種も豊富になり，バスタブにたっぷりのお湯，勢いのいいシャワー，洗面スペースやキッチンで使う清潔なお湯は，暮らしになくてはならないものになった。

　一方，住宅がコンクリート構造に変化し機密性が高まると，昭和40年（1965年）にバランス釜と呼ばれるBF式風呂釜が登場する。屋外から空気を取入れ排気も屋外へ排出する構造で，高い安全性から集合住宅のみならず一般住宅にも広く普及し，暖房機具にも採用された。昭和46年（1971年）には給排気を強制的に行うFF式という暖房機具も発売され普及した。また，風呂釜も昭和51年（1976年）には，1台でシャワーや給湯も賄え風呂の追焚も可能な屋外設置型給湯付風呂釜が開発され，安全で点火消火もリモコンで入浴しながらも可能になるなど，お湯まわりの利便性は大幅に向上した。

4.5.2 最近のおもな家庭用ガス機器

〔1〕 リビング・暖房関連

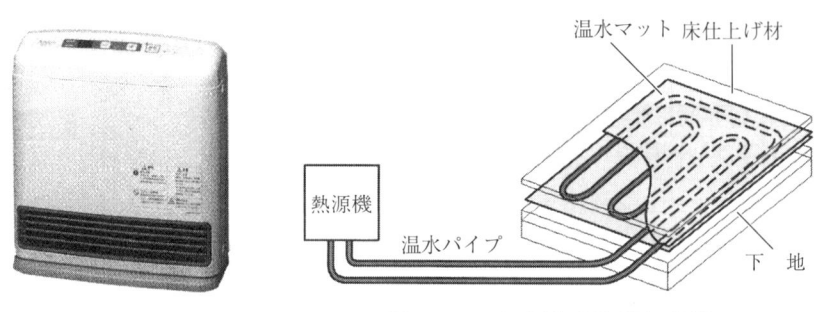

1） ガスファンヒーター　ガスファンヒーターは，温風が吹き出すまでスイッチを入れてからわずか5秒と素早い立上がりとパワフルな暖房能力が特長の暖房器具である（図4.43）。燃料補給の手間がなく，点火時や消火時のにおいも気にならない上，消し忘れタイマーや不完全燃焼防止装置，転倒時ガス遮断装置など安全機能も充実している。しかしFF式暖房機器ではないので，1時間に1～2回，1分程度を目安として換気扇を回すか窓を開けるなど十分な換気を行う必要がある。

図4.43 ガスファンヒーター

図4.44 ガス温水式床暖房の仕組み

2） ガス温水式床暖房　ガス熱源機で作った約60℃の温水を，床仕上げ材の下に敷設した温水マットに循環させて暖める（図4.44）。運転開始直後に約80℃の高温水を循環させ，その後60℃の温水に切り替えるため立上がりが早い。1990年前後から一般化しつつあったフローリングでは，温風暖房だとほこりが舞いやすく，床の表面が冷たく感じるという問題があり，これらを解決する暖房方式として，ガス温水式床暖房はフローリングとともに普及してきた。温水マットのサイズは各種あり，部屋の大きさや形状に合せられるとともに，施工も手軽で，床仕上げ材の種類も豊富である。温度ムラがなく，1台の熱源機で複数の部屋の床暖房が可能で，「柔らかい暖かさ」「頭寒足熱タイプ」「運転音のない静かさと安全性」などが好感され，新築の一戸建てやマンションで急激に広がっていった。

〔2〕 キッチン関連

キッチン関連で代表的な機器であるガスコンロには，システムキッチンなどに組み込むビルトインタイプとキャビネットなどの上に置くガステーブルタイプがある（図4.45）。ガスならではの強い炎を維持しながら安全性に万全の配慮し，天板をガラス製の平面にすることで清掃が簡単なガスコンロのシリーズも開発された。温度センサーが標準化され鍋底の温度を検知する「天ぷら油過熱防止機能」や「油温度調節機能」を有するとともに，消し忘れ防止機能，鍋なし検知機能などが開発され，両面焼グリルなども搭載されている。

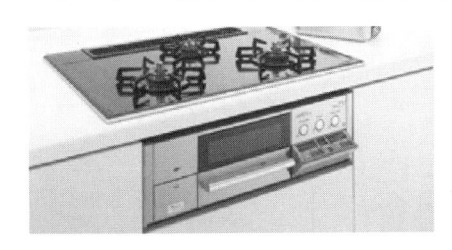

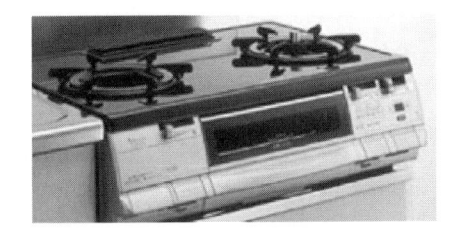

図 **4.45** ガスコンロ（左：ビルトインタイプ，右：ガステーブルタイプ）

〔**3**〕 **浴室・洗面関連**

1）高効率ガス給湯器「エコジョーズ」　エコジョーズは従来の給湯器では約80％が限界だった給湯熱効率を排気熱・潜熱回収システムにより約95％まで向上させた高効率なガス給湯器である（図 **4.46**）。水栓が開くとバーナーが着火し熱交換器を加熱して瞬間的にお湯を作る。水栓を閉じると自動的に消火する。瞬間式なのでコンパクトで，給湯だけでなく，追焚や暖房，ミストサウナができる給湯暖房熱源器もある。

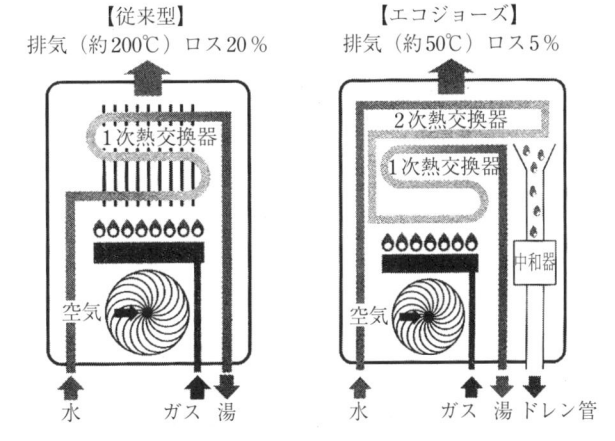

図 **4.46** 従来型給湯器とエコジョーズの違い

2）浴室暖房乾燥機とミストサウナ　浴室暖房乾燥機は熱源機で作られた温水を空気で熱し，浴室の天井などに設置した吹出し口から浴室に温風を送り込んで暖房や乾燥を行う。乾燥の場合，湿気を含んだ空気を排湿ファンで屋外に排出しながら運転する（図 **4.47**（*a*））。また，浴室暖房乾燥機は，暖房，乾燥（浴室乾燥，衣類乾燥），換気に加え，ミストサウナの機能を付加するシステムも開発された。ミストサウナは，内蔵されたノズルから約60℃に暖めた温水を細かな粒にして，温風とともに吹き出すものである（図 **4.47**（*b*））。高温で低湿度のドライサウナに対して，ミストサウナは低温・高湿度で息苦しくなく楽に入ることができ，霧や蒸気に全身が包まれるため肌や髪のダメージも少なく，うるおいが持続し発汗・保温・保湿・洗浄効果に加え心身ともにリラックスできると評価され，普及が進んでいる。

3）ガス衣類乾燥機　1984年には衣類乾燥機が市場に投入された。ガス衣類乾燥機の仕組みを図 **4.48** に示す。ドラム内に入れた洗濯物を回転させながら熱風に当てて乾かす。吸気口から取り入れた空気をバーナーで加熱し，ドラム前面から噴出し衣類に当てる。湿気を帯びた熱風は，ファンによって排気筒を通じて外部に排出される。戸外に通じる排気ダク

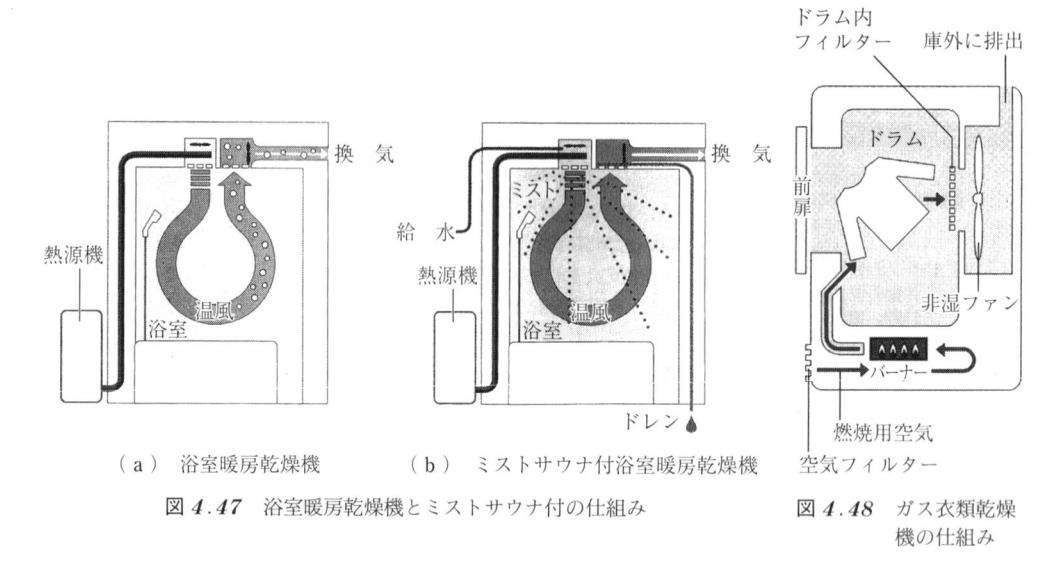

(a) 浴室暖房乾燥機　　(b) ミストサウナ付浴室暖房乾燥機

図 4.47　浴室暖房乾燥機とミストサウナ付の仕組み

図 4.48　ガス衣類乾燥機の仕組み

トが必要なため，設置場所に制約を受けるが，パワフルなガスの温風と効率的な電子制御で，乾燥時間が短いのが特長である。

4.5.3　家庭用コージェネレーション

〔1〕家庭用ガスエンジンシステム

家庭用のコージェネレーションシステムとしては，2003 年 3 月に初めて，小型のガスエンジン発電ユニットをベースとしたシステムがガス発電・給湯暖房システム「エコウィル（ECOWILL）」という名称で発売された（図 4.49）。燃料ガスは都市ガス 13 A 仕様をベースに，現在は 12 A や寒冷地仕様も対応可能となっている。

発電出力は 1 kW で，発電効率は当時 20 ％（LHV 基準）を実現したものであったが，現在は高効率化などの開発が進み 22.5 ％（LHV 基準）を達成する。エコウィルのおもな仕様を表 4.15 に示す。システムは，発電ユニットに加え，貯湯タンクと補助熱源機からなる排熱利用給湯暖房ユニットから構成され，電力需要のある時間帯に発電を行いながら排熱を貯湯タンクに溜め，熱需要のある時間帯に溜められたお湯を給湯や暖房に使うように設計されている。

運転は，部分負荷運転での発電効率のさらなる低下を避けるため定格運転とし，発電した電気が余ったときはヒーターに通電し給湯や暖房に使うお湯に変換している（図 4.50）。

燃料電池や数百 kW 以上のガスエンジンに比べ発電効率が低く，相対的な排熱回収量が多いため，省エネルギー性，経済性を高めるためには，導入対象のエネルギー需要，とくに給湯・暖房などの熱需要の大きいことが必要要件で，戸建てで比較的家族人数が多い住宅向

4.5 家庭用分野

表4.15 ガス発電・給湯暖房システム「エコウィル」のおもな仕様

ガスエンジン発電ユニット		排熱利用給湯暖房ユニット		
発電方式	4サイクル単気筒ガスエンジン	排熱利用	給湯,床暖房,浴室暖房乾燥など	
発電出力	1.0 kW	貯湯温度	約75℃	約70℃
排熱出力	2.8 kW			
電気方式	単相3線 100/200 V 50/60 Hz	タンク容量	137 L	150 L
		暖房能力	14 kW 高温(75℃)時	
効率 (LHV基準)	発電 22.5 % 排熱 63.0 % 総合 85.5 %	給湯能力	24号(貯湯あり時) 20号(補助熱源機単独運転時)	
最大ガス消費量	4.92 kW (4 230 kcal/h)	最大ガス消費量	43.6 kW	41.6 kW
寸法 〔mm〕	W 580 × D 380 × H 880	寸法 〔mm〕	W 700 × D 400 × H 1 700	W 700 × D 400 × H 1 850
質量 (運転時)	82 kg (約83 kg)	質量 (満水時)	約93 kg (約235 kg)	約101 kg (約256 kg)
騒音値	44 dB (A)	騒音値 (暖房単独時)	48 dB (A) (47 dB (A))	48 dB (A) (46 dB (A))
定期点検	6 000時間ごとまたは3年ごとに1回	リモコン	省エネルギーナビゲーション機能搭載	

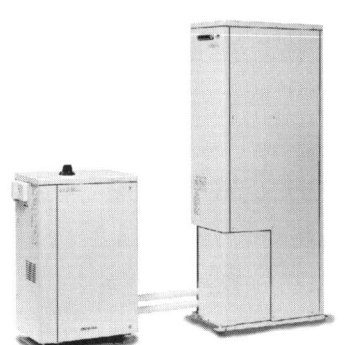

図4.49 ガス発電・給湯暖房システム「エコウィル」の概観

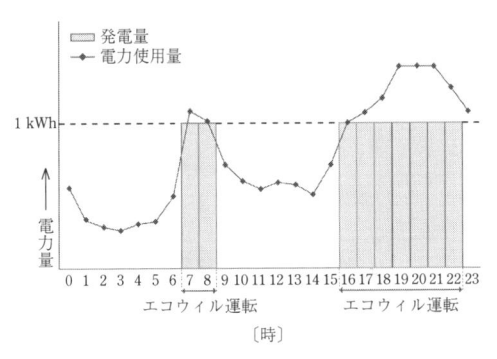

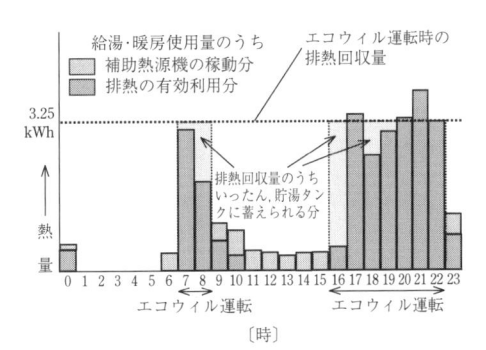

図4.50 ガス発電・給湯暖房システム(エコウィル)の稼動イメージ

けの機器と位置付けられている。また,貯湯タンクにより電気と熱の需要時間差をカバーするとともに,家庭ごとに異なるライフスタイルやエネルギー需要パターンに対して最適な運転制御を行うようにリモコンに学習機能や省エネルギーナビゲーション機能も搭載している。

また,自然エネルギーである太陽光発電を組み合せたシステム「ECOWILL×SOLAR」も開発されている(図4.51)。専用の分電盤を設置し,ガスエンジンや太陽光発電で発電

した電気を優先的に家庭内で使用するとともに，家庭内の電力使用量が発電電力を超えた場合に限り電力会社から電気を購入する。また，発電した電気が余った場合は，太陽光発電で発電した電気のみを売電させるなど，ベストミックスを図っている。

2006年度末にはLPG仕様も含めて全国で累積4万5千台にまで普及し，2007年度末には全国で累積8万台規模になる見込みである。

〔2〕 家庭用燃料電池システム

水素と酸素を反応させ電気と水を発生させる燃料電池は，小容量でも高い発電効率と環境性の良さなど優れた特性を有する（図 **4.52**）。1990年代後半から高分子膜技術の進展により，作動温度が低く，高い出力密度が期待される固体高分子形燃料電池（PEFC：polymer electrolyte fuel cell）が，自動車用エンジンの代替にはじまり定置用の家庭用コージェネレーションとして開発が急速に進み，2005年2月に，1 kWの家庭用燃料電池システムとして都市ガス事業者により受注が開始されるに至った（図 **4.53**）。

システムは，「燃料電池発電ユニット」と「貯湯ユニット」からなる。「燃料電池発電ユニット」は，都市ガスやLPGから水素を取り出すための燃料処理装置（改質器）と，その水素

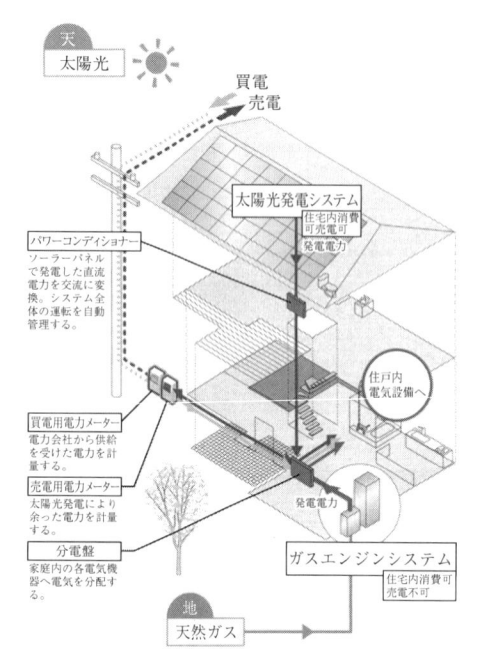

図 **4.51** 太陽光発電との組合せシステム

図 **4.52** 燃料電池の概観例

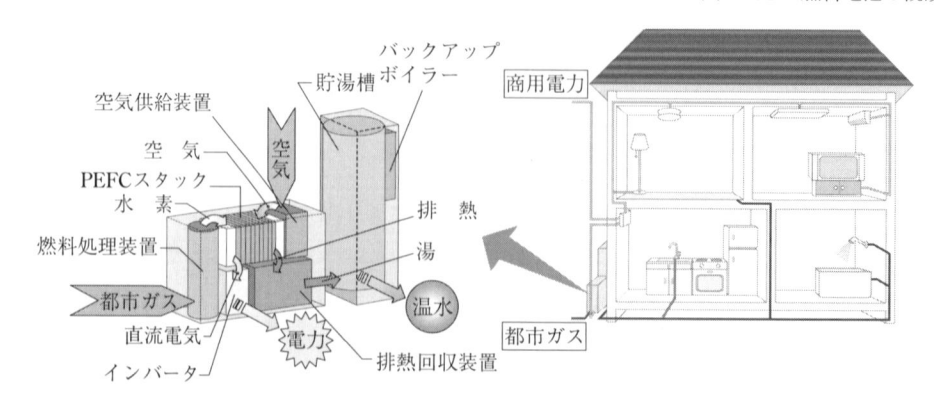

図 **4.53** 家庭用燃料電池システムのシステム構成

4.5 家庭用分野

から直流電力を発電する燃料電池本体（セルスタック），さらに直流電流を交流に変換するインバータ，燃料処理装置やセルスタックで発生する熱をお湯として回収する排熱回収装置から構成され，また「貯湯ユニット」は，回収されたお湯を溜める貯湯槽と温水の温度制御を行うバックアップボイラーから構成される．

　発電効率は約 37 %，排熱回収効率は約 45 %（LHV 基準）であり，きわめて高い発電効率により優れた省エネルギー性や環境性が期待されている．導入事業者によって，発電出力は 1 kW で需要に合せて起動・停止を行う仕様のものから，700 W や 750 W で連続運転に対応する仕様のものがある．将来的には自動車への搭載により量産効果が得られ，大幅なコストダウンが図られるものと期待されている．

　家庭用燃料電池システムの国内での開発は 1999 年から本格化し，フィールドテストを経て実用化段階に入ったが，自立した市場を形成するにはまだ機器コストの低減と耐久性のさらなる向上という課題が残されている．国は，家庭用分野の CO_2 削減を担う燃料電池の早期市場形成を助成するため，2005 年度より NEDO の助成金による「定置用燃料電池大規模実証事業」を開始し，都市ガス事業者や石油会社がそれぞれメーカーと組んで同実証事業を活用しながら市場導入を図っている．2007 年度までの大規模実証事業の実績を**表 4.16** と**図 4.54** に示す．

表 4.16 定置用燃料電池大規模実証事業内訳

事業者	燃料種	2005 年度	2006 年度	2007 年度	計
東京ガス	都市ガス	150	160	210	520
大阪ガス	都市ガス	63	80	81	224
東邦ガス	都市ガス	12	40	38	90
西部ガス	都市ガス	10	10	13	33
北海道ガス	都市ガス	−	10	10	20
日本瓦斯	都市ガス	−	3	3	6
日本瓦斯	LP ガス	−	7	7	14
新日本石油	LP ガス	134	226	250	610
新日本石油	灯油	−	75	146	221
出光興産	LP ガス	33	40	50	123
ジャパンエナジー	LP ガス	30	40	34	104
岩谷産業	LP ガス	10	34	29	73
コスモ石油	LP ガス	10	19	14	43
コスモ石油	灯油	−	−	5	5
太陽石油	LP ガス	8	13	18	39
九州石油	LP ガス	8	10	12	30
昭和シェル石油	LP ガス	6	10	10	26
レモンガス	LP ガス	6	−	−	6
		480	777	930	2 187

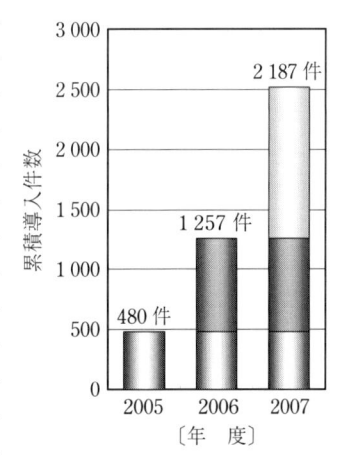

図 4.54 導入の取組み

一方，次世代のさらなる高効率な家庭用燃料電池システムとして，固体酸化物形燃料電池（SOFC：solid oxide fuel cell）の開発も進んでいる。SOFC は，数百 kW 規模を中心に開発が進められる中，1 000 ℃近い高温作動のため起動停止のヒートサイクルによる影響が避けられないなど，運転や耐久性に課題を有してきた。しかし，発電効率がきわめて高く排熱回収量が小さいなど，集合住宅を中心に大きな市場が期待できることから，近年家庭用規模の開発が加速している。

2005 年度には，住宅での実証評価でも定格発電効率 49 ％（AC 送電端効率，LHV 基準）の実績データが得られ，2006 年度には，セルの薄型化とセルスタックのコンパクト化，ユニットの構成の簡素化などで容積を減少させ，定格出力 700 W の都市型小規模住宅にも設置可能とした世界最小規模の家庭用固体酸化物形燃料電池コージェネレーションシステムも開発された。

さらに 2007 年度には，信頼性の向上，コストダウン，制御技術の高度化を図るため，（財）新エネルギー財団（NEF）が NEDO の助成を受けて実施する「固体酸化物形燃料電池実証研究（SOFC 実証研究）」が，2010 年度までの 4 年間にわたって計画され，初年度 29 台が交付を受け実証研究が開始された（図 4.55）。

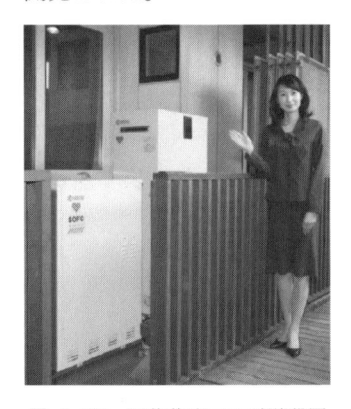

図 4.55 居住住宅での試験設置

〔3〕 集合住宅へのコージェネレーションの導入

集合住宅でのコージェネレーションについては，1 kW クラスの家庭用コージェネレーションの導入を考えた場合，一般的に住戸の床面積が戸建てより小さく暖房などエネルギー需要も小さいこと，さらに住戸ごとの設置スペースの問題により導入が難しいため，住棟単位のコージェネレーションとして数十～100 kW クラスのガスエンジンシステムの導入が検討され，近年広がりを見せつつある。

集合住宅には 1999 年に初めて 100 kW クラスのガスエンジンが，共用部の電力メーターの下流で系統連系され，発電電力も共用部のみで利用するシステムとして，高層マンションに導入された。排熱は給湯・暖房などのセントラル熱源システムで利用されている。しかし，市場も限定的でこのシステムでの普及展開には至らなかった。

集合住宅での普及展開を考えた場合，発電電力を専用部まで供給するには建物全体での一括受電が必須で，また住棟単位の導入で排熱利用が課題となる。近年，大阪地区を中心に一括受電の下，20 kW クラスのガスエンジンで専用部まで発電電力を送るとともに，排熱を冬期の上水予熱として利用するシステムが導入され出した。以後，セントラル給湯システムへの排熱利用や，共用部の温浴施設や中廊下の空調に排熱を利用するシステムも計画されて

いる。25 kW のガスエンジンはブラックアウトスタート仕様（停電時の自動起動）のものも開発され，停電時に共用部の電灯やポンプなどを動かす防災電源としての可能性も期待されている。

4.5.4 家庭用のガス機器の安全対策
〔1〕 おもなガス機器による安全対策

家庭用のガス機器では，機器ごとに立消えや不完全燃焼を防止する安全装置が施されるとともに，ガスメーターやガス栓でも大きな地震が発生した場合やガス漏れなどに対し自動遮断の機能を有し，2 重 3 重の安全対策が取られている（図 4.56）。

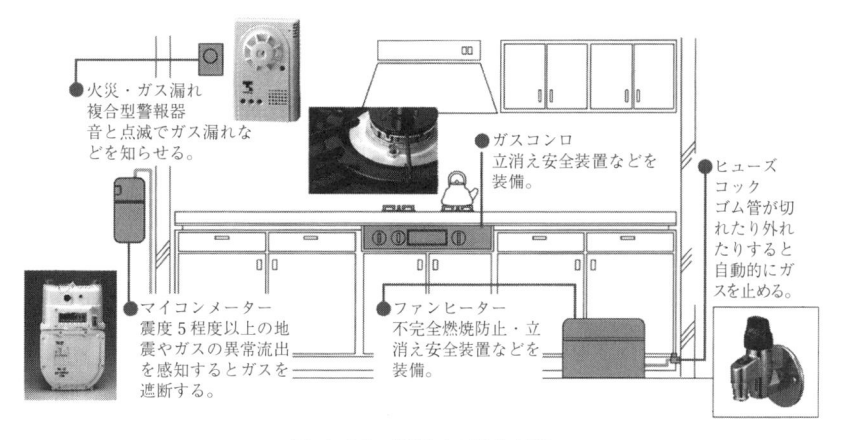

図 4.56 家庭での安全対策

1） マイコンメーター さまざまな保安機能を搭載したガスメーター，いわゆる「マイコンメーター」が開発され 1982 年に導入された（図 4.57）。マイコンメーターには，基本機能としては①ガスの使用状態を常時監視する②ガス栓を誤って開けたり，ゴム管がはずれたりして大量のガス漏れが生じたときに，ガス流量の異常を判断してガスを自動遮断する③ガス器具を消し忘れたときは，異常な長時間使用を判断してガスを自動遮断する④震

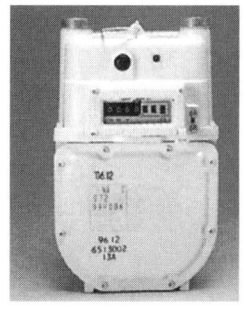

図 4.57 マイコンメーター　　図 4.58 ヒューズコック

度5以上の地震の際にはガスを自動遮断するなどの機能がある。1995年の阪神・淡路大震災においてもその有効性が高く評価され，1997年の法改正により使用最大流量が16 m³/h以下のガスメーターにはマイコンメーターの設置が義務付けられた。

2) ヒューズコック（ヒューズガス栓） 従来，ガス栓からのゴム管はずれ対策としてはバネカランが使用されていたが，1979年に発売されたヒューズコックは，コック側でゴム管がはずれた場合だけでなく，器具側ではずれた場合やゴム管が途中で切断した場合にも，ガスの流れを自動的に遮断する仕組みになっており，ヒューズコックと名付けられた（図4.58）。

ヒューズコックは，垂直円筒内に直径8 mm程度のナイロン球をはめ込んだ構造で，正常に器具が使用された場合はナイロン球は沈下しているが，ゴム管のはずれなどによりガスが大量に流れると，ガス圧によってナイロン球が浮上し，流路をふさいでガスの流れを遮断する仕組みであった。その後，ガス栓からのガス漏れを完全に防止することを目標として取付け場所やガス器具に合せて豊富な種類のヒューズコックが開発され，すべてのガス栓をヒューズコックに変更し，その普及に取り組んだ。

3) ガス漏れ警報器 1980年，都市ガス警報器が開発され，需要家の安全を目指して販売やリースなどでその普及が図られてきた。壁掛けタイプに加え天井付タイプもあり，ガス漏れに加え火災や不完全燃焼を警報する複合型警報器も開発されている。不完全燃焼の警報については，発生する一酸化炭素の濃度が100～160 ppm以上になると，警報器に組み込まれているセンサーが感知し警報を発する仕組みである。

〔2〕 都市ガス事業における地震対策

1) ガス導管の設備対策 高圧導管や中圧導管には，強度や柔軟性に優れ，大きな地盤変動にも耐える溶接接合鋼管の導入を，使用しているガス導管延長の約90％を占める低圧導管には，阪神・淡路大震災でも被害が少なく，地盤変動の影響を吸収し地震に強いポリエチレン管（PE管）の導入を促進している。

2) 緊急対策 大きな地震が発生した場合は，2次災害の防止を前提にガス設備に被害があった地域へのガス供給を停止する必要がある。その際，ガスの供給停止地域を極小化するため，供給エリアの中圧・低圧導管網を複数のブロックに分け，被害が大きい地域を切り離すことができるようにしている。供給停止方法には，対象ブロック内の整圧器（ガバナー）の遮断による方法，中圧導管に設置しているバルブを閉止する方法，製造所やガスホルダーでガス送出を遮断する方法などがある。これらにより，ブロックごとの状況を判断して，ガス供給を停止することができる。

3) 復旧体制 大規模な災害発生によりガスの供給を停止する場合などには，全国のガス事業者間で地震災害復旧に対する要員や資機材を相互に協力し，ガス業界を挙げて救

援する体制が確立されている。

4.6 運輸用分野 ―天然ガス自動車などの取組み―

4.6.1 天然ガス自動車
〔1〕概　　要

　天然ガス自動車の普及は，1987年ごろから，大手ガス会社による改造車の試験導入から始まった。その後，低公害性および石油代替の観点から一般市場への大幅な台数増加が見込まれることから，天然ガス自動車の安全・公害に関する技術基準の整備のための大臣認定制度による走行試験が1991～1996年にかけて行われた。この試験では約500台の走行や排ガスに関するデータを収集し，この結果を踏まえて道路運送車両の保安基準の改正や関係通達の整備が行われ，1996年12月より一般販売が開始された。

　天然ガス自動車は，環境保全や，石油依存度低減を背景とし，基幹エネルギーである天然ガスの利用の多角化，新用途開発の一環として普及が進められてきたが，最近では原油価格高騰に伴う運輸燃料価格の高止まりにより，自動車用燃料としての価格競合力が高まっていることもあり，導入台数は約34 200台，天然ガススタンドは327か所となっている（2008

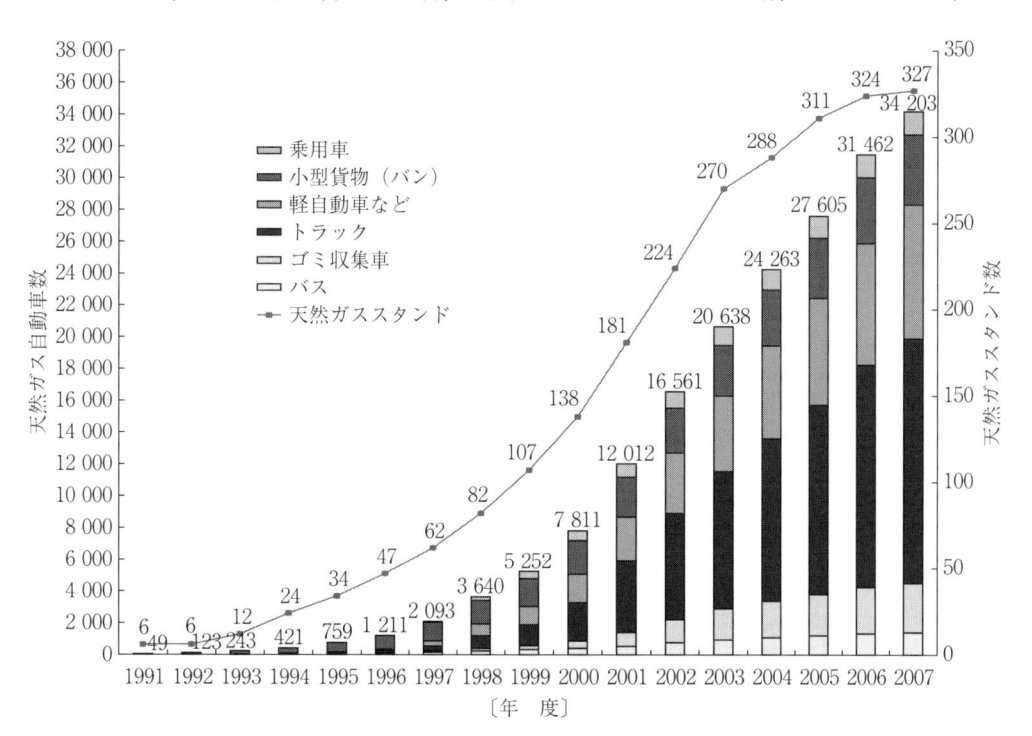

図4.59　天然ガス自動車と天然ガススタンドの普及推移（2008年3月末）

年3月末）（図**4.59**）。

全世界では，アルゼンチン，ブラジル，パキスタン，イタリア，アメリカ，ロシアなど自国で天然ガスを産出する国を中心に，600万台以上が走行している。

〔**2**〕 **輸送用燃料としての天然ガスの特徴**

メタンを主成分とする天然ガスは，表**4.17**に示すようにガソリンより自然発火しにくくオクタン価が高いためアンチノック性に優れており，エンジンの圧縮比を高くして燃焼効率を高めることが可能である。また，対空気比重がほかの燃料より小さいことや，可燃範囲の下限値が大きいことから燃料自

表**4.17** 各種燃料の性状比較

項 目	メタン	プロパン	ガソリン	軽 油
比重（空気＝1，15℃）	0.555	1.548	3.4	＞4.0
自然発火温度〔℃〕	540	457	228	260

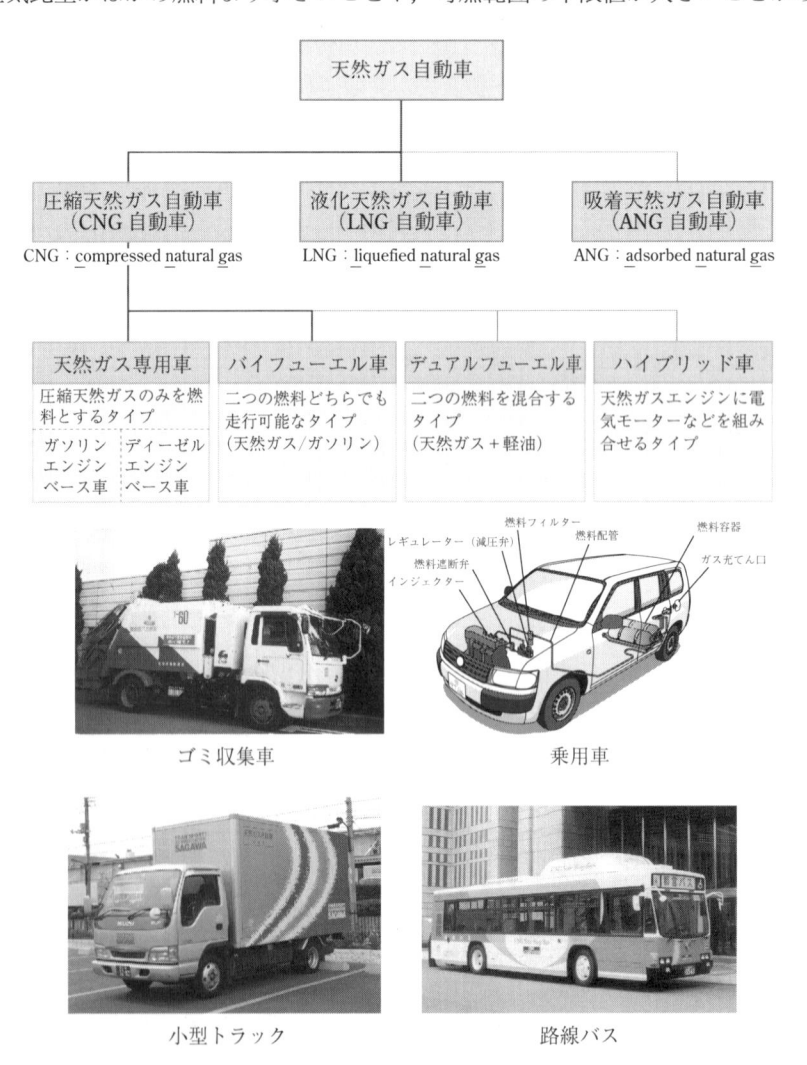

図**4.60** 天然ガス自動車の種類

体の安全性も高い。

〔3〕 天然ガス自動車の種類と特徴

1） 種　　類　　天然ガス自動車（NGV：natural gas vehicle）は，燃料の使用形態によって図 **4.60** のように分類される。圧縮天然ガス自動車（CNG 自動車）では，天然ガスのみを使用する専用車，ガソリンなどとの切替えで走行するバイフューエル車などがある。わが国で走行している天然ガス自動車の大部分は天然ガス専用車であるが，近年は航続距離が長く利便性を向上させたバイフューエル車も導入されつつある。

車種は，軽自動車から小型バンや乗用車，トラック（2〜4トンクラスが中心），およびゴミ収集車や大型路線バス，フォークリフトなど，幅広い用途，分野に導入されている。

2） CNG 自動車の構造　　CNG 自動車のエンジン構造は，基本的にはガソリンエンジンと同じオットーサイクル火花点火システムである。天然ガスのセタン価（ディーゼルサイクルにおけるアンチノック性）が低いため圧縮自己着火のディーゼルエンジンには使用が難しいことから，バス・トラックなどの大型エンジンもガソリンエンジンと同様なオットーサイクル火花点火システムに変更している。

燃料供給システムは，初期は「ミキサー方式」が主流であったが，最近ではよりエンジン性能，燃費などを向上させた「MPI（マルチポイントインジェクション）方式」が主流である。

また，搭載されるガス容器は重量が重く課題が残されているが，近年ではより軽量を図ったガス容器が普及している。代表的なガス容器の例を表 **4.18** に示す。

表 **4.18**　ガス容器の種類

項　目	継ぎ目なし容器	金属ライナー複合容器	樹脂ライナー複合容器
一般呼称	スチール容器	FRP 容器	オールコンポジット容器
材質・構造	クロム・モリブデン鋼	アルミライナーのガラス繊維補強	プラスチックライナーのカーボン繊維補強
重量比	1	0.4〜0.5	0.3〜0.4

3） 排ガス性能　　CNG 自動車は，その燃料の特性から CO_2 の排出量をガソリンより2〜3割低減できる。また，NOx などの排ガス規制物質も大幅に低減でき，黒煙，PM（粒子状物質）もほとんど排出しない低公害車である。

CNG 小型トラックの例では，世界で最も厳しい水準とさ

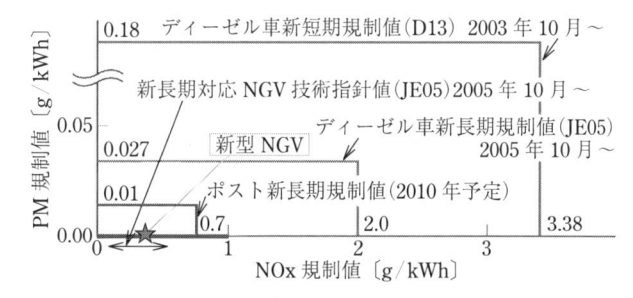

図 **4.61**　小型トラックの排ガス規制値

れるディーゼル車に対する「平成17年排出ガス規制（新長期規制）」からNOxを85％低減，さらに厳しい2010年導入予定の「ポスト新長期規制」も充分クリアする低公害性を有している（図**4.61**）。

〔**4**〕 **圧縮天然ガス充てん設備**

CNG自動車へガスを充てんするおもな設備に，急速充てん設備と小型充てん機（昇圧供給装置）がある。国内では急速充てん設備が主流となっているが，アメリカやカナダなど欧米諸国では，小型充てん機も数千台規模で普及している。

1） **急速充てん設備** CNG自動車へのガス充てんを，ガソリンスタンドと同様に1台当り数分間で行うことのできる充てん設備で，エコ・ステーションや，事業所専用スタンドなどに適している。おもな設備は圧縮機，蓄ガス器，ディスペンサーで，図**4.62**に機器構成例を示す。

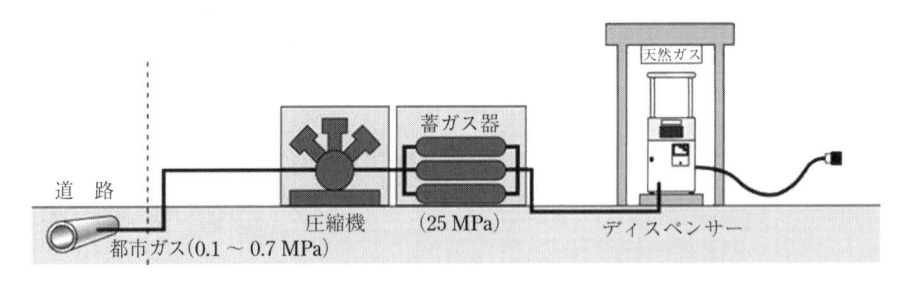

図**4.62** 急速充てん設備（天然ガススタンド）の機器構成例

2） **パッケージ型急速充てん設備** 図**4.63**に示すパッケージ型急速充てん設備は，これまでの急速充てん設備に比べ以下の特徴がある。

・主要構成部品（圧縮機，ディスペンサーなど）を工場で組み立て，ほぼ一体型として出荷するため，据付，配管・配線などの現地工事を大幅に簡略化
・機器設置スペースの縮小化
・機器一体化，工事簡略化によるコストダウン

図**4.63** パッケージ型急速充てん設備

このような特徴から，工場内のフォークリフトや市場内ターレット車から小型トラックや中小型バスまで広範なニーズにも対応できる。

〔**5**〕 **天然ガス自動車の普及に向けて**

天然ガス自動車の普及に向けた関係者の努力により，現在までに以下の成果があった。

・天然ガススタンドの着実な整備
・天然ガス自動車の安全性，実用性の実証と車種バリエーションの拡充

- 高圧ガス保安法，ガス事業法，消防法改正や規制緩和による普及基盤の整備
- 普及初期段階における各種補助，助成策の充実
- 社会的認知度の大幅な向上と自治体・企業における導入意識の高まりなど

これらにより今後は，現在取り組んでいる以下の課題を解決することにより，一層の普及が期待される。

- さらなる技術開発の推進により，車両および充てん設備のコストダウンの推進と，利便性，性能の向上
- 法制度のより一層の整備による車両の運用および充てん所の設置，運用の合理化，効率化
- 普及段階における恒久的な税制優遇や補助，助成策による総合的普及条件の整備
- 天然ガス自動車の車種，販売整備体制の一層の充実
- 運送業界をはじめとする各業界への導入促進
- 天然ガススタンドなど燃料供給インフラの一層の整備

4.6.2 燃料電池自動車

〔1〕 概　　　　要

地球温暖化への対応が喫緊の課題となる中，水素エネルギーは水しか排出しない利点から地球に優しいエネルギーとして期待されている。また，水素エネルギーを，高効率にエネルギー変換可能な燃料電池と組み合せたシステムが注目されており，その代表例が燃料電池自動車である。一方，燃料電池自動車の燃料となる水素の製造・供給方法には，天然ガスから改質して水素を作り出す方式があり，国内の水素ステーション（図4.64）に採用されている。

燃料電池自動車は，国の位置付けも高く，経済産業省の事業であるJHFC[†]において燃料電池自動車と水素ステーションの実証試験が進められている。

図4.64　水素ステーションと燃料電池自動車

[†] JHFC：経済産業省が実施する「水素・燃料電池実証プロジェクト」の通称。JHFCでは燃料電池自動車と水素ステーションに関する省エネルギー効果，環境負荷低減効果（燃費）の定量的評価，実使用下における課題の明確化，社会的認知度向上などを目的に，2002年度からスタートしている。2005年度までの第1期にて，燃料電池自動車や水素ステーションの実証試験が行われ，燃料電池自動車の燃費や水素ステーションの水素製造効率，それら実証データを用いての総合効率を明らかにするという成果を挙げている。2006年度から第2期がスタートし，5年間の計画で進められている。

〔2〕 燃料電池自動車の特徴・種類

1）燃料電池（固体高分子形）の原理　燃料電池は，「水の電気分解」と逆反応であり，水素と O_2 を電解質（高分子膜など）を介して化学反応させて電気を取り出す装置である。水素は，燃料極で電子を放出して水素イオンになり電解質を通り空気極に達する。一方，燃料極で放出された電子は外部回路を経由して空気極に至り，水素イオンと O_2 の反応に使われ水を生成する。この電子の移動により「電気」が発生する（図 4.65）。水素は，天然ガスなどから改質反応によって作りだされ，O_2 は空気中から取り込まれる。

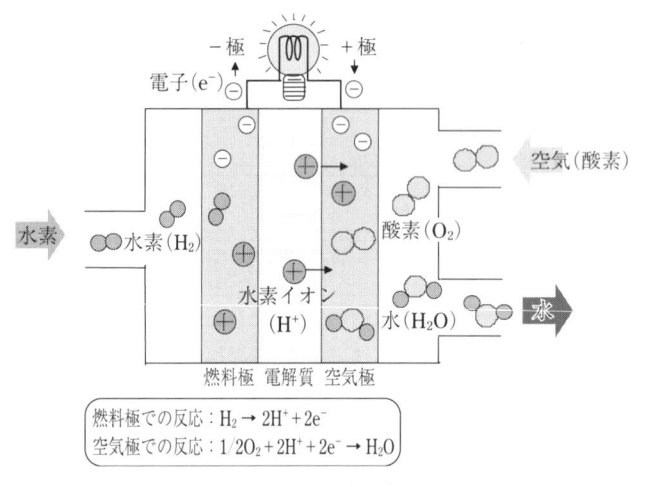

燃料極での反応：$H_2 \rightarrow 2H^+ + 2e^-$
空気極での反応：$1/2 O_2 + 2H^+ + 2e^- \rightarrow H_2O$

図 4.65　燃料電池の発電原理

燃料電池は，内燃機関発電と比べ，エネルギー変換過程が少ないため発電効率が高い。また，燃焼を伴わないため，NOx の発生が少なく，SOx が発生しないなどクリーンである。さらに回転運動を伴わないため，低騒音・低振動である。

実際には，図 4.66 のように発電の最小単位である単セル（約 0.7 V）を，必要な電気出力を得るため直列に積層する構造としており，これをセルスタックと呼ぶ。このセルスタックが普通車のエンジンに相当するものであり，燃料電池自動車の駆動力の心臓部となる。

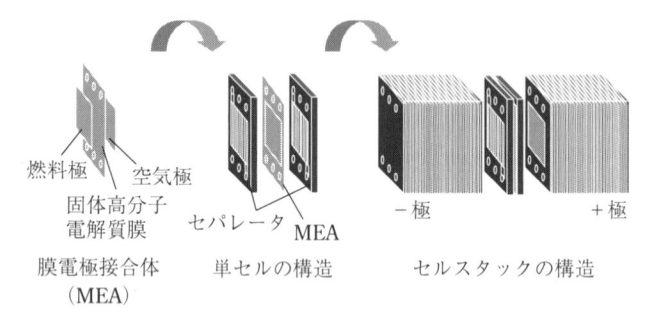

図 4.66　単セルとセルスタックの構造

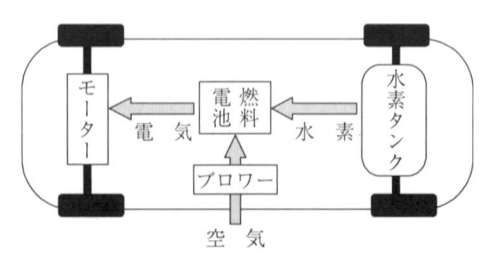

2）燃料電池自動車の構造　燃料電池自動車は，燃料となる水素を高圧で貯蔵する水素タンク，水素と空気（O_2）から電気エネルギーを発生させる燃料電池セルスタック，電気を軸動力に変換するモーター，燃料電池に空気（O_2）を供給するブロワーなど

図 4.67　燃料電池自動車の構造

から構成されている（図 **4.67**）。

また，バッテリーが搭載されたハイブリッド型の燃料電池自動車が開発されており，より高効率での走行を実現している。

3） 燃料電池自動車の種類　JHFC には，国内外のメーカーが参画しており，国内ではトヨタ，日産，ホンダ，スズキが，海外ではメルセデス・ベンツ，GM が乗用車タイプの燃料電池自動車を投入し，実証試験を進めている。なお，マツダと BMW は，ガソリンとの切替えが可能な水素エンジン自動車を開発し，JHFC に参画している（図 **4.68**）。

トヨタ　FCHV　　　　日産　X-TRAIL FCV　　　　ホンダ　FCX

スズキ　MRwagon-FCV　　メルセデス・ベンツ　A-Class F-Cell　　GM　HydroGen3

マツダ　RX-8 Hydrogen RE　　BMW　Hydrogen7　　トヨタ・日野　FCHV-BUS

図 **4.68**　JHFC に参画する燃料電池自動車および水素エンジン自動車（2007年11月現在）

また，トヨタ・日野は，燃料電池バスを開発し，中部国際空港周辺にて燃料電池バス 3 台の実証試験を行っている。

〔**3**〕 **水素ステーションについて**

1） 水素供給方式　水素ステーションは，燃料電池自動車などに対し水素供給する設備である。また，将来的には水素ステーション周辺地域への水素供給も考えられ，地域の水素供給拠点となる。

燃料電池自動車への水素供給方式として，ガソリンなど液体燃料を積んで車上改質し水素を作り出す方式もあるが，改質の難しさなどがあり，純水素を自動車に直接供給する方式が主流となっている。

さらに水素ステーションにおける水素調達方法は，オンサイト型とオフサイト型に分かれる。オンサイト型は，水素ステーションにおいて天然ガスなどの化石燃料を改質して水素製造・精製するものである。一方，オフサイト型は，製鉄所やソーダ工場などで発生する副生水素を精製して，トレーラーなどで水素ステーションに運び込む方式である。

2) 天然ガスからの水素製造 水素ステーションでのオンサイト水素製造は，天然ガスなどから改質反応により水素を取り出す方式がある。実際には①改質②CO変成③精製の工程を経て純度99.99％以上の水素を生成する。それぞれの工程について以下に述べる。

① 改 質 天然ガスからの改質方法は，表 **4.19** のとおり。

表 **4.19** 天然ガス改質方法

改質方式	反応式	特 徴
水蒸気改質	$CH_4 + H_2O \rightarrow CO + 3H_2$ ：吸熱反応	高効率。吸熱反応のため外燃式。起動に時間を要する。
部分酸化	$CH_4 + 1/2 O_2 \rightarrow CO + 2H_2$ ：発熱反応	内燃式で，起動性良い。効率は水蒸気改質に比べ低い。
オートサーマル	$CH_4 + X(1/2 O_2) + (1-X)H_2O \rightarrow CO + (3-X)H_2$	水蒸気改質と部分酸化の中間的方式。

② CO変成 改質反応後の改質ガス中には少量のCOが含まれるため，CO変成反応（$CO + H_2O \rightarrow CO_2 + H_2$）により，さらに水素リッチな組成とする。

③ 水素精製 水素リッチな改質ガスから99.99％以上の純水素を取り出す方法としては，PSA方式，膜分離方式などがある。

3) 天然ガス水素ステーションの構成 水素ステーションの基本構成は，図 **4.69** のとおりである。水素製造装置で作られた純水素を圧縮機により最高40 MPa で蓄ガス器に貯蔵する。ディスペンサーでは，燃料電池自動車にホースを接続し，車載タンク圧力が最高35 MPa になるまで水素供給し，同時に水素供給量の計測を行う。

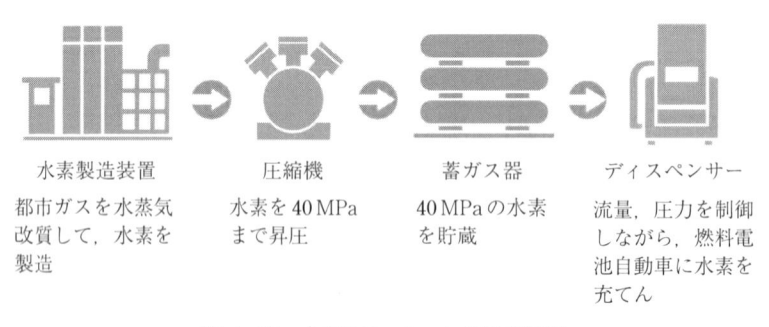

図 **4.69** 水素ステーションの基本構成

〔4〕実用化に向けた課題

燃料電池自動車は，1990年代に登場してから，世界的な開発競争の中で，走行性能，居住性など大幅な進展を遂げてきている。国内でも，国の支援のもとJHFCなど実証試験が進められ，着実に実用化に近付いている。しかし，実用化にはガソリン車並の走行距離の達成，コスト低減など課題が残されており，これをクリアする必要がある。また，インフラで

ある水素ステーションについては，建設・運用コストの低減，設備の高効率化，安全性・耐久性の検証など課題を解決していかなくてはならない。

今後，国の支援のもと燃料電池自動車と水素ステーションが相まって課題を解決しつつ，導入環境を整備していく必要があると考える。

〔引用・参考文献〕

1) 環境再成保全機構ホームページ：http://www.erca.go.jp/taiki/siryou/pdf/W_F_008.pdf （2008年8月20日現在）
2) 日本自動車研究所，エンジニアリング振興協会：第1期JHFCプロジェクト通期報告書（2006）
3) 日本自動車研究所：平成18年度燃料電池自動車に関する調査報告報告書（2007）

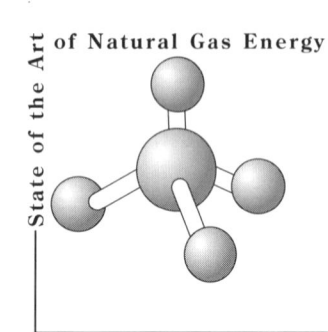

5 天然ガスの転換とその利用

5.1 転換技術の概要

　天然ガスとは，地中に存在するガス体の総称であり，通常は炭化水素を主体とする可燃性ガスを指す。産地により成分や組成は異なるが，主成分はメタン（CH_4）であり，$C_2 \sim C_4$のガス状低級パラフィンや，$C_5 \sim C_7$を中心とする液状炭化水素（コンデンセート）を含むものもある。炭化水素以外にはCO_2やN_2，ヘリウム，H_2Sなどが含まれる。天然ガスの主たる利用法は燃焼であるが，このような成分を有する天然ガスから，有用物質を得るさまざまな転換技術がある。本章では，主成分であるメタンを出発原料とする転換技術を紹介し，解説を加える。

　天然ガス（メタン）を別の物質に転換して有効利用する方法には，液体燃料や水素などに転換して輸送用燃料や発電燃料としてのエネルギー源に用いる方法，化学原料に転換して用いる方法，機能性材料に転換する方法などがある。メタンを原料とする各種製品の製造ルートに注目すると，図 5.1 に示すように，メタンをまず一酸化炭素と水素の混合ガスである合成ガスに改質し，これを原料としてさまざまな製品を製造する合成ガス経由技術と，メタ

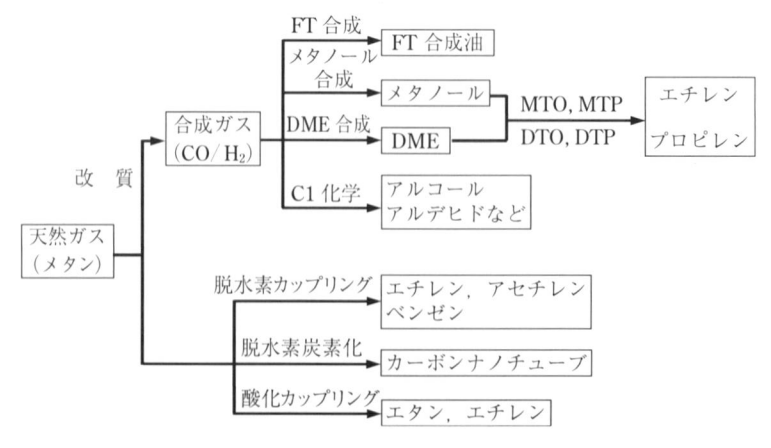

図 5.1　天然ガスの転換利用技術

ンから1段で目的生成物を得る直接転換技術に大別される。

5.2節では，合成ガスを経由する技術について述べる。まず，メタンから合成ガスを製造するリフォーミング（改質）技術について，各種プロセスの反応原理やプロセスフローなどを解説する。つぎに，合成ガスから各種製品を生み出す技術の中で，工業的に重要なプロセスについて説明する。すなわち，クリーンなディーゼル燃料油を製造するFT（Fischer Tropsch）合成技術，燃料や化学原料として重要なメタノール（CH_3OH）やジメチルエーテル（DME：CH_3OCH_3）の製造技術と，これらをさらにプラスチックや繊維の原料となるオレフィンに転換する技術である。また，合成ガス中の水素あるいは一酸化炭素を利用するアンモニアや尿素の製造技術や，燃料電池に用いる水素の製造，およびその他合成ガスを出発物質とするC1化学（炭素一つの化合物から種々の有用物質を合成する化学）についても概説する。

5.3節では，直接転換技術を紹介する。全体としては合成ガス経由の技術に比べ，実用化へのハードルは高いものの，近年有望視されているいくつかの技術について取り挙げる。メタンを脱水素してC–C結合を形成し，C_2以上の炭化水素を合成する脱水素カップリング技術，人工ダイヤモンドを得る炭素化技術，また，酸化的に脱水素してC_2以上の炭化水素を合成する酸化カップリング技術（oxidative coupling of methane，OCM）技術などについて述べる。また有用な含酸素中間体を直接合成する反応を取り挙げる。

以上の転換技術の紹介と関連して，5.4節では，21世紀のクリーンエネルギー物質として近年最も注目を集めているDMEの利用技術を取り挙げる。利用技術の概要と個々の利用法について概説する。最後に5.5節では，現在進行中の天然ガス転換技術を利用した商業プロジェクトを取り挙げ，現状とこれからの展開を紹介する。天然ガス改質とFT合成を組み合せたGTL（gas to liquid）技術のプロジェクト，メタノール合成プロジェクト，DME製造プロジェクト，およびアンモニア・尿素製造のプロジェクトについてである。

5.2 合成ガス経由技術

5.2.1 合成ガス製造技術
〔1〕はじめに

「合成ガス」とは各種の炭化水素を原料として製造される水素（H_2）および一酸化炭素（CO）を主成分とし，残りの成分としてCO_2やメタンを含有するガスで，アンモニア合成，メタノール合成，オキソ合成，あるいは水素製造などに用いられる原料ガスの総称である。

上述の既存汎用化学品分野に加え，地球環境汚染防止，および地球温暖化対策の観点から

GTL 油，DME で代表される「次世代クリーン燃料」の生産，および究極のクリーン燃料である水素を燃料とする CCS (carbon dioxide capture and storage：炭酸ガス回収および貯留) を組み込んだ水素発電に関する技術の開発，プロジェクトの企画，および一部実用化がなされている。これらの新規案件も合成ガスを出発原料とするものであり，今後とも，合成ガス製造技術の重要性が増大することは論を待たない。

〔2〕 既存合成ガス製造技術

合成ガス製造用原料としては，軽質炭化水素の代表である天然ガスから，残渣油や石炭，あるいは産業廃棄物としてのプラスチックまで使用可能であるが，原料の種類に応じて適用可能な合成ガス製造技術を検討する必要がある。

図 5.2 に現在商業装置に採用されている各種合成ガス製造法と適用可能な原料炭化水素の種類の関係を示す。

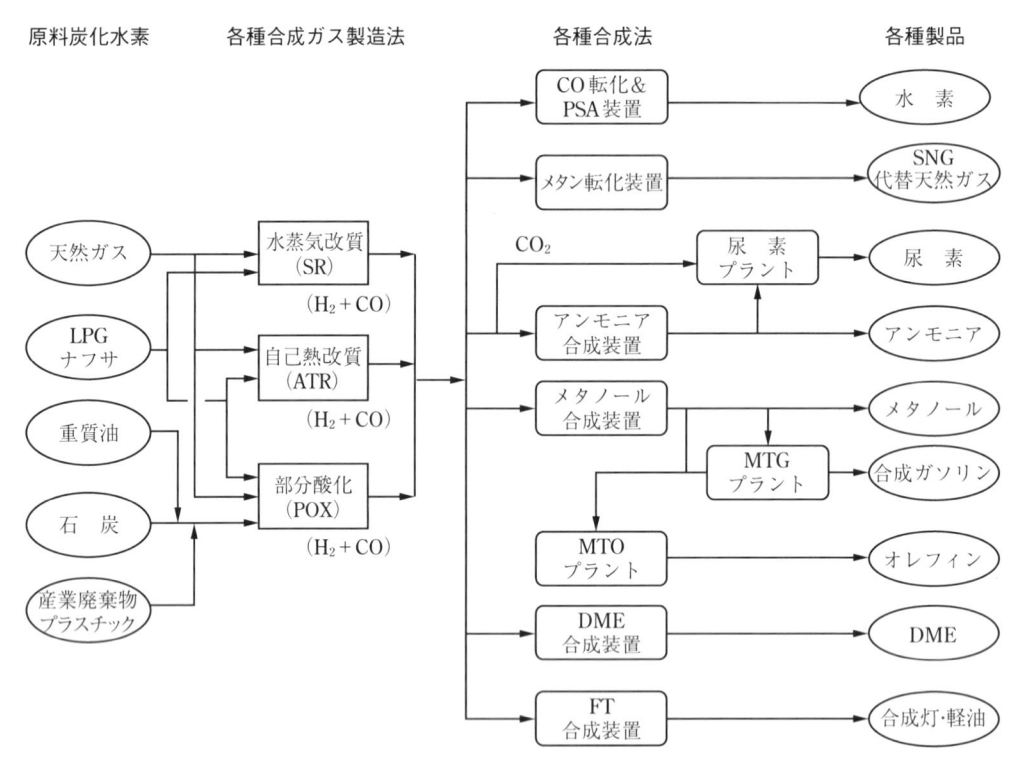

図 5.2　各種合成ガス製造法と適用可能な原料炭化水素の種類の関係

図に示すように合成ガス製造法として ① 水蒸気改質法 (steam reforming 法：SR 法) ② 自己熱改質法 (autothermal reforming 法：ATR 法) および ③ 部分酸化法 (partial oxidation 法：POX 法) の 3 種類があるが，これらに加え ① の SR 法と ② の ATR 法を組み合せた複合改質法 (combined reforming 法，または 2 step reforming 法) と称する方式

がある。

　各種合成法で処理可能な原料炭化水素の種別を見るとSR法およびATR法では，原料としてナフサまでのいわゆる，軽質炭化水素しか適用できないのに対し，POX法では天然ガスから石炭，産業廃棄物としてのプラスチックまですべての原料に対して適用可能であることがわかる。これはSR法とATR法では反応を促進させるために触媒（主としてニッケル系）が使用されており，原料炭化水素が重質になるほど中に含まれている触媒毒となる硫黄分の除去が困難になり，また同様に触媒毒となる重金属の含有量が増えるので原料としての適用が困難になるのに対して，POX法は無触媒法なのでこれらの制限を受けないことによる。以下にこれら4種類の合成ガス製造法について，その概要を述べる。

1）　水蒸気改質法（SR法）　　SR法は軽質炭化水素を原料，水蒸気を改質剤として，触媒の存在下，以下に示す化学反応式により合成ガスを製造する方法である。反応の簡素化のために，原料がメタンの場合について述べる。メタンと水蒸気の反応では多くの反応が可能であり非常に複雑であるが，実装置における通常運転範囲である750〜950℃の温度で，過剰量の水蒸気が存在し，炭素の析出がない場合の反応生成物が主として水素，一酸化炭素とCO_2であることから，式（5.1）および式（5.2）の二つの化学反応式が同時に進行するとして取扱うことができる。

$$CH_4 + H_2O \rightleftarrows 3H_2 + CO \quad \varDelta H° = 206 \text{ kJ/mol} \quad (5.1)$$

$$CO + H_2O \rightleftarrows H_2 + CO_2 \quad \varDelta H° = -41.0 \text{ kJ/mol} \quad (5.2)$$

　式（5.1）が水蒸気改質反応で，非常に大きい吸熱を伴い，高温になるほどメタンが分解する側に進む。また，式（5.1）の右方向の反応は反応生成物のモル数が増加する反応なので，反応圧力が低いほど反応が促進され，逆に高圧になるほど反応は抑制される。

　式（5.2）の反応は水性ガスシフト反応，または一酸化炭素変性反応と称される発熱を伴う反応で，低温になるほど一酸化炭素が減る方向に進む。一方，この反応は反応の前後でモル数の増減がないので，圧力の影響は受けない。上記の化学反応式からわかるとおり，SR法で生成される合成ガスは，通常，H_2/CO モル比＞3以上の組成を有する。

　水蒸気改質反応の変形としてCO_2改質反応もあり，以下の反応式で表される。

$$CH_4 + CO_2 \rightleftarrows 2H_2 + 2CO \quad \varDelta H° = 248 \text{ kJ/mol} \quad (5.3)$$

　水蒸気改質反応に使用される触媒は通常Niを活性物質とし，Al_2O_3，SiO_2，MgOなどからなる酸化セラミック物質を担体として作られている。触媒として反応活性が高いことは必須であるが，同時に水蒸気改質反応が行われる高温，高圧という過酷な運転条件下での長期連続運転にも耐えるような活性の持続性と機械的強度も要求される。

　水蒸気改質反応は水性ガスシフト反応による発熱を考慮してもなお，大きな吸熱を必要とする反応であり，この反応熱を供給する手段として開発されたのが水蒸気改質炉（steam reformer）である。水蒸気改質炉は原理的には内部に触媒を充てんした金属製反応管（触媒管。外径4～5インチ，長さ10m強）を炉の中に多数並べ，外部よりバーナーで加熱することにより必要とされる反応熱を与える装置である。

　一般的には炉の本体は必要に応じて耐火・断熱レンガ，セラミックファイバーおよび断熱セメントで内張り施工が施された箱型の構築物であり，輻射部と対流部（排熱回収部）からなる。触媒管は輻射部の燃焼室に垂直に配列されるが，配列の方式は炉の形式により異なり，また，採用しているバーナーの形式および配置によっても異なる。

　2）　自己熱改質法（ATR法）　　SR法が改質剤に水蒸気を用い，反応に必要な熱を外部よりバーナーで加熱して与えているのに対し，ATR法は改質剤にO_2または空気を使用する部分酸化工程と，改質剤に水蒸気を用いる水蒸気改質工程からなり，水蒸気改質工程が必要とする反応熱は部分酸化工程での反応熱を利用する合成ガス製造法である。ATR法ではSR法のように外部からの加熱を必要とせず，内部で発生する自分の熱だけで必要な反応熱を賄うことができるため，自己熱改質法という名前が付けられている。以下にATR法で取り扱われる化学反応式を示す。

$$\text{部分酸化工程：} CH_4 + \frac{3}{2} O_2 \rightarrow CO + 2 H_2O \qquad \Delta H° = -519 \text{ kJ/mol} \qquad (5.4)$$

　水蒸気改質工程：前項で示した反応式（5.1），および式（5.2）

ATR法では上記の反応を生じさせる装置として内側に式（5.4）の反応で生じる高温の火炎から容器本体を守るために耐火・断熱レンガ，または耐火・断熱セメントを施工した特殊な圧力容器（反応器）が用いられる。断熱レンガ，あるいは断熱セメントの代わりに圧力容器の外側に水冷ジャケットを設けているものもある。

　ATR反応器は反応器形式としては固定床式に属するが，反応器の上部に原料炭化水素の一部をO_2，または空気を使用して反応式（5.4）で代表される部分燃焼（部分酸化）させるためのバーナーが設けられており，このバーナーを高温雰囲気から保護する必要があることおよび潜在的に炭化水素の部分酸化によるカーボン析出のリスクがあるのでこれを回避する必要があることから特殊な設計がなされている。通常，バーナーは1基であるが，複数設置している例もある。反応器の下部には水蒸気改質反応を進行させるための触媒が充てんされており，水蒸気改質反応（式（5.1））および水性ガスシフト反応（式（5.2））が進行する。ATR法で使用する水蒸気改質触媒も一般にはニッケル触媒であり，水蒸気改質法で使用する触媒と同様であるが，運転温度が高いため（一般的には950～1100℃），より耐熱強度を持たせた触媒が使用される。

　ATR法は以下に述べるような特徴を有す。

・反応器が固定床式で構造がシンプルなので，大型化に向いている。

- 合成ガスの組成として H_2/CO モル比 2 のものが生成可能である。
- 高圧（60 気圧未満）での運転が可能である。
- 改質剤として O_2 を使用する場合は高価な酸素プラントを必要とする。

3) 複合改質法　本改質法はすでに説明した 1) の SR 法と 2) の ATR 法とを組み合せた改質法で，このことにより複合改質法とよばれる。本改質法自体は新規なものではなく，アンモニア製造装置の合成ガス製造方法として従来から広く採用されている改質法である。アンモニア合成が必要とする合成ガスの組成は H_2/N_2 モル比 = 3 のものであり，N_2 の存在が必須である。

このことから SR 法を 1 次改質として原料炭化水素の一部を改質し，ついで 2 次改質として空気を改質剤とする ATR 法により残りの炭化水素を改質することにより，H_2/N_2 モル比 = 3 の合成ガスが得られる。この場合，ATR 法の改質剤として空気中の O_2 が利用でき，高価な空気分離装置が不要なので，経済的にアンモニア用合成ガスが得られる利点がある。

一方，2 次改質である ATR 法に純酸素を使用するとメタノール合成が必要とする H_2/CO モル比 = 2 の合成ガスを容易に生成でき，かつ ATR 法単独の場合に比べて O_2 の必要量が少ないことから，大型メタノール製造装置の合成ガス製造法として着目され，各社により実用化されている。

4) 部分酸化法（POX 法）　本法は原料炭化水素を酸化剤としての O_2（または空気）で部分酸化反応させるもので，導入する O_2 量は完全燃焼に必要な理論酸素量の 30 ～ 40 % に相当する量で，いわゆる，O_2 不足状態での火炎反応であり，水素と一酸化炭素を主成分とする合成ガスを生成する。本法は無触媒反応である点に特徴がある。使用可能な原料が多岐にわたるので化学反応の機構も複雑であるが，原料炭化水素分子の組成を $C_xH_yS_z$（S は含有硫黄分）で表すと，総括の部分酸化反応式は次式で表される。

$$C_mH_nS_r + \frac{m}{2}O_2 \rightarrow mCO + \left(\frac{n}{2} - r\right)H_2 + rH_2S \tag{5.5}$$

原料が天然ガスの場合は次式となる。

$$CH_4 + \frac{1}{2}O_2 \rightarrow CO + 2H_2 \quad \Delta H° = -35.7 \text{ kJ/mol} \tag{5.6}$$

上記の部分酸化反応に加え，各種の副反応も同時平行的に起るが，詳細は省略する。

部分酸化法の反応器（ガス化炉）は ATR 法同様に内部に耐火・断熱材が内張りされた竪型円筒状圧力容器で，上部に特殊なバーナーが設置されている。原料炭化水素と温度調整剤としての水蒸気はこのバーナーで下方に噴射され，同時に供給される O_2 と瞬間的に部分酸化反応を行う。

部分酸化反応においては生成ガス中に若干量のカーボンが残留する。残存するカーボンの

量は原料仕様，ガス化炉形式などにより違いはあるが，通常，原料炭化水素に対して1～3重量％程度の量が含まれるが，この生成ガス中のカーボンは水クエンチあるいは水洗浄などの操作によりカーボンスラリーとして取り除かれる。原料が重質油などのカーボン生成量が多い原料の場合には各社独特のカーボン回収システムにより回収され，原料の一部として

表 5.1 現行各種合成ガス

		水蒸気改質法 （steam reforming 法）	自己熱改質法 （autothermal reforming 法）
[1]	合成ガス製造方式		
[2]	使用可能原料	NG, LPG およびナフサ	NG, LPG およびナフサ
[3]	主反応式 （原料がメタンの場合）	1）水蒸気改質反応 $CH_4 + H_2O \rightleftarrows 3H_2 + CO$ $(\Delta H° = 206 \text{ kJ/mol})$ 2）CO変性反応 $CO + H_2O \rightleftarrows H_2 + CO_2$ $(\Delta H° = -41.0 \text{ kJ/mol})$	1）部分酸化燃焼域での反応 $CH_4 + 3/2 O_2 \rightarrow CO + 2H_2O$ $(\Delta H° = -519 \text{ kJ/mol})$ 2）触媒層での反応 $CH_4 + H_2O \rightleftarrows 3H_2 + CO$ $(\Delta H° = 206 \text{ kJ/mol})$ $CO + H_2O \rightleftarrows H_2 + CO_2$ $(\Delta H° = -41.0 \text{ kJ/mol})$
[4]	酸素プラントの要否	不要	必要
[5]	触媒の要否およびタイプ	必要，ニッケル系触媒	必要，ニッケル系触媒
[6]	一般的な運転条件 ―温度範囲	750～950 ℃	950～1 100 ℃
	―圧力範囲	20～35 bar	30～60 bar
[7]	生成合成ガスの H_2/CO 比*	2.8～4.8〔mol/mol〕	1.8～3.8〔mol/mol〕
[8]	1系列当りの装置規模： (H_2+CO) 乾燥基準， 0 ℃, 1 atm 換算	Min. 1 000 m^3_N/h Max. 300 000 m^3_N/h	Min. 10 000 m^3_N/h Max. 1 000 000 m^3_N/h
[9]	反応器形式	加熱炉式反応器	断熱固定床式反応器
[10]	反応器の概念図（例）	ラジアントウォール型	合成ガス　Topsoe 法[1]
[11]	ライセンサー（例）	Topsoe, Johnson Matthey Catalysts (JMC-旧ICI), KBR, Technip, Uhde, Lurgi などの各社	Topsoe, JMC, Lurgi, Uhde などの各社

※ 原料が NG の場合。生成された CO_2 の全量をリサイクルした場合は H_2/CO 比は最小となり，リサ

再使用される。

すでに述べたように，原料炭化水素中に含まれる硫黄分は，通常，後続の各種合成プロセスの触媒毒になるので除去する必要があるが，原料が重質の炭化水素の場合にはガス化炉に供給する前に脱硫が不可能なので，ガス化炉で生成した合成ガスから脱硫することになる。

製造技術の特徴比較表

複合改質法 (combined reforming or 2 step reforming 法)	部分酸化法 (partial oxidation 法)
NG，LPG およびナフサ	NG，LPG，ナフサ，重質油，石炭および産廃プラスチック
SR 法と ATR 法の組合せ	1) 主反応 $CH_4 + 1/2\,O_2 \rightarrow CO + 2\,H_2$ ($\Delta H° = -35.7\,kJ/mol$) 2) 各種副反応 $H_2O + C \rightleftarrows CO + H_2$, $CO_2 + C \rightleftarrows 2\,CO$ $CH_4 + H_2O \rightleftarrows 3\,H_2 + CO$ ($\Delta H° = 206\,kJ/mol$) $CH_4 + CO_2 \rightleftarrows 2\,H_2 + 2\,CO$ ($\Delta H° = 248\,kJ/mol$) $CO + H_2O \rightleftarrows H_2 + CO_2$ ($\Delta H° = -41.0\,kJ/mol$)
必　要 （ただし，NH_3 プラントでは不要）	必　要
必要，ニッケル系触媒	不　要
1次改質：750〜800 °C 2次改質：950〜1 000 °C	1 200〜1 500 °C
30〜40 bar	30〜70 bar
2.2〜4.3〔mol/mol〕	1.7〜2.0〔mol/mol〕
Min. 100 000 m^3_N/h Max. 600 000 m^3_N/h	Min. 7 000 m^3_N/h Max. 100 000 m^3_N/h
加熱炉式反応器 + 断熱固定床式反応器	断熱反応器
ラジアントウォール型（1次改質） + 合成ガス（2次改質）	Lurgi 法[2]
Topsoe，JMC，KBR，Lurgi，Uhde などの各社	Shell，GE，Lurgi などの各社

イクルなしの場合は最大となる。

原料炭化水素の種別により大幅に異なるが,一般にPOX法で生成される合成ガスは,H_2/COモル比が1.7(天然ガス原料)〜0.7(石炭原料)のような組成を示す。

上述の4種の合成ガス製造技術について技術の特徴比較表を**表5.1**として示す。

〔3〕お わ り に

本項では現在,中・大型装置用として商業化されている合成ガス製造技術について概説したが,これらの合成ガス製造技術に加え燃料電池用および水素ステーション用水素の供給装置としての小型水素製造用合成ガス製造技術がある。また,エネルギー関連新規分野での超大型装置需要の出現に伴い,より効率が良く,かつ大型化に適した合成ガス製造技術の開発・実用化が盛んに行われているが,これらの説明は割愛したので他文献[3]を参照願う。

5.2.2　合成ガス転換技術

〔1〕 FT 合 成 技 術

1) はじめに　近年,メタンを主成分とする天然ガスを化学反応により液体化する技術の総称であるGTLという用語を目にする機会が増えてきている。このGTLとは,狭義には天然ガスから水素と一酸化炭素の混合ガス(合成ガス)を製造し,FT合成反応を用いて液体状の炭化水素を製造する技術を指すことが多い。ここでは,以下,このGTLの後段プロセスであるFT合成に関して解説する。

2) FT合成油の特徴　FT合成により得られる炭化水素は,原料である合成ガスを製造する工程で事前に除塵を行い,触媒の被毒を回避するために厳密な脱硫処理を行うために,重金属成分やS,Nをまったく含有せず,きわめてクリーンであることを特徴とする。また,後述するようにFT合成油は直鎖状の炭化水素の混合物であり芳香族化合物をまったく含有しない。沸点の異なる炭化水素からなるFT合成油は各留分に分離されて使用される。

ナフサ留分は,直鎖の炭化水素からなるためにオクタン価が低く,そのまま自動車用ガソリンとして使用するには適さない。しかしこのナフサはパラフィン性に富んでいるため,石油化学用のオレフィン類を製造する熱分解プロセス(クラッキング)に用いると,石油系のナフサに比べてエチレン収率が高く,エチレン製造原料には適している。

灯油留分は,煙点が高いために燃焼性が良好ですすを発生しにくいという特徴を有しており,南アフリカでは,石油系のジェット燃料と混合して,ジェット燃料油として使用されている。また,ナフサ・灯油留分は,Sを含有しないことから,燃料電池用水素原料に適するとされる。

炭素数が20以上の炭化水素はワックスと呼ばれる常温で固体の生成物であり,それ自体高級ワックスとしての需要が見込めるが,これを水素化分解することにより,ナフサ〜軽油留分へ変換し,各軽質留分を増量することが可能である。

また，FT合成油からは高品質の潤滑油を製造することができる。その特性は高級合成潤滑油であるポリアルファオレフィン（PAO）とほぼ同等であり，従来法と比較して安価に製造できる可能性がある。

3） 日本のGTL技術開発と世界のGTL技術　わが国では，1970年代より東京大学の藤元らをはじめとしてGTLに関する研究が精力的に行われており[1]，その成果を発展させて，石油天然ガス・金属鉱物資源機構（JOGMEC（旧石油公団））と民間5社（石油資源開発，千代田化工建設，コスモ石油，新日本製鐵，国際石油開発）により，わが国独自技術に立脚するGTLプロセスが開発され，7バレル/日 規模のパイロットプラント運転研究を成功裏に終了している[4]~[6]。2006年には，この成果を継承する形で，上記民間5社に新日本石油が加わり，日本GTL技術研究組合が組織され，本組合とJOGMECとの共同研究の形態を取り，500バレル/日 の実証プラントを運転する5年間の国家プロジェクトが開始されており，現在，商業化に向けて着々と準備が進行している。

現在までに商用機への適用実績があるプロセス，および技術が確立されていると考えられている世界の代表的なFT合成プロセスの特徴を**表5.2**にまとめる。

表5.2　代表的なFT合成プロセスの特徴

社名	Sasol			PetroSA	Shell	ExxonMobil	Syntroleum	JOGMEC[1] Nippon GTL TRA[2]
プロセス	Synthol	SAS[3]	SSPD[4]	—	SMDS[5]	AGC-21[6]	—	Japan-GTL
原料	石炭	石炭	石炭/天然ガス	石炭/天然ガス	天然ガス	天然ガス	天然ガス	天然ガス
目的生成物	軽質留分	軽質留分	中間留分	軽質留分	中間留分	中間留分	中間留分	中間留分
合成ガス製造　手法	部分酸化	部分酸化	部分酸化	水蒸気改質 ATR[7]	部分酸化	ATR[7]	ATR[7]	水蒸気改質 CO_2改質
改質剤	酸素	酸素	酸素	水蒸気 酸素	酸素	酸素	空気	水蒸気 CO_2
FT合成　触媒	溶融鉄	溶融鉄	沈殿鉄/コバルト	溶融鉄	コバルト	コバルト	コバルト	コバルト
反応器形式	循環流動床	固定流動床	スラリー床	循環流動床 スラリー床	固定床	スラリー床	固定床 スラリー床	スラリー床
開発ステージ	商用	商用	商用	商用	商用	実証	パイロット	パイロット （実証準備中）

1) Japan Oil, Gas and Metals National Corporation（石油天然ガス・金属鉱物資源機構）
2) Nippon GTL Technology Research Association（日本GTL技術研究組合）
3) Sasol Advanced Synthol
4) Sasol Slurry Phase Distillate
5) Shell Middle Distillate Synthesis
6) Advanced Gas Conversion-21
7) Auto Thermal Reforming

4) FT合成反応　FT合成反応は式 (5.7) に表されるような，H_2/CO モル比が2の合成ガスから直鎖状の炭化水素を得る，大きな発熱を伴う反応であり，活性を示す金属（触媒）として Fe, Co, Ru などが知られている。

$$nCO + 2nH_2 \rightarrow (CH_2)_n + nH_2O \quad \Delta H° = -167 \text{ kJ/mol-CO} \quad (5.7)$$

FT合成反応は，後述するように，触媒表面に生成したメチレン（-CH$_2$-）から鎖状の不飽和炭化水素（1-オレフィン）を形成し，鎖状1-オレフィンがさらに触媒表面上のメチレンと反応して，より分子量の大きな鎖状1-オレフィンを生成する反応である。すなわち，本反応は重合反応であるから，生成する炭化水素分布は Anderson-Schulz-Flory 分布則（ASF 分布則）に従う。

$$m_n = (1-\alpha)\alpha^{n-1} \quad (5.8)$$

ここで，m_n は n 個の炭素からなる鎖状炭化水素のモル分率，α は連鎖成長確率と呼ばれる定数である。重合を繰り返す中で，触媒表面の中間体は，連鎖が成長するか脱離/分解するかのいずれかのパスをとるが，連鎖が成長する方向に反応が進行する確率が連鎖成長確率 α である。α をある値に固定すると炭素数分布は一義的に定まるが，現実の反応ではメタンは ASF 則による予想を上回る値を，C_2（エタン，エチレン）は下回る値を与える。商業プラントにおける α の値は通常 0.7～0.9 程度である。α が 0.9 程度のときに FT 合成反応で得られる典型的な生成物の炭素数分布の例を図 5.3 に示す。

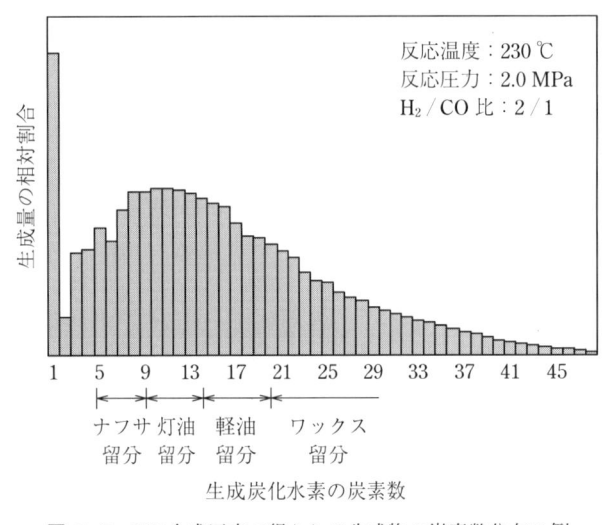

図 5.3　FT合成反応で得られる生成物の炭素数分布の例

FT 合成反応により得られる直鎖状炭化水素は，反応条件次第では炭素数が 100 を超えるものまで含まれる。1 次生成物は 1-オレフィンであり，このオレフィンが 2 次的に反応し，① メチレン基と反応してより高分子量化（連鎖成長）する ② 水素化されて直鎖パラフィンを生成する ③ 水素化分解を受けてメタンなどの低級炭化水素を生成するなどの変化を起す。生成物中の不飽和炭化水素は低級炭化水素で顕著に観察され，Fe，Ru を触媒として用いるとその生成量が多い。

FT 合成反応において一般的に採用される反応条件は，200～350 ℃，1～3 MPa 程度であるが，特に温度は触媒種により最適温度領域が異なり，鉄系触媒は 250～350 ℃ 程度，

コバルト系触媒，ルテニウム系触媒は 200 ~ 260 ℃ 程度で使用される。

鉄系触媒は下記の水性ガスシフト反応に対する活性が高いため，FT 合成反応（式 (5.7)）で生成する水は，原料合成ガス中の未反応の一酸化炭素と反応し，CO_2 と水素 に転化する（式 (5.9)）。

$$CO + H_2O \rightarrow CO_2 + H_2 \qquad \varDelta H° = -41.0 \text{ kJ/mol} \tag{5.9}$$

したがって総括の反応式は

$$2nCO + 2nH_2 \rightarrow (CH_2)n + nCO_2 \tag{5.10}$$

となる。このため，原料合成ガスの H_2/CO モル比が 1 程度のものが好適であり，石炭ガス化ガスなどの適用が可能である。また，鉄系触媒は適応温度範囲が広いために温度条件の変更により，生成物分布をある程度制御することができるといった特徴も有する。

コバルト系触媒は，触媒活性，液状炭化水素選択率が高いなどの優れた触媒性能を有し，性能と触媒コストとのバランスにも優れており，天然ガスを原料とする GTL では最も広く採用されている。

FT 合成プロセスで用いられる反応器には，固定床，流動床，スラリー床があるが，発生する反応熱の効率的な除去がプロセス上の大きな課題となる。

固定床は，構造がシンプルであり，原料ガスの空間速度の調節が容易といった長所を有するものの，中低温で反応を行った場合には高沸点炭化水素の触媒上への蓄積が起るため，定期的に洗浄作業を行う必要があること，また，触媒層に温度勾配が付いてしまう，圧力損失が大きいなどの欠点を有する。

流動床には循環流動床（噴流床）と固定流動床があるが，後者のほうが設備を小さくすることができるという利点を有している。流動床では，良好な流動状態を保つために高めの温度を採用して軽質炭化水素を得るのが一般的であるが，流動しているため触媒層の温度を均一に保持することが可能であり，固定床と比較して圧力損失が低いという特徴を有する。

スラリー床では気泡塔形式（スラリーバブルカラム反応器）がおもに採用されている。スラリー床は，液相で反応が行われるために反応熱の除去が容易であること，溶媒で洗浄されるため触媒上に高沸点炭化水素の蓄積が起らないこと，運転を休止せずに触媒の補充・交換が可能であること，温度制御が良好であること，低圧力損失であることなどの数多くのメリットを有することから，現在進行中の GTL プロジェクトでは，最も多く採用されている FT 合成反応器の形式である。ただ，反応器内に生成・蓄積する高沸点炭化水素と触媒を効率よく分離することが難しく，操業方法も含めて高度なノウハウが要求される。

〔2〕 メタノール合成技術

1）メタノールについて　メタノール（CH_3OH）は常温では比重 0.79，特有の刺激臭を持つ無色透明の液体で水，エタノールなどと任意の比率で溶解する。沸点は 64.65 ℃，

引火点 11°C の可燃物である。そのままで溶剤，燃料として使用されるほかホルマリン，メチルアミン類，メチルメタクリレートなどの化学品の原料，MTBE（メチルターシャリーブチルエーテル）などの燃料添加物などの原料として重要な中間体になっている。メタノールの化学品原料としての需要は拡大しつつあり，世界需要は 2006 年で約 3 700 万トン，うち日本での需要は年間 200 万トン程度と推定されている[9]。

現在，世界的な傾向としてはおもに安価で豊富な天然ガスが得られるところで数千トン/日 規模の大型プラントで製造されている。また中国では豊富で安価な石炭を原料に比較的小規模のプラントの新設，稼動も行われている。本項ではおもに天然ガス原料の大型プラントを中心に記述する。

2) メタノール合成プロセスの変遷　メタノールは 20 世紀初頭までは木材の乾留によって製造されていた。1923 年にドイツの BASF 社によって石炭から得られる水性ガスを原料に，亜鉛-クロム（Zn-Cr）系触媒を使用した工業的な合成法が開発，実施された。以来メタノールは，石炭，石油，天然ガスなどの炭素資源から製造される合成ガス（水素，一酸化炭素，CO_2 を主成分とする混合ガス）を原料に製造されている。

工業的な生産が始まった当時は，原料に不純物の多い石炭原料由来の水性ガスが使用されたこと，脱硫技術が未発達のために，比較的耐硫黄性に優れた Zn-Cr 系触媒を使用，300〜400°C，300〜400 気圧の高温高圧で合成されていた。

日本でも 1930 年代に石炭を原料にメタノール合成が開始された。BASF 社と同様の Zn-Cr 系触媒がおもに使用された。一部では海軍燃料廠を中心に開発された銅（Cu）系触媒を使用したプロセスも実施された[2]。

第 2 次大戦後から合成ガスの原料が従来の石炭から安価に得られるようになった石油，天然ガスなどのより軽質，低硫黄のものに転換された。その結果，脱硫技術の進歩とも相まって原料ガス中の硫黄分が低下，Zn-Cr 系よりも高活性な銅-亜鉛-クロム（Cu-Zn-Cr）などの Cu 系触媒の使用が可能となった。

わが国では 1952 年に日本瓦斯化学工業が新潟の天然ガスを原料にメタノール合成を開始して以後急速に原料の転換が進み，ナフサ，LPG，天然ガスを原料とするプラントが新設された。

1960 年代後半以降，遠心圧縮機の実用化，より低圧での合成法の開発により，メタノール合成装置の大型化が加速された。1966 年には ICI 社によって銅-亜鉛-アルミ（Cu-Zn-Al）系触媒を使用した低温低圧法が実用化された。以後，触媒，装置に改良を加えながらプロセスの熱効率の改善，大型化が進められてきている。

3) 合成ガスからのメタノール合成反応　合成ガスからのメタノール合成反応は一般的に一酸化炭素と水素が反応してメタノールが生成する下記の式（5.11）で表されている。

$$CO + 2H_2 \rightarrow CH_3OH \quad \Delta H° = -90.4 \text{ kJ/mol} \tag{5.11}$$

近年の研究の成果から，低温低圧のCu-Zn系触媒を使用するメタノール合成反応はCO$_2$と水素の反応でメタノールができる式（5.12）の反応と，一酸化炭素と水の反応で水素とCO$_2$のできる式（5.13）の反応の組合せで進行しているという説が有力になってきている[3]。

$$CO_2 + 3H_2 \rightarrow CH_3OH + H_2O \quad \Delta H° = -49.4 \text{ kJ/mol} \tag{5.12}$$

$$CO + H_2O \rightarrow H_2 + CO_2 \quad \Delta H° = -41.0 \text{ kJ/mol} \tag{5.13}$$

式（5.12），（5.13）の反応の組合せで，全体の反応式は式（5.11）と同じになる。メタノール合成反応は大きな発熱反応で，化学平衡上は低温，高圧ほど生成系に有利になる。

Cu系触媒上でのメタノール合成の反応機構については各種表面分析法の進歩と歩調を合せて，1980年代後半から1990年代にかけて盛んに検討された。Cu系触媒は大気中では容易に酸化されて変質する特徴があり，解析を複雑にしていた。1980年代には酸化亜鉛（ZnO）中に固溶したCu$^+$が活性種であるなどの議論もなされた。1990年代中盤以降，還元，あるいはメタノール合成反応後の触媒を大気に晒すことなく分析できるようになってからは金属Cuが活性種であるとの理解が一般的になってきている。

Cu-Zn系触媒でのZnの機能についてはいまだ議論が分かれている。Znの機能としてCuの表面積を大きく保つ，Cuの形状に影響している，Cuと協調して活性点として機能するなどの説がある。Cu-Zn系の触媒は周囲の環境（ガス組成，圧力）によって形状が変化していると考えられ，このことも触媒の解析を複雑にしている。

4）工業用メタノール合成触媒 工業用メタノール合成触媒には高活性，高選択性，長寿命，高強度などの性能が要求される。これらの性能をバランスさせるため工業用触媒にはさまざまな工夫がなされている。現在，広く工業的に使用されているメタノール合成触媒はCu-Zn-Alを主成分とした触媒である。調製法，組成比，ほかの添加成分については各触媒メーカーのノウハウに属し詳細は公表されていない。一般的には共沈法で調製されていると考えられる。

実験室的な方法では，Cu，Zn，Alを含む金属塩（硝酸塩など）の水溶液に塩基性成分（炭酸ナトリウムなど）を添加，Cu，Znの塩基性炭酸塩を含む沈殿を得た後，ろ過洗浄，乾燥，焼成してCu，Zn，Alの酸化物を得る。ついで水素で触媒中の酸化銅（CuO）をCuに還元することで活性な触媒が得られる。

5）メタノール合成プロセス

（a）合成ループ メタノール合成ループの概略を図5.4に示す。天然ガスを改質して得られた合成ガスは2〜4 MPaで合成系に送られてくる。圧縮機で合成圧力まで昇圧された合成ガスは循環ガスと合せて合成塔へ送られる。

合成塔の入口ガス組成は使用する原料，改質プロセス，メタノール合成の転化率，循環比

によって変化する。一般的には圧力約250 ℃, 5～10 MPaの条件で反応が行われる。出口ガスには未反応の水素, 一酸化炭素, CO_2, 反応生成物のメタノール, 水のほかメタン, N_2などの不純物も含まれる。

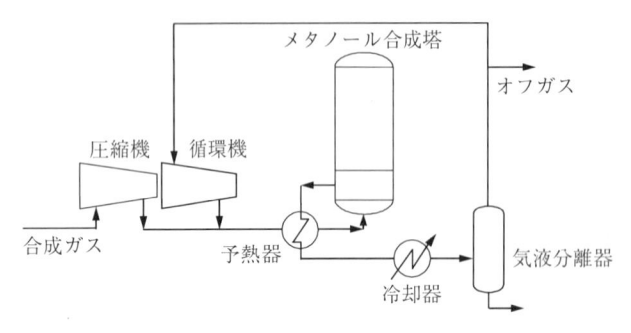

図 5.4 メタノール合成ループ

合成塔から出たガスは冷却後気液分離器でメタノールと水を分離した後, 循環機に送られてリサイクルされる。一部は系外へ抜き出され, 脱硫工程の水素源, リフォーマーの燃料などとして使用される。気液分離器で捕集された粗メタノールは蒸留工程へ送られる。実際には随所で熱回収, 動力回収が行われるため多くの機器, 配管が設置される。

合成反応器での転化率が高い場合は循環比は小さく設定できるが, 転化率が低い場合は循環比を大きくとる必要が生じる。

(b) 反 応 器 メタノール合成反応は平衡上低温, 高圧ほど生成系に有利でかつ大きな発熱反応であるため, 反応器の除熱が大きな課題である。また一方で反応温度が高いほど反応速度は高く, 反応器をコンパクトにできる。反応器入口付近は高温で反応速度を高め, 出口付近で転化率を高める反応進行が理想的である。サイズ, 転化率, 熱効率などのバランスを考慮しながら種々の形式の反応器が開発されてきている。

最も単純な断熱反応器でメタノール合成反応を行うと, 反応の進行とともに温度が上昇し, 平衡に達する。この場合反応器出口は入口よりも高温となり, 平衡転化率はそれに伴って低下する（図 5.5）。

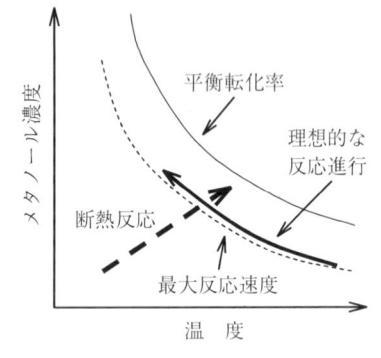

図 5.5 平衡転化率と反応速度

図 5.6 (a) に示したクエンチ型反応器では, 断熱型反応器の触媒層を複数に分け, 触媒層の間に冷たい原料ガスを供給することにより温度を下げている。反応器の形状を単純に保ったままある程度の大型化ができることから広く使用された。一方で運転管理が難しく, 熱暴走を起す危険性もあり注意が必要となる。

図 5.6 (b) に示した中間熱交型では複数の断熱型反応器の間に冷却器を設置, 温度の制御を行っている。

図 5.6 (c) に示した等温型反応器では多管式の反応器の内管に触媒を充てん, 外側に水

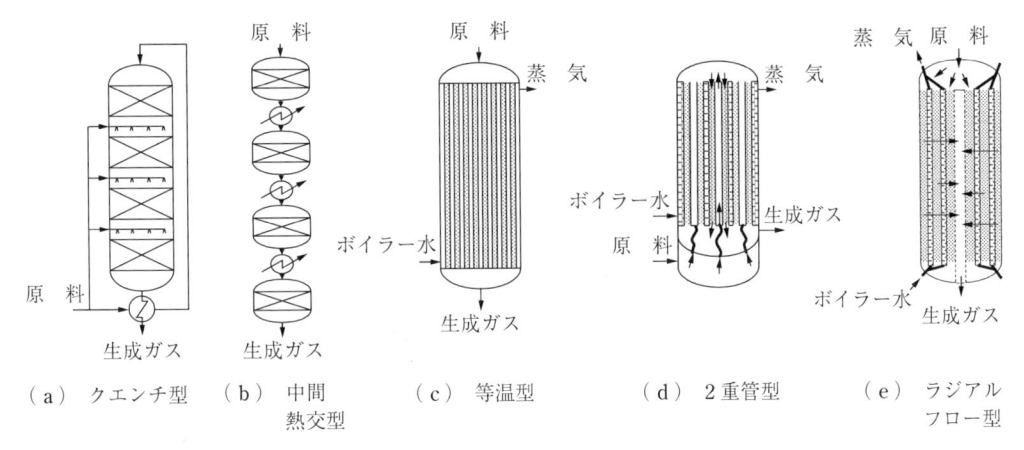

(a) クエンチ型　(b) 中間熱交型　(c) 等温型　(d) 2重管型　(e) ラジアルフロー型

図 5.6　種々のメタノール合成反応器

を供給，蒸気を発生させて除熱を行う。反応器の構造が複雑になり，特に管板のサイズがネックになり大型化に制約を受ける。またそれぞれの反応管に均等に触媒を充てんする作業も煩雑になる。

図 5.6（d）三菱ガス化学/三菱重工業の開発した 2 重管型等温反応器（スーパーコンバーター）を示す。触媒は反応管内管と外管の間の環状部に充てんされ，反応管外管の外側はボイラー水で冷却される。反応器底部より供給された原料合成ガスは反応管内管中を上昇，反応温度まで昇温された後，触媒層に導入される。触媒層は外側のボイラー水，内側の原料ガスにより効果的に冷却され，出口側が低温になる温度勾配を持つ。この結果最高反応速度線に沿った形で反応を進めることができ，反応器の小型化と転化率の向上を図ることができる。

上記の反応器では原料/製品ガスは反応管，反応器の長さ方向に流れるが，反応器の圧力損失の低減/循環機・圧縮機動力の低減を目的に反応器の半径方向にガスが流れるラジアルフロー型反応器も実用化されている（図 5.6（e））。

6） 今後の展望　合成ガスからのメタノール合成を液相で行い，除熱をより効率的に行おうという試みが行われてきている。また，メタンの部分酸化で直接メタノールに転換しようという試みもなされているが，いずれも触媒寿命や収率の面で課題を抱えており，現時点では実用化されていない。

〔3〕 DME 合成技術

DME は CH_3OCH_3 で表される最も分子量が小さいエーテルであり，石油製品などのような炭素と水素だけの物質ではなく，酸素も含む物質である。DME は合成ガスを経由して化学転換で製造できるため，天然ガス，石油，石炭などの化石燃料のみならずバイオマスなど，炭素と水素を含むものであればなんでも原料とすることが可能である。従来はスプレー

噴射剤などの化学用途に使われていたので需要は世界でも約15万トンと化学品としては非常に規模の小さい市場であったが，酸素を含むことから燃焼性が良く，Sを含まないため燃焼時にSOxを発生せず，軽油ディーゼルエンジンで問題になっている粒子状物質（PM）も発生しないことから環境特性の優れたクリーン燃料として注目されるようになった。

燃料用途となると大量供給ができ既存の燃料に対して価格競争力を持つ必要がある。そのため日本を中心に大型化を前提としたプロセス開発が行われた。

合成ガスからDMEを製造する方法として大別して2種類のプロセスがある。いったんメタノールに転換した後脱水によりDMEに転換する間接合成法と合成ガスを直接DMEに転換する直接合成法である。

1） 間接合成法　間接合成法とはいったん，合成ガスからメタノールを合成して，生成したメタノールを脱水してDMEを製造するプロセスであり，メタノール脱水プロセスと呼ばれている。既存の化学品用途のDME製造プラントはほとんどこのプロセスである。

メタノールから脱水反応によるDME合成は式（5.14）に示すように発熱反応であるがメタノール合成反応の反応熱の1/4であるので大型反応器でない限り固定床反応器が用いられる。また，この反応に用いられる触媒はアルミナ系あるいはアルミナ・シリカ触媒が多く使用されているが，市販のγ-アルミナ触媒をそのまま使うとメタノール転化率が低くなったり，分解反応が促進されるため，より高転化率で高選択率を確保できるように調整された触媒が用いられている。

$$2\,CH_3OH \rightarrow CH_3OCH_3 + H_2O \quad \Delta H° = -23.4\,kJ/mol \qquad (5.14)$$

これまではメタノールを運んで来て消費地近くでDMEに転換していたが，大量かつ安価にDMEを製造するためには天然ガスなどの原料立地でメタノールとの一貫製造が望ましい。

間接合成法による天然ガスからのDME製造プロセスは三菱ガス化学，東洋エンジニアリング，Lurgi，Haldor TopsoeなどMore提案されているが，基本的な部分に大きな差異はないと思われる。しかし，プラント建設費の低減およびプロセスのエネルギー効率改善のため，各社が独自の技術を組み込むことによる差別化がなされている。また，Haldor Topsoeプロセスはメタノール合成触媒の反応器とメタノール合成触媒と脱水触媒を組み合せた複合触媒の反応器を直列に配しており，ほかのプロセスとは異なるがメタノールを経由することから間接合成法に属するとした。以下にMGC（三菱ガス化学）プロセスを代表例としてメタノール脱水プロセスを紹介する。

MGCプロセスは，ブロックフローを図5.7に示すように，大きく分けて，合成ガス製造，メタノール合成およびDME合成・精製の3工程から構成される。合成ガス製造工程では，硫黄分を除去（脱硫）した原料天然ガスとスチームを混合して改質炉に供給し，水素，

一酸化炭素およびCO₂からなる合成ガスを製造する。メタノール合成工程では，圧縮機により所定圧力まで昇圧された合成ガスを未反応循環ガスとともにメタノール合成触媒が充てんされている反応器に導入し，メタノールを合成する。生成したメタノールは凝縮させ未反応ガスより

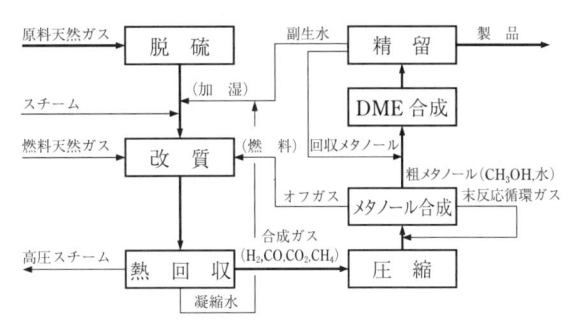

図5.7 MGCプロセスブロックフロー

気液分離する。DME合成・精製工程では，水と不純物の一部を除去したメタノール蒸気をメタノール脱水触媒が充てんされている反応器に供給しDMEを合成する。生成したDMEは精留して製品DMEとし，未反応メタノールは回収して再度反応原料として使用する。

合成ガス製造工程とメタノール合成工程はそれぞれ5.2.1項と5.2.2項〔2〕において述べられているので詳細は省く。DME合成・精製工程フローを図5.8に示す。本工程は初留塔，メタノール蒸発器，DME反応器，DME塔およびメタノール塔より構成される。初留塔は粗メタノール中に含まれる溶存ガスおよび低沸点成分を除去する役割を果たすため，メタノール併産プロセスとする場合には不可欠な機器であるが，製品DMEスペックによっては削除できる。また，メタノールを原料とするときは削除される。メタノール蒸発器はその内部を棚段もしくは充てん物構造とすることにより蒸留機能を備える。メタノール脱水触媒にはγ-アルミナ触媒を採用しており，典型的な反応条件は，反応温度250〜400℃，反応圧力1〜2.5 MPa，触媒寿命については，メタノール合成触媒と同様に4〜6年以上の連続使用が期待できる。メタノール脱水反応は発熱反応であるが，その反応熱はメタノール合成反応の約1/4程度と比較的小さい。またアルミナ触媒は銅系触媒であるメタノール合成触媒よりも高い耐熱性を持つことから，反応器には低価格な断熱反応器が採用されている。

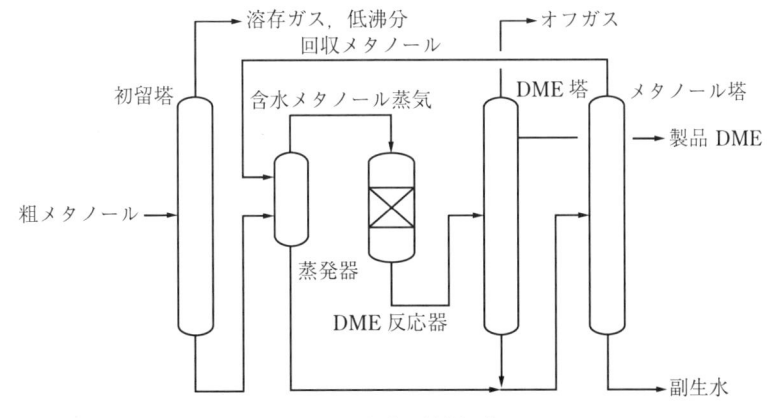

図5.8 DME合成・精製工程フロー

プラント建設費およびDME製造コストの低減のためには，メタノールプロセスとDMEプロセスの効果的なインテグレーションが不可欠である。合成ガス製造工程における低温熱をDME合成・精製工程の熱源として利用することにより，プロセスの効率化が図られている。また，メタノール合成およびDME合成において副生する水は，ほぼ全量が合成ガス製造工程における改質反応に必要なプロセス水として利用できる。これによりプラント内のプロセス水はほぼバランスし，補給水はボイラードラムなどからのブローダウンなどによるロスを補う程度に限られ，製造コスト削減に貢献している。

2）直接合成法 合成ガスから1段の反応でDMEを製造するプロセスを直接合成法と呼ぶ。直接合成反応はメタノール合成反応（式（5.15）），メタノール脱水反応（式（5.14）），シフト反応（式（5.16））の組合せにより反応が進行する。いずれも発熱反応であるために一つの反応器でこれらの反応を行わせると大きな発熱を伴うため，除熱，反応温度制御，触媒の安定性の観点から反応器はメタノール合成反応に通常使われている固定床ではなく，温度制御が容易であり，触媒を懸濁した媒体油と生成物のDME，CO_2，メタノール，水はすべて気体状態で反応系外に流出させることができ分離が容易であるため，反応器としてスラリー床の検討が行われた[1]。

$$CO + 2H_2 \rightarrow CH_3OH \quad \Delta H° = -90.4 \, kJ/mol \quad (5.15)$$

$$CO + H_2O \rightarrow CO_2 + H_2 \quad \Delta H° = -41.0 \, kJ/mol \quad (5.16)$$

直接合成法としてJFE（JFEホールディングス）プロセスとAir Productsプロセスがある。Air Productsプロセスはメタノールも併産するシステムになっている。JFEプロセス[11],[12]を代表例として直接合成プロセスを紹介する。

JFEホールディングス（旧日本鋼管）は1990年代初頭から製鉄所余剰ガスの有効利用を目的としたDME直接合成触媒の開発を始め，50 kg/日の連続式小型ベンチプラントを用いて基本プロセスを開発した。1997年から通産省の補助金を受け，日本鋼管（現JFEホールディングス），（財）石炭利用センター，太平洋炭礦，住友金属工業の4社で5トン/日のベンチテストを釧路市で4年間実施し，総合効率95％以上，DME純度99.5％以上，メタノール100 ppm以下を達成した。

この成果をもとにJFEホールディングスを中心に，太陽日酸，豊田通商，日立製作所，丸紅，出光興産，国際石油開発，トタルS.A.，エルエヌジージャパン，石油資源開発の10社の共同出資により設立されたディーエムイー開発にて100トン/日 DME製造実証プロジェクトを資源エネルギー庁の補助を受けて2002年から5年間実施し，合計6回，累計346日におよぶ運転により約2万トンのDMEを生産した。総合反応率96％，1日当り生産量109トン，DME純度99.8％，連続運転5か月を達成した。本実証プラントの運転を通じて商用プラントの基本設計技術の確立に向けた情報を収集した。図**5.9**に実証プラントの概

観を示す。

JFEプロセスは一酸化炭素と水素を原料とした式（5.17）に示す1段の反応式で表される。

$$3\,CO + 3\,H_2 \rightarrow CH_3OCH_3 + CO_2$$
$$\Delta H° = -246\,kJ/mol \quad (5.17)$$

H_2/CO比1近傍で反応転化率が高くなることが特徴である。石炭ガス化により生成する合成ガス比に近いため石炭原料にも適している。この反応は発熱反応であり反応熱を効率的に除去し，反応温度を制御するために高圧スラリー床反応器が開発された。

図5.9　100トン/日 実証プラント概観（JFEホールディングス提供）

天然ガスを原料とすると標準的な水蒸気改質法ではH_2/COが3になり本反応には適した合成ガスでないため，ガス化剤としてO_2を用いるATR法が開発された。ATR法を使ってもまだ，H_2/COは2であり炭素分が不足しているのでCO_2を副原料として加えて改質を行う。

パイロットプラントのプロセスフローは図5.10に示すように，大きく分けて，合成ガス製造，DME合成・精製の2工程から構成される。合成ガス製造工程では改質炉としてATRが用いられる。原料天然ガス，副原料CO_2，O_2と改質反応制御と煤発生抑制に少量スチームを混合して改質炉に供給し，水素，一酸化炭素およびCO_2からなる合成ガスを製造する。DME合成・精製工程は圧縮機，CO_2吸収塔，DMEスラリー床反応器，CO_2除去器，DME精製塔，メタノール精製塔より構成される。圧縮機により所定の圧力まで昇圧されて合成ガス中のCO_2をCO_2吸収塔で分離回収した後DMEスラリー床反応器に導入し，DME

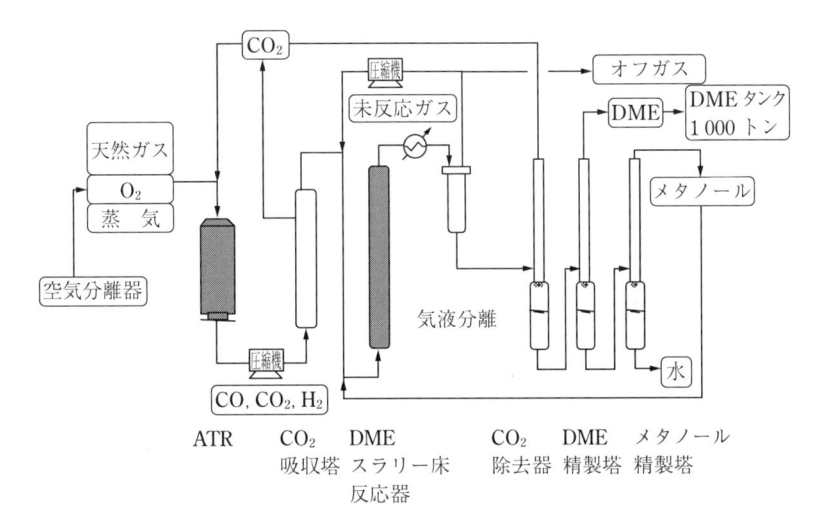

図5.10　100トン/日 パイロットプラントフロー（JFEホールディングス提供）

を合成する。反応条件は反応温度240～300℃, 反応圧力3～7 MPaである。DME反応器から流出するDME, CO_2, メタノール, 水分および未反応合成ガスは気液分離で未反応合成ガスを分離回収し, CO_2をCO_2除去器で分離回収した後, DME精製塔で精製して製品DMEとして, 最後にメタノール精製塔でメタノールを分離回収する。

以上, DME合成技術として間接合成法と直接合成法を紹介した。燃料としての用途を前提とすると既存燃料に対して競争力を持つ製造コストでなければならない。そのためには, 可能な限りのプラント建設費低減を講じる必要がある。いずれの合成法も合成ガス製造工程がプラント建設費の半分以上を占めることから全工程での効率化が図られる。

〔4〕 オレフィン・プロピレン合成技術

1) 技術概要 合成ガスから製造されるメタノールやDMEを原料として, おもにエチレン, プロピレンを選択的に製造する技術である。本技術の基礎はMobil（現Exxon-Mobil）の研究者らによって1970年代に発表されており, 100バレル/日 規模のパイロットプラントがドイツにおいて稼動した実績を持つが[13], 当時はエチレン, プロピレン製造が主目的ではなく, 低級オレフィンを中間生成物としたメタノールからの軽油およびガソリン製造技術の一環として開発された。近年においては, エチレン, プロピレンの選択的製造は原油価格の高騰を背景に経済的にも魅力的な技術となりつつあり, 特に将来的なプロピレン需要の伸びに対応できる有力な技術の一つとして注目されている。

2) 触媒・反応 メタノール, DMEからの炭化水素生成に触媒活性点として酸点が寄与していることは明らかであるが, 特にC–C結合生成に関する反応メカニズムの詳細は現在でも明らかになっていない。メカニズムの議論に関しては総説などを参照されたい[14),15)]。

この反応では目的生成物であるエチレン, プロピレンに加え, C_4以上のオレフィン, パラフィン, 芳香族およびコークなど多種にわたる炭化水素が副生する。これらの生成物分布は, 触媒の種類や反応条件によって変化することが知られている。Mobilが発表したZSM-5ゼオライト（分子レベルの規則的な細孔を有している）がエチレン, プロピレン選択率や寿命の点で優れた触媒性能を示したことを受けて, ほかのゼオライトの利用や特性の改良が広く検討されてきたが, 現在では2種類のゼオライトが工業触媒のベースとなっている。一つはZSM-5ゼオライトであり, その特徴である長寿命という特性を活かしつつ, エチレン, プロピレン選択率向上を目的に酸性質の調整やSi/Al比の最適化が施されている。もう一つはシリコアルミノホスフェート（SAPO-34）であり, ZSM-5ゼオライトと比較して触媒寿命は短いものの, 細孔径が小さいためにC_4以上の炭化水素生成が抑制される結果, エチレン, プロピレン選択率が高いことが特徴である。

反応成績に影響を与える因子としては, 反応温度, 原料分圧, 接触時間などが挙げられる。一般に反応温度が高いほどエチレン, プロピレン生成に有利に働くが, 同時にコーク副

生やゼオライト構造の破壊による永久失活への影響も大きくなる。また，原料分圧が低いほど，接触時間が短いほど逐次反応（芳香族やパラフィンの生成）が抑制されることから，エチレン，プロピレン選択率は高くなる。

3）プロセス　商業化段階に近いメタノールやDMEからのエチレン，プロピレン製造プロセスは，その構成や運転上の特徴から大きく二つのタイプに分類される。これらプロセスの設計思想には，採用されているゼオライト触媒，すなわち，前出のZSM-5とSAPO-34の反応特性が大きく関係している。以下にそれぞれの触媒を使用した代表的プロセスとその特徴を述べる。

ZSM-5系触媒を使用したプロセスの代表としては，LurgiのMTP®（<u>m</u>ethanol <u>t</u>o <u>p</u>ropylene）プロセスや日揮のDTP™（<u>d</u>imethyl ether <u>t</u>o <u>p</u>ropylene）プロセスが挙げられる。図5.11にMTPプロセスの概略フロー図を示す[16]。

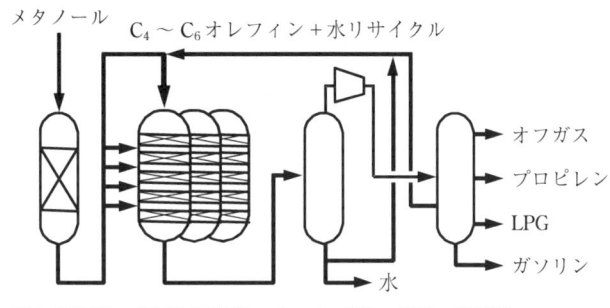

ZSM-5系触媒では副生コークの析出により触媒が失活するまでの時間が比較的長いことから，プロセスとしては固定床型の反応器が採用されている。この反応は多大な発熱を伴うことから，触媒層内の温度上昇を防ぐ目的で反応器内の触媒層は数段に分割して配置され，原料が各段に分割供給される。メタノールを原料とする場合は，発熱の緩和を目的として上流にメタノール脱水反応塔が設置される。ワンパスのエチレン，プロピレン選択率は後述のSAPO-34系触媒と比較して高くないが，ZSM-5系触媒では副生C_4〜C_6オレフィンをエチレン，プロピレンに転換できることから反応器にリサイクルされる。この操作によってプロピレン収率は65〜70％に達し，プロピレン主体の製造が可能である。ワンパスのプロピレン選択率は原料分圧が低いほど向上することから，原料は反応に不活性なガスにより希釈される。希釈ガスとしては，スチームや副生C_1〜C_2が使用される。MTPプロセスにおけるあるケースでの製品収率（Cベース）は，プロピレン65％，LPG6％，ガソリン留分25％となっている[16]。最近，Lurgiは最初の商業装置建設を中国において契約したと発表した[17]。石炭を原料とするメタノール経由のプロピレン年産50万トン装置が早ければ2009年操業開始予定である。

SAPO-34系触媒を使用したプロセスとしては，UOP/HYDROのMTO（<u>m</u>ethanol <u>t</u>o <u>o</u>lefins）プロセス（図5.12）が挙げられる。SAPO-34系触媒はZSM-5系触媒と比較して高いワンパスエチレン，プロピレン選択率を示すこと，また，副生C_4〜C_6オレフィンを

図5.11　MTPプロセスの概略フロー図[16]

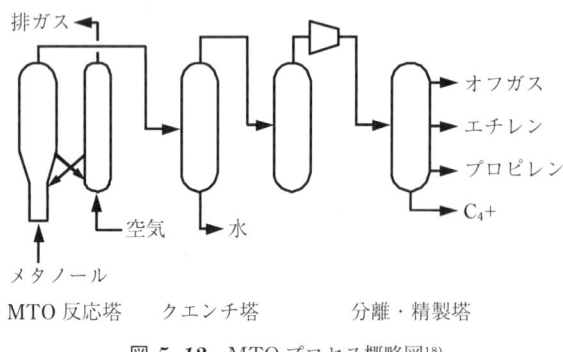

図 5.12 MTO プロセス概略図[18]

リサイクルしても反応活性が低いことからリサイクルは行われない。プロセスからの生成プロピレン/エチレン比は 0.8〜1.3 程度であり[18]，通常のスチームクラッキングより高い範囲である。すなわち，前述の ZSM-5 系触媒を使用したプロセスとは異なり，エチレン，プロピレン併産タイプのプロセスである。触媒寿命が短いことから，触媒の連続的な再生が可能な循環流動床タイプの反応器が採用されている。最近，UOP は TOTAL の協力のもとデモンストレーションプラントの建設計画を発表している[18]。

〔5〕アンモニア・尿素合成技術

アンモニア（NH_3）は，工業的には水素と窒素から合成され，Haber-Bosch 法として有名である。水素製造に最も多く用いられるのが天然ガスの水蒸気改質である。そのほかの水素源として，ナフサ，LPG，石炭も利用されるが，その割合は小さい。もう一つの原料である窒素は，空気中から得られる。天然ガスを出発原料としたアンモニアの製造工程と主要な化学反応および単位操作を図 5.13 に示す。

原料天然ガスは脱硫後，1 次改質炉で，水蒸気改質反応により一酸化炭素と水素を主成分とするガスになる。内燃式の 2 次改質炉で，空気を導入することで，部分酸化反応により水蒸気改質に必要なエネルギーを補うと同時に原料の窒素を得る。この改質反応は 800〜1 000 ℃ の高温で行われるため，下流の廃熱ボイラーで余熱を回収する。

改質反応で得られる合成ガスはまだ多くの一酸化炭素を含んでいるので，つぎの転化工程で一酸化炭素と水蒸気を CO_2 と水素に転化する反応に利用される。この転化工程で，一酸化炭

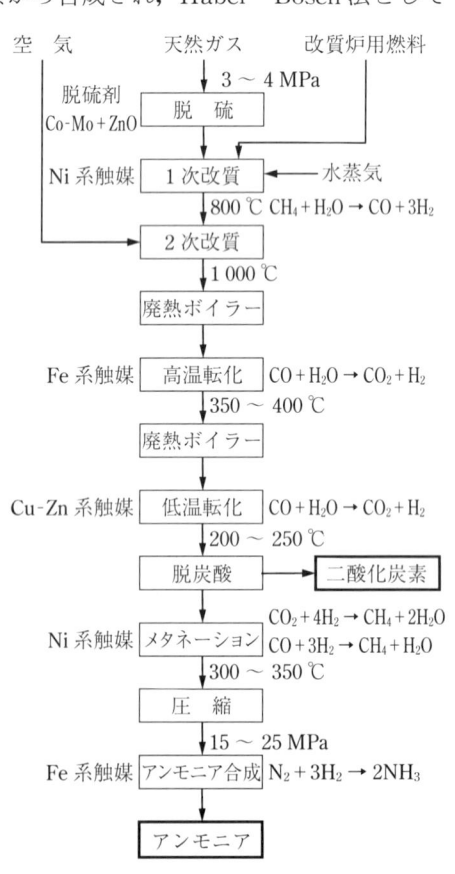

図 5.13 アンモニア製造工程

素のほとんどはCO_2に転化する。CO_2はつぎの脱炭酸工程で除去される。

CO_2を除去した合成ガスに残留する一酸化炭素，CO_2はアンモニア合成にとって有害であるので，メタネーターで無害なメタンに転化される。

メタネーション後の合成ガスの圧力は，水蒸気改質法で約3 MPa である。これに対しアンモニア合成は15～20 MPa の高圧下で行われるため，合成ガスは，合成ガス圧縮機で合成圧力まで圧縮してからアンモニア合成工程に送られる。アンモニア合成工程では，窒素1 mol と水素3 mol からアンモニアが合成される。

アンモニア合成は，20世紀初頭から続く伝統的化学プロセスの代表といえるが，プロセス改良は連綿と続いている。Kellogg Brown & Root (KBR) の最新プロセス KAAP (KBR advanced ammonia process) では，高活性のルテニウム触媒を用いることで，合成圧力を9 MPa にまで低減し，エネルギー消費を大幅に削減している。

尿素（NH_2CONH_2）プラントは，通常アンモニアプラントに隣接して建設され，原料であるアンモニアとCO_2はアンモニアプラントから供給される。図5.14に尿素製造工程のブロックフローを示す。合成工程では，アンモニアとCO_2から，170～200℃，14～25 MPa の高温・高圧下，無触媒で尿素が合成される。合成工程では，合成塔と同圧力下で未転化のカルバミン酸アンモニウム（$NH_2CO_2NH_4$）を加熱・分解し，同圧下で凝縮後，合成塔に循環する「ストリッピングプロセス」が現在の主流である。ストリッピングプロセスは，ストリッピング剤として原料のCO_2を用いる「CO_2ストリッピング」と，ストリッピング剤を用いない「セルフストリッピング」の二つに分かれる。

尿素製造プロセスは，合成工程のほか，未反応物分離・回収，濃縮，造粒の工程からな

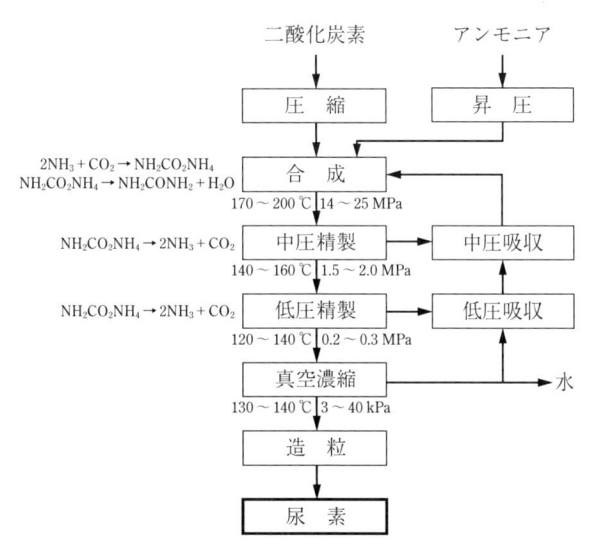

図5.14 尿素製造工程

る。中間生成物であるカルバミン酸アンモニウムは強い腐食性を持つので，尿素プラントでは，装置材料の選定と腐食抑制も重要である。

工業的尿素製造は，第2次大戦後急速に発展した。その間，さまざまなプロセスが生まれたが，現在では東洋エンジニアリング（TEC，日本），Stamicarbon（オランダ），Snamprogetti（イタリア）の3プロセスに淘汰され，世界で500基を超える尿素プラントの8割以上を占めている。TECの最新プロセスであるACES 21（advanced process for cost and energy saving process for 21st century）は，図5.15に示す新開発のカーバメートコンデンサー（凝縮塔）とエジェクターを用いた合成ループにより，建設費減とエネルギー消費削減を同時に達成し，2004年の第1号プラントの稼働以来，2007年現在，5基の尿素プラントに採用されている。図5.16にACES 21の尿素合成ループを示す。

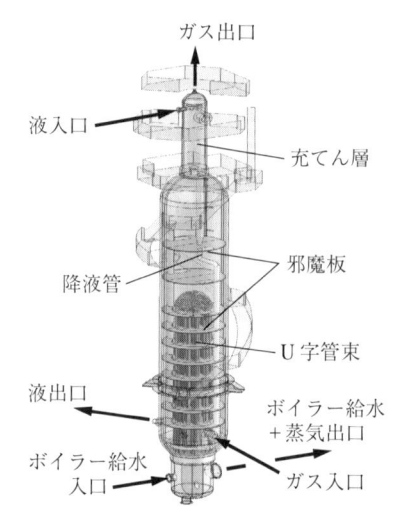

図5.15　ACES 21 カーバメートコンデンサー（凝縮塔）

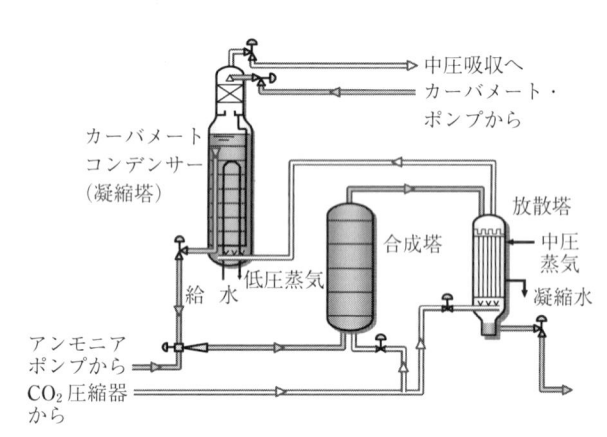

図5.16　ACES 21 尿素合成ループ

[6] 水素合成技術

1) 改質反応を利用した水素製造技術　　天然ガスからの水素製造技術は，経済性や環境性に優れ，古くから石油精製や石油化学プロセスなど工業的に利用され，最近では，燃料電池自動車向けの水素供給ステーションや燃料電池コージェネレーション用燃料処理装置，工業用オンサイト（需要地設置型）水素製造装置など幅広い用途向けにも利用されている。天然ガスから水素を製造するプロセスには，天然ガスに水蒸気やO_2（空気）を添加して触媒上で接触分解し，水素を含む改質ガスを製造する方法が利用される。このうち，天然ガスと水蒸気を反応させる水蒸気改質反応は式（5.18），（5.19）の反応式により示される吸熱反応であり，反応器に加熱部が必要となるが，反応器中の熱バランスを適切に制御することにより高い効率が得られることや，生成ガス中の水素濃度を高くできる特徴があるため，

一般的に広く利用されている。

$$C_nH_m + nH_2O \rightarrow nCO + (n+m/2)H_2 \qquad \Delta H° > 0 \qquad (5.18)$$

$$CH_4 + H_2O \rightleftharpoons CO + 3H_2 \qquad \Delta H° = 206 \text{ kJ/mol} \qquad (5.19)$$

図 5.17 に水素精製工程に PSA（pressure swing adsorption：圧力スイング吸着）を使用した水素製造プロセスフローを示す。水蒸気改質反応は，工業的には安価で高活性である Ni 系触媒を使用し，反応温度を 700〜800 ℃ に制御し，水素濃度約 70〜80 %（ドライベース）の改質ガスを生成する。改質ガス中には CO が 10 % 程度含まれているため，後段の CO 変成器で CO を 1 % 程度まで低減する。CO 変成反応は反応式（5.20）で示され，Fe-Cr 系触媒を用いて反応温度 350〜450 ℃ で反応する高温変成反応と Cu-Zn 系触媒を用いて 200 ℃ 前後で反応する低温変成反応があり，両方を組合せて使用するケースもある。水素濃度が高められた変成ガスは，PSA により，水素以外の成分が吸着除去され，純水素が精製される。

$$CO + H_2O \rightleftharpoons CO_2 + H_2 \qquad \Delta H° = -41.0 \text{ kJ/mol} \qquad (5.20)$$

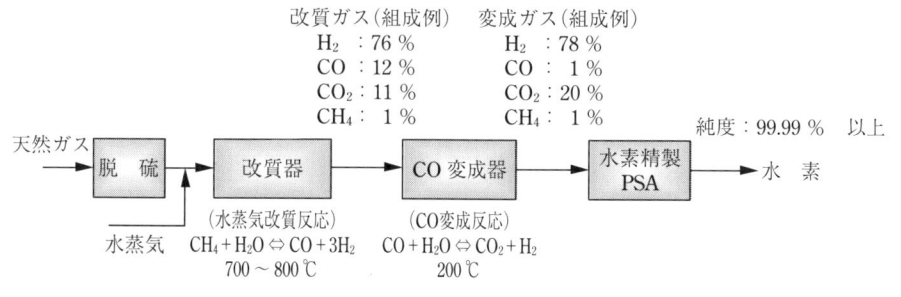

図 5.17 水素精製工程に PSA を使用した水素製造プロセスフロー

そのほか，家庭用 PEFC（固体高分子形燃料電池）コージェネレーションシステムのように，PSA を使用せずに，CO 選択酸化を利用し，PEFC の電極被毒物質である CO を 10 ppm 以下にまで除去し，水素を主成分とする改質ガス（CO_2 や過剰の水蒸気を含む）を供給する方式も利用される。

2） 非平衡改質による水素製造技術　天然ガスからの水素製造においては，その工程で CO_2 が排出されるため，環境優位性を高めていくには，水素の高効率製造が重要となる。現在利用されている PSA 方式水素製造装置の水素製造効率は 65 % 程度でありさらなる効率向上が望まれる。水素分離膜を水蒸気改質器に組み込んだ水素分離型改質器による非平衡型改質システムでは，従来の PSA 方式よりも 10 ポイント以上高い 80 % 以上の高い効率が期待でき，天然ガスなどの炭化水素から最も効率高く水素を製造できる技術として，その実用化が強く期待されている。水素分離型改質器は，図 5.18 の原理図に示すとおり，都市ガスの水蒸気改質反応で生成した水素を反応器内部のパラジウム系合金薄膜を使用した水素

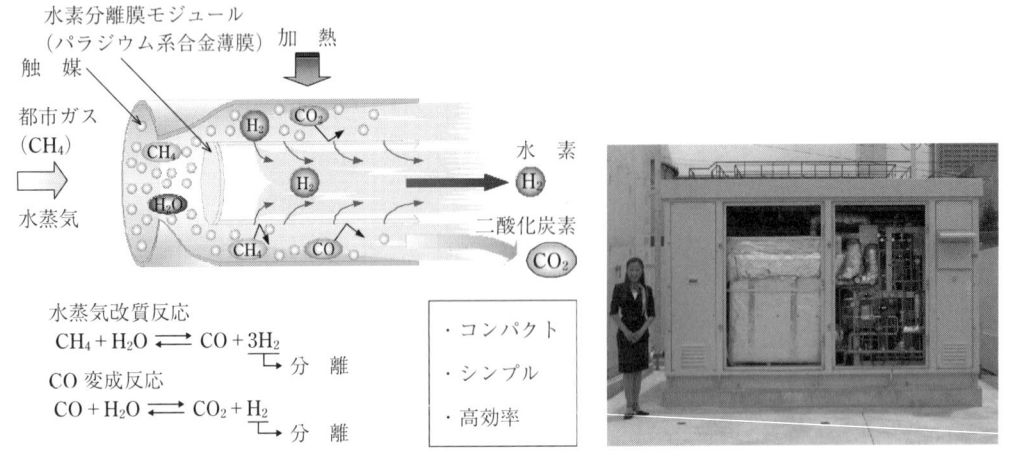

図 5.18 水素分離型改質器の原理図

水素分離膜モジュール（パラジウム系合金薄膜）
加熱
触媒
都市ガス（CH₄）
水蒸気
水素 H₂
二酸化炭素 CO₂

水蒸気改質反応
$CH_4 + H_2O \rightleftarrows CO + 3H_2$
　　　　　　　　↳ 分離

CO変成反応
$CO + H_2O \rightleftarrows CO_2 + H_2$
　　　　　　　↳ 分離

・コンパクト
・シンプル
・高効率

図 5.19　40 m³ₙ/h 級水素分離型改質器試験機

分離膜モジュールにより，改質反応のその場で選択的に抜き出し，1段のプロセスで高純度水素を製造するもので，従来方式でのCO変成工程，水素精製工程が不要となる。また，反応系から水素を引き抜き，反応平衡の壁を崩して反応が促進されるため，従来は700～800℃必要であった改質器の温度を500～550℃まで格段に低下させることができる。そのため，従来のPSA方式水素製造システムと比較して，シンプル・コンパクト・高効率化が可能となる。

　水素分離型改質器システムの開発事例として，日本ガス協会がNEDOの委託事業において，水素分離型改質器としては，世界最大級の40 m³ₙ/h級試験機（図 5.19）を製作し，2004年に水素製造効率76.2％（HHV基準）を達成した実績がある[19]。水素分離型改質器は，水素分離による反応促進により，水素製造時に排出される水素を分離した後の残りのオフガス中のCO_2が90％と高濃度となるため，CO_2の回収が比較的容易である特長も有している。

　非平衡改質には，水素分離以外にもCO_2吸収剤を改質反応場に組み込んでCO_2を吸収分離することによって，反応促進させる新たなコンセプトの技術開発も実施されている[20]。将来の水素エネルギー社会への実現に向けては，水素製造工程の高効率化を推進するとともに，CO_2回収技術も組み込んだ水素製造技術の開発が期待される。

〔7〕　そのほかのC1化学

　〔1〕～〔6〕項のほか，合成ガスを原料とする重要な工業プロセスとして，メタノールのカルボニル化による酢酸製造プロセスが挙げられる。1960年代，BASFにより本法が初めて工業化された際の触媒は均一系のコバルト系触媒であり，反応条件は250℃，65 MPaと高温高圧，また，酢酸への選択率もメタノール基準で90％程度であった[21],[22]。その後，よ

り活性の高いRh系触媒（Monsantoプロセス）やIr系触媒（Cativa™プロセス）が相次いで見出され，反応条件の緩和，精製工程の簡略化が可能となった。本反応は触媒の種類にかかわらず反応促進剤としてヨウ素化合物が必要であり，腐食の問題から設備には高級材料が使用される。ここでは代表的なMonsantoプロセスの概略フロー図を示す（図 **5.20**）[22]。メタノールのカルボニル化は攪拌層反応器で連続的に行われる。同プロセスでは反応条件が150〜200℃，3〜6MPaまで緩和され，選択率もメタノール基準で99％に達している[22]。後段のフラッシュタンクではおもにRh触媒と生成物の分離が行われ，触媒は反応器にリサイクルされる。同法は現在の酢酸製造プロセスの主流であり，世界の約55％（1999年）がこの技術に基づいている[23]。

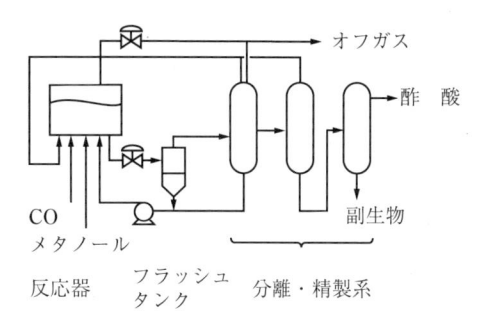

図 **5.20** Monsantoプロセスの概略フロー図[22]

酢酸以外にも，合成ガスを原料とする化学品合成の検討が行われており，特に1980年代にはエチレングリコール，エタノール，酢酸（直接法），低級オレフィンの新規製造技術の確立を目指した産学官による大型プロジェクト（C1化学プロジェクト）が遂行され，触媒探索・性能向上およびベンチスケールでの性能評価が実施された[24]。また，近年では米国DOEのバイオマス開発プログラムにおいて合成ガスを原料としたエタノール製造プロセスの開発に研究費が投入されており，実現に向けた動きが始まっている[25]。

〔引用・参考文献〕

1) W. S. Ernst, S. Venables, P. S. Chirstensen and A. C. Berthelsen：Push syngas production limits, Hydrocarbon Processing, Vol.**79**, No.3（2000）
2) Brochure of Lurgi, Multi Purpose Gasification
3) 宇野和則ら：PETROTECH No.**29**，Vol.3（2006）
4) 横田耕史郎・藤元薫ほか："気相，液相，超臨界相におけるフィッシャー・トロプシュ合成反応"，石油学会誌，No.**39**，Vol.2，pp.111〜119（1996）
5) Y. Suehiro, M. Ihara, et al.：New GTL Process — Best Candidate for Reduction of CO_2 in Natural Gas Utilization, Proceedings of SPE Asia Pacific Oil and Gas Conference and Exhibition, SPE 88628, Perth, Australia（2004）
6) F. Yagi, R. Kanai, et al.："Development of synthesis gas production catalyst and process", Catalysis Today Vol.**104**, No.1, pp.2〜6（2005）
7) K. Fujimoto, K. Suzuki, et al.："Development of high-performance F-T synthesis catalyst and demonstrative operation of a pilot plant with the catalyst by JOGMEC-GTL project in Japan", Prepr. Pap.-Am. Chem. Soc., Div. Fuel Chem. Vol.**49**, No.2, pp.710〜711（2004）
8) N. Tsubaki, K. Fujimoto：Supercritical Fluids, p.415, Springer（2002）

9) 平本欣司："メタノール"，化学経済，2007・3臨時増刊号，pp.67～69（2007）
10) 宮本眞樹："技術史シリーズ第32回　メタノール製造技術の歴史　海軍法の系譜を中心に"，化学史研究，Vol.**34**，pp.19～39（2007）
11) JFEホールディングス株式会社ホームページ：http://www.jfe-holdings.co.jp/　（2008年8月20日現在）
12) 小川高志："直接合成"，DMEハンドブック，pp.148～155，オーム社（2006）
13) A. A. Avidan："Gasoline and distillate fuels from methanol", Stud. Surf. Sci. Cat., Vol.**36**, pp. 307～323（1988）
14) J. F. Haw, W. Song, D. M. Marcus and J. B. Nicholas："The mechanism of methanol to hydrocarbon catalysis", Acc. Chem. Res., Vol.**36**, No.5, pp.317～326（2003）
15) 乾智行："触媒講座9巻　工業触媒反応 II"，pp.52～83，講談社（1985）
16) H. Koempel and W. Liebner："Lurgi's methanol to propylene（MTP®）report on a succesful commercialisation", Stud. Surf. Sci. Catal., Vol.**167**, pp.261～267（2007）
17) Lurgi AG社ホームページ：http://www.lurgi.com/　（2008年8月20日現在）
18) UOP社ホームページ：http://www.uop.com/　（2008年8月20日現在）
19) 白崎義則，安田勇："膜分離による高効率水素製造技術の開発"，水素エネルギーシステム，Vol.**31**，No.2，pp.42～49（2006）
20) Hufton, J. R., S. Weigel, W. Waldron, S. Nataraj, M. Rao, and S. Sircar："Sorption Enhanced Reaction Process for Production of Hydrogen", Proc. of the 1999 U. S. DOE Hydrogen Program Review, 1, pp.244～259（1999）
21) R. T. Eby and T. C. Singleton,："Methanol Carbonylation to Acetic Acid", Applied Industrial Catalysis, Vol.**1**, pp.275～296（1983）
22) J. H. Jones,："The Cativa™ Process for the Manufacture of Acetic Acid", Platinum Metals Rev., Vol.**44**, No.3, pp.94～105（2000）
23) K. Weissermel and H. J. Arpe："工業有機化学　第5版"，pp.188～193，東京化学同人（2004）
24) 竹内和彦："合成ガスからの基礎化学品の製造プロセス"，触媒，Vol.**38**，No.8，pp.604～610（1996）
25) DOEホームページ：http://www.energy.gov/news/4827.htm　（2008年8月20日現在）

5.3　直接転換技術

5.2節では天然ガスをいったん合成ガスへ変換した後にさまざまな燃料，化成品へと転換する技術，いわゆるC1化学について概説した。このC1化学の要となる中間体である合成ガスは，天然ガスばかりでなく重質油，石炭，バイオマスなどのあらゆる有機資源からも誘導できるため，合成ガスをベースとするC1化学は汎用性の高い体系であり必然的に有用性も高いといえる。したがって本節で概説する直接転換技術では，C1化学で産み出すことが困難な，メタンならではの特徴を活かした反応，または，C1化学では困難な高選択性・高効率の反応，などを発展させる必要がある。ここではカップリング反応，各種の炭素材料

5.3.1 脱水素カップリング

メタンの脱水素カップリング反応は次式で示されるように，エタンまたはエチレンという石油化学原料が選択的に得られ，メタンの水素原子も水素として利用できる有用な反応である。

$$2\,CH_4 \rightarrow CH_3CH_3 + H_2 \tag{5.21}$$

$$2\,CH_4 \rightarrow CH_2CH_2 + 2\,H_2 \tag{5.22}$$

しかし，図 **5.21** に示すように反応の自由エネルギー変化が正であるため，いずれも1 000 °C 以上の高温での反応が必要であり，平衡的な制約から転化率を高くできないこと，アセチレン副生の抑制のためには水素の添加が必要であることなどが課題である。

この反応を低温で進行させる試みの一つは，還元された金属上での炭素種の生成と，その水素化からなる2段階反応である[1]。鉄系触媒を例に説明すると，まずメタンが低温の触媒上で解離吸着して炭素種と水素を生じる。

図 **5.21** メタンの脱水素カップリング反応と関連反応の自由エネルギー変化

$$2\,CH_4 + 6\,Fe \rightarrow 2\,Fe_3C + 4\,H_2 \tag{5.23}$$

つぎに高温で水素処理すると炭素が分解してエタンとなる。

$$2\,Fe_3C + 3\,H_2 \rightarrow 6\,Fe + C_2H_6 \tag{5.24}$$

式 (5.23)，(5.24) を合せると式 (5.21) となるが，二つの反応の自由エネルギー変化の温度依存性は異なっており，それらを別々の温度で実施するために平衡的な制約を逃れることができる（図 **5.22**）。ロジウム，ルテニウム，白金，コバルトなどの金属触媒が有効であり，反応条件により炭素数3以上の炭化水素が生成することが報告されている[1]。

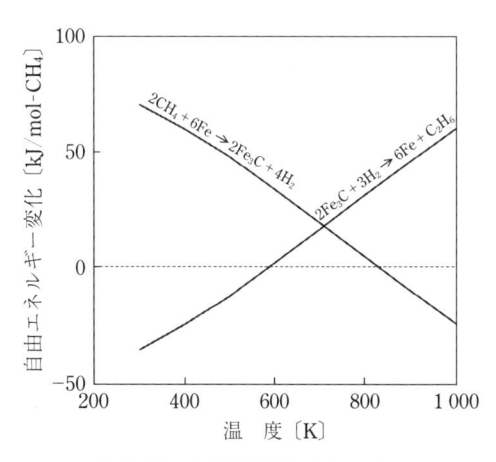

図 **5.22** 2段階反応によるエタン生成反応の自由エネルギー変化

メタンの脱水素反応を低温で進行させるもう一つの試みは非平衡プラズマの利用であ

る。非平衡プラズマを発生する手段として，マイクロ波，誘電体バリア放電，コロナ放電，火花放電などがあり，いずれもメタンのみを流通させるとC_2化合物が生成するもののアセチレンの選択率が高い。そこで各種の水素化反応触媒と併用することでエチレンへの選択性を大幅に向上させるなど，興味深い結果が得られている。

メタンの脱水素反応の例として炭素数2で止まるのではなく一気に炭素数6のベンゼンを直接合成する試みが報告されている。図5.21からわかるように，この反応はエタン・エチレン生成反応に比べると平衡的にはやや有利である。

$$6\,CH_4 \to C_6H_6 + 9\,H_2 \tag{5.25}$$

石油化学原料やガソリンとして利用可能なベンゼン以外に多くの水素が生成するのが特徴である。モリブデンやレニウムを含むZSM-5ゼオライトが特異的に高活性を示す。活性の劣化の抑制がポイントであるが，メタン中に少量のCO_2，COを混ぜることで劣化が抑制されることが見出されており有望といえる[2]。

5.3.2 酸化的カップリング

メタンの酸化的カップリング反応は次式で示されるように水素を水として除く反応で，水素のロスはあるが，平衡的な制約がない利点を持つ。

$$2\,CH_4 + \frac{1}{2}O_2 \to CH_3CH_3 + H_2O \tag{5.26}$$

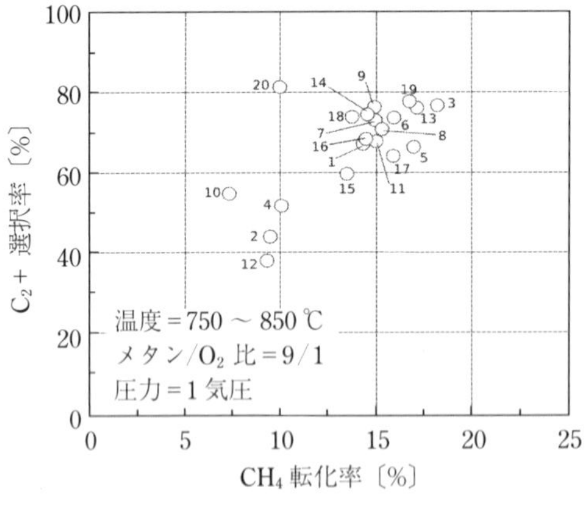

$$2\,CH_4 + O_2 \to CH_2CH_2 + 2\,H_2O \tag{5.27}$$

1982年の酸化鉛触媒の報告以来，金属酸化物とアルカリ金属・アルカリ土類などさまざまな触媒が報告されたが，生成物のエタン，エチレンのほうがメタンよりも反応性が高くO_2で燃焼してしまうため，生成量には限界がある。反応条件を揃えて成績を比較すると炭素数2以上の炭化水素の収率（転化率×選択率）の合計は15％程度であり限界は明らかである[3]（図5.23）。

酸化剤としてO_2の代わりに反応性が低いCO_2を用いる反応も検討されており，PbO-MgO触媒にはじまって，希土類酸化物，アルカリ土類酸化物-希土類酸化物が高活

1：Sr/La，2：Ba/La，3：Li/MgO，4：NaMnO$_4$/MgO，5：Na$_4$P$_2$O$_7$/Mn/SiO$_2$，6：LiYO$_2$，7：Na/MgO，8：NaCO$_3$/CaO，9：Co/Li/MgO，10：LiNiO$_2$，11：BaO/CaO，12：NaY zeolite，13：Na$_2$SO$_4$/CaO，14：PbO/MgO，15：LaAlO$_3$，16：Li/ZnO，17：Sm$_2$O$_3$，18：Li/Sm$_2$O$_3$，19：NaCl/Mn/SiO$_2$，20：LiClCaCl$_2$/Bi$_2$O$_3$/BiOCl

図5.23　酸化的カップリング反応用触媒の反応成績

性を示すことが報告されている。平衡的にはO_2を用いる酸化カップリング反応に比べて不利だが CO が生成するためにCO_2の有効利用という側面から見て有用な反応である。

$$2\,CH_4 + CO_2 \rightarrow CH_3CH_3 + CO + H_2O \tag{5.28}$$

5.3.3 炭素材料

炭素材料の炭素源としてメタンを用いて，燃料や化成品と比べてきわめて付加価値の高い製品を得ることができる。図 5.21 に示すようにメタンの炭素，水素への分解反応は平衡的には比較的有利な反応である。

$$CH_4 \rightarrow C + 2\,H_2 \tag{5.29}$$

1例としてダイヤモンド合成を挙げる。ダイヤモンドは硬さや熱伝導率などの物理的性質が優れているだけでなく，電子デバイスとしての性質も優れており，シリコンを凌ぐ半導体材料として期待されている。マイクロ波によるプラズマCVD（化学蒸着法）でメタンなどの炭化水素を含むプラズマを基板に照射するとダイヤモンドが表面に堆積する。プラズマ発生用の原料ガスにB_2H_6（水素化ボロン）を混ぜることでボロンドープのp型半導体となり，りん，硫黄をドープするとn型半導体となる。

式（5.29）の反応は，高純度水素製造の観点からも有用である。水蒸気改質などにより製造される水素には一酸化炭素が入っているために高純度水素が必要な用途ではその除去にコストがかかる。本反応では一酸化炭素は副生しないために高純度水素が容易に得られるのが利点である。ニッケル触媒が高活性を示すことが報告されており，副生する炭素の有効利用法の確立が望まれる。

5.3.4 そ の 他

メタンの変換はほかにもさまざまな試みが報告されており，すでに工業化の実績があるプロセスもある。

〔1〕 青 酸 合 成

メタンとアンモニアと空気から青酸を製造するAndrussow法は，アクリロニトリル合成プロセスの副生青酸が得られるまでは工業プロセスとして用いられていた。

$$2\,CH_4 + 2\,NH_3 + 3\,O_2 \rightarrow 2\,HCN + 6\,H_2O \tag{5.30}$$

網状の白金触媒に反応ガスを流通させるシャローベッド反応器が用いられる。

〔2〕 直接メタノール合成

無触媒でも数十気圧，400℃程度の反応で数％のメタノールが生成することが報告されている。

$$CH_4 + \frac{1}{2}O_2 \rightarrow CH_3OH \qquad (5.31)$$

触媒としてはモリブデン,クロム,バナジウム触媒などが報告されているが,副反応としてCO_2,H_2O が生成する。一方無触媒反応で副生するのはCO,H_2であり,合成ガスとしての利用が可能である。

〔3〕 直接酢酸合成[4]

現在はメタノールと一酸化炭素からロジウム触媒を用いて合成するプロセスが主流であるが,メタノールや合成ガスの原料であるメタンから一気に酢酸を合成する触媒系が知られている。

$$CH_4 + CO + (O) \rightarrow CH_3COOH \qquad (5.32)$$

さらに同様の触媒系でCOを用いなくても酢酸が生成することが報告された。

$$CH_4 + (O) \rightarrow CH_3COOH \qquad (5.33)$$

同位体実験から酢酸の炭素はいずれもメタン由来であることが確認されている。いずれの反応もトリフルオロ酢酸などの特殊な溶媒と過硫酸カリウムなどの酸化剤を用いるために工業的な生産向きではないが,触媒化学的にきわめて興味深い反応である。

〔引用・参考文献〕

1) T. Koerts, M. J. A. G. Deelen, R. A. van Santen:"Hydrocarbon Formation from Methane by a Low-temperature Two-step Reaction Sequence", Journal of Catalysis, Vol.**138**, No.1 pp.101〜114 (1992)
2) L. Wang, R. Ohnishi and M. Ichikawa:"Selective Dehydroaromatization of Methane toward Benzene on Re/HZSM-5 Catalysts and Effects of CO/CO_2 Addition", Journal of Catalysis, Vol.**190**, No.2, pp.276〜283 (2000)
3) 山村正美:"天然ガスの直接変換による液体燃焼製造技術",日本エネルギー学会誌,Vol.**72**,No.6,pp.442〜449 (1993)
4) P. M. Reis, J. A. L. Silva, A. F. Palavra, J. J. R. F. da Silva, T. Kitamura, Y. Fujiwara, A. J. L. Pombeiro:"Single-Pot Conversion of Methane into Acetic Acid in the Absence of CO and with Vanadium Catalysts Such as Amavadine", Angewandte Chemie International Edition, Vol.**115**, No.7, pp.821〜823 (2003)

5.4 DME利用技術

DMEは,現在,中国では燃料としても用いられているが,それ以外では世界でスプレー噴射剤などに利用され,中国を除く世界の生産量は,15万トン/年といわれている。DMEは,天然ガスをはじめとした原料から容易に生産可能で,その性質もきわめて優れたもの,

と考えられることから，代替燃料として注目されている。DMEの利用用途としては，LPG代替，LNG代替，軽油代替など，広い範囲が想定されている。DMEは，燃料としては含酸素燃料であり，通常の炭化水素系燃料とは種々の点で異なる新規燃料である。したがって，DMEを代替燃料として広めるためには，供給のためのインフラ整備や利用技術の開発が必要となる。

ここでは，まず，「概要」にてDMEの性質からDMEの代替燃料としてのポテンシャリティーを述べる。ついで，「個別技術」にて現在，主要な利用分野と考えられている集中型発電，分散型発電，ディーゼル自動車，燃料電池に関して利用技術の開発状況を述べる。

5.4.1 概　要

〔1〕 DME の 性 状

DMEの物性値を**表5.3**に示す。メタン，プロパン，軽油の物性値と比較する。

DMEは，常温・常圧で気体である。常圧/−25℃，常温/6気圧で，容易に液化する。液化の条件は，LPGのうちのプロパンに近い。液体状態でのDMEの重量当りの熱量は，LPGの6割/軽油の7割，体積当りの熱量は，LPGの8割/軽油の5割である。また，気体状態での体積当りの熱量は，メタンの1.65倍/プロパンの6.5割である。同量の熱を発生させるには，軽油・LPGより多くの重量・体積の液体DMEを必要とする。

表5.3 各種燃料の物性値とDMEの特徴

	プロパン (C_3H_8)	メタン (CH_4)	軽油	DME (CH_3OCH_3)	DMEの特徴
沸　点　〔℃〕	−42	−162	200〜350	−25	液化しやすい。
液密度　〔kg/m³〕	501		831	667	単位重量当りの発熱量低い。プロパンの6割，軽油の7割。
低位発熱量（液体）〔MJ/kg〕	46	50	43	29	
低位発熱量（気体）〔MJ/m³〕	91	36	−	59	気体単位体積当りの発熱量は，メタンの1.65倍，プロパンの6.5割。
可燃限界濃度〔％〕	2.1〜9.4	5〜15	0.5〜4.1	3.4〜27	燃えやすい。フラッシュバック（逆火）に留意必要。
自然発火温度〔℃〕	504	632	230〜250	350	
断熱火炎温度〔℃〕	1977	1963	2125	1954	
燃焼速度〔cm/s〕	43	37	−	50	
液の粘性係数〔10^{-3} kg/m〕	0.15	−	2〜4	0.15	粘性が低く（無潤滑性，低体積弾性），リーク・磨耗問題がある。
セタン価	5	0	40〜55	55〜60	セタン価高く，ディーゼル燃料として適する。
その他				溶媒作用	ゴム・プラスチック類への浸食性あり。適切なシール材選定必要。

DMEの燃焼速度はメタンの1.4倍速く，自然発火温度はメタンより280℃低く，非常に燃焼しやすい。従来の天然ガスや軽油を燃料とする各種燃焼装置をDME用に改造する場合に，燃焼しやすいDMEをうまくコントロールすることがポイントとなる。断熱火炎温度はメタンと同等であり，燃焼時のサーマルNOx生成は避けられないと考えられる。また，低粘性・低潤滑性で，燃料ポンプや燃料噴射装置でのリークや磨耗の問題がある。

DMEは液体状態で低体積弾性率，すなわち圧力による体積変化が大きい。いわば「ふわふわした」燃料である。また，温度による体積変化も大きい。容易に気化するため，燃焼させる場合，燃焼室導入後の拡散性は良く，含酸素化合物であることからすすが生成しないこと，硫黄分がなくサルフェートも発生しないことから，燃焼時におけるPM（すすなどの粒子状物質）発生がきわめて少ないことが期待される。また，セタン価が高く，ディーゼルエンジン燃料に適している。DMEは，炭化水素燃料ではなく，エーテルであり，有機化合物に対する溶解性が高いため，インフラや利用機器で使われる樹脂やゴムのシールなどへの浸食性に留意する必要がある。

〔2〕 DME利用の分類

DME利用を分類すると，図5.24のように表せる。すなわち，まず，燃料としての利用と燃料以外の化学利用に分けられる。DMEの燃料としての利用は，やはり，大別して二つに分かれる。すなわち，DMEのまま燃焼するか，DMEを改質し改質ガスを利用するか，である。DMEのまま燃料して利用する装置・機器としては，集中型発電のボイラーやタービン，分散型発電のディーゼルエンジンやマイクロガスタービン，自動車用ディーゼルエンジン，家庭用コンロなどがあり，DMEを改質して利用する装置・機器としては，DMEを改質してSNG（substituted natural gas：代替天然ガス）化するSNG装置，DMEを改質して水素にして燃料電池燃料にする燃料電池燃料改質装置がある。

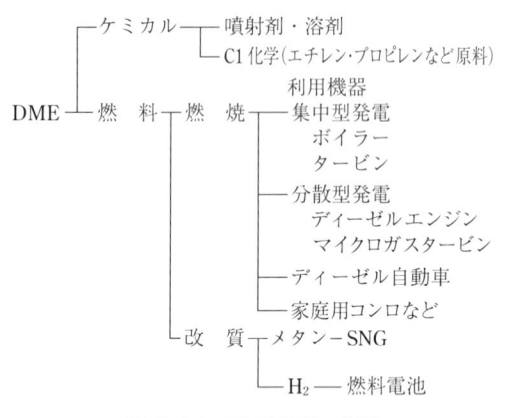

図5.24 DME利用の分類

〔3〕 燃料用途の特徴

上記のように，DMEは既存の燃料とは，燃焼性，気液相変化，重量・体積当りの低い熱量，低潤滑性，低体積弾性率，低粘性，膨潤性など，多くの性質が異なっている。それは，既存の利用機器に対して，メリットおよびデメリットをもたらす。表5.4に，既存燃料に対して異なったDMEの性質が既存機器にもたらす効果と対応策をまとめた。

表5.4 DMEの性質と既存機器に対する効果・対応策

主要な既存燃料（天然ガス・LPG・軽油）に対するDMEの性質	タービン・ボイラー（燃焼機器）	ディーゼルエンジン・ディーゼル自動車	SNG・燃料電池燃料
燃料クリーン性（S分・アロマ分なし）	低PM	同左	前処理工程が省略可能
燃焼時のクリーン性	—	高EGR（排ガス循環）率可能（低NOx）	—
高　燃焼速度	*フラッシュバック（逆火）対策が必要*	燃焼期間が短く，高熱効率化可能	—
低　自発火温度	*空気混合気の温度制御に関する対応が必要*	低騒音，低振動	—
低　単位体積・重量当り熱量	*貯蔵・供給容量増大，燃料必要量増大に対する対応が必要*	*同左*	—
低　潤滑性	—	*摺動部の磨耗に対する対策が必要*	—
低　体積弾性	—	*高圧噴射系が望ましい*	—
低　沸点	—	*DMEの低温温度制御が必要*	—
強　溶媒作用	—	*シール材・ゴム材への対応が必要*	—
低　改質温度	—	—	効率化・コンパクト化が可能

※　正字：効果，*斜体字*：対策

5.4.2　おもな利用技術開発の特徴・ポイント

〔1〕 集中型発電（タービン）

　LNG発電所をDME発電所に転換する場合を想定した技術開発として，DMEタービン燃焼器が開発されている。同燃焼器を用いたDME発電所は，LNG発電所に比べて，オンサイトプラントコストが同等程度であると考えられるが，LNGのような超低温液体を取り扱わないことから発電所のインフラ関係のコストが安価になり，発電所全体としてのコストは安価になる。また，DMEは，分子中に酸素を有することから，LNGに比べて燃料に要する空気量が低減し，その結果，発電効率が高くなる可能性も高い。以上により，規模・場所・燃料コスト次第で，DME発電所のほうがLNG発電所に比べて，有利になる可能性がある。

〔2〕 分散型発電（ディーゼルエンジン）

　DMEはセタン価が高く，ディーゼル燃料に適している。含酸素化合物であることなどから排出ガスはスモークレスとなり，PMが大幅に低減する。また，PMが出ないのでEGR（排出ガス循環）を強力にかけることが可能であり，容易にNOxが低減できる。さらに，エンジンの低騒音化，高価な燃料噴射装置を必要としないなどの多くのメリットを享受でき

る。このようなメリットを活かしたDMEディーゼルエンジンが開発されている。

〔3〕 ディーゼル自動車

ディーゼル自動車の噴射ポンプには，分配型，列型，コモンレールなどの種類がある。現在，わが国では，分配型，列型，コモンレールの噴射ポンプを用いた10台以上のDME自動車が開発され，実証走行試験が行われている。DMEディーゼルエンジンは，5.4.1項〔1〕で述べたように，燃料由来のPMを排出しないことから，ディーゼル自動車としては，環境規制にはNOx対策に特化すればよく，クールドEGRや酸化触媒などの簡便な後処理システムとの組合せにより，容易にポスト新長期規制をクリアできるといわれる。一方，軽油燃焼を用いたディーゼル自動車の場合には，ポスト新長期規制をクリアするには，脱NOx触媒やDPF (diesel particulate filter) などの高価な後処理システムが必要であるといわれており，車へのDME燃料供給価格次第では，自動車償却費・燃料費・維持修繕費をトータルに見たコストで，軽油燃料の場合よりも安価になる可能性もある。

〔4〕 燃料電池用燃料改質システム

固体高分子型燃料電池（PEFC）の水素供給システムとして，DME改質システムが検討されている。DMEは含酸素化合物であり，改質のために700℃以上の高温を必要とする天然ガスなどの炭化水素燃料に比べて，400℃以下で改質できる。その結果，高温に弱い銅亜鉛アルミナ触媒が使用可能となる。炭化水素燃料を用いた場合の改質→CO変性→CO除去というシステムにより燃料電池供給ガス中のCO濃度を10ppm以下にする必要があるのに対し，DMEの場合には，銅系触媒がCO変性活性を持つことから，メタノール改質の場合のように改質→CO除去というシステムで対応でき，改質システムのコンパクト化や効率化が図れる可能性がある。しかも，消費者が直接燃料に触れる可能性がある燃料電池においては，燃料の持つ毒性はきわめて大きな問題であるが，有毒なメタノールに対して，DMEは無毒である。このようなことから，燃料電池用の水素源として，DMEはきわめて有望と考えられる。定置型および車載型の燃料電池用の改質システム開発が実施されている。

5.5 天然ガス転換技術を利用した商業プロジェクト

5.5.1 GTLプロジェクト

現在，稼働中および建設中のGTLプロジェクトを地図で示すと，図5.25となる。

〔1〕 GTLの歴史と第1世代のGTLプロジェクト

表5.5に，第1世代といわれるGTLプロジェクトをまとめた。

GTL技術は，ドイツの科学者Dr. FischerとDr. Tropschが合成ガスから炭化水素が生

5.5 天然ガス転換技術を利用した商業プロジェクト

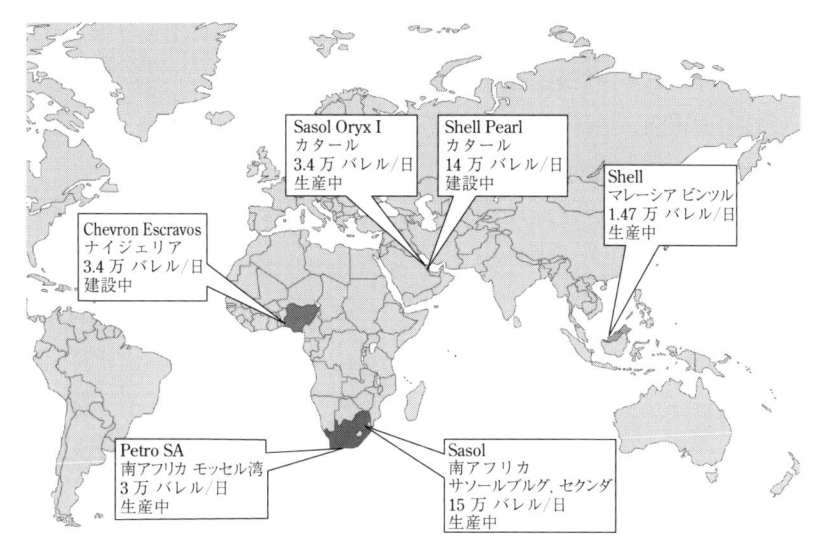

図 5.25 稼働中・建設中の GTL プロジェクト（2007 年 11 月現在）

表 5.5 現在の GTL プロジェクト（第 1 世代 GTL プロジェクト）

プロジェクト	場　所	内　容
Shell	マレーシア ビンツル	・規模：14 700 バレル/日（12 500 バレル/日から増加） ・LNG プラントと併設 ・製品：灯油，軽油，ナフサ，潤滑油，ワックスなど
Sasol	南アフリカ サソールブルグ，セクンダ	・規模（合計）：150 000 バレル/日 ・原料：石炭（一部モザンビークからのガス） ・製品：ガソリン，灯油，軽油，120 種類以上の化学製品
PetroSA（Mossgas）	南アフリカ モッセル湾	・規模：30 000 バレル/日 ・製品：ガソリン，灯油，軽油，アルコールなど

成することを発見したことにより始まった．本研究を契機として活性の高い触媒開発研究が行われた．第 2 次世界大戦までに英国，ドイツ，フランス，日本で数基の工業プラントが稼動した．大戦終了後，アパルトヘイトにより国際的な石油禁輸措置が課せられていた南アフリカにおいて，Sasol は石炭から液体燃料を製造するプラントを稼動させた．その後，このプラントには，原料の一部としてモザンビークからのパイプラインガスが使用されており，現在の総生産量は 15 万バレル/日となっている．同じく南アフリカで，1992 年，国営 Mossgas（その後，PetroSA に改名）は Sasol 技術を導入し，モッセル湾の天然ガスから 3 万バレル/日のガソリンを製造している．また，Shell は，マレーシアのビンツルにて，大型のデモンストレーションプラントの位置付けで，LNG プラントに併設して 1.25 万バレル/日の燃料油生産能力を持つ SMDS（Shell middle distillate synthesis）プラントを建

設し，1993年に生産を開始した。このプラントは，1997年12月に空気分離プラントの爆発事故が起り運転を停止していたが，設備を増強して2000年5月から1.47万バレル/日 のプラントとして運転が再開している。

〔2〕 第2世代のGTLプロジェクト

1) **背　　景**　上記に述べたように，2000年以前に生産開始されたGTLプロジェクトは，南アフリカの二つのプロジェクトは石油禁輸措置への対策，マレーシアのプロジェクトは大型実験プラントという位置付けであり，いずれも，いわゆる商業目的のものではない。ところが，最近，純粋な商業目的のGTLプロジェクトが計画され，建設・生産されつつある。その背景には，さまざまな理由が考えられるが，主要なものとしては，天然ガス田へのアクセス能力を持つ上流事業者による天然ガスの開発手段の多様化にあろう。すなわち，天然ガスの開発手段としては，従来，パイプラインとLNGが代表的なものであったが，いずれも製品として天然ガスを輸送する手段であり，天然ガス開発は，天然ガスの需要に左右される。一方，天然ガスをGTL化した場合，その主要な製品は灯軽油となり，このため，天然ガス田開発の推進要因は，これらの製品に対する需要となる。

2) **GTLプロジェクトが成立する要件**　GTLは，そもそも，パイプラインやLNGでは開発できない比較的小さい天然ガス田に対する手段として位置付けられてきた。その理由は，LNGと比較してトレイン当りの必要ガス量が少ないこと，製品は原油ではなく高セタン価などのプレミアム性能を持つ石油製品であり高価格で販売可能である，と考えられたことにある。ところが，現時点で想定されている規模のGTLに必要な天然ガス量は，標準的なLNGプラントと同等かそれ以上で，現実的にはきわめて大規模なガス田や随伴ガス田の開発手段となっており，そのため，天然ガス田へのアクセスをめぐり，LNGと競合するものとなっている。当初の位置付けと異なる理由としては，つぎのようなことが考えられる。

- CAPEX（設備投資費用）が非常に高額で，経済性を確保するには，オンサイトだけでなくオフサイトやユーティリティまでを含めたスケールメリットを追求する必要があること
- 熱効率がせいぜい60％程度であり，製品コストに占める原料ガスコストのインパクトが大きいため，安価な原料ガスである必要があること
- 当面の間，主要製品である灯軽油はそのプレミアム性能を活かすエンジンなどが存在しないため，既存燃料への混合物と想定されており，そのため，販売価格へのGTLとしてのプレミアムが大きくないこと

3) **具体的なプロジェクト**　表5.6に，地域別に，2007年11月現在の第2世代の主要プロジェクトをまとめた。現在，GTLの中心はカタールである。Sasolは，3.4万バレ

表5.6 地域別に見た主要GTLプロジェクト（第2世代GTLプロジェクト）

地域	主要プレイヤー	内容
カタール	Sasol (Sasol Chevron)	Oryx 1プロジェクト：生産量3.4万バレル/日，2007年生産開始。2007年5月　生産トラブルを宣言（生産量は能力の25％程度）。
		Oryx 2プロジェクト：生産量6.6万バレル/日，計画段階。2009年生産開始計画。（ベースオイルプロジェクトあり）。遅延見込み。
	Shell	Pearlプロジェクト：生産量14万バレル/日（Ⅰ，Ⅱ 7万バレル/日ずつ），Ⅰ：2010年，Ⅱ：2011年生産開始計画，建設中。
ナイジェリア	Chevron	生産量3.4万バレル/日，EPC契約締結済み。2010年生産開始予定。建設中。地元住民の暴動などのため遅延。

ル/日のOryx 1 GTLプラントを2007年1月に稼動を開始させている。Shellは，14万バレル/日のPearl GTLプラントを7万バレル/日ずつ2期に分け，それぞれ2010年，2011年に稼動すべく建設作業を行っている。これ以外にも，カタールでいくつかのGTLプロジェクトの計画がある。しかしながら，これらの計画が現実的に検討されるのは，ShellのPearl GTLプラントからの製品が市場に出回った後と考えられる。また，非常に天然ガスコストが安価であると考えられるナイジェリアの随伴ガスを使った3.4万バレル/日のEscravos GTLプロジェクトを，Chevronが進めている。

〔3〕将来予想

GTLの将来需給は，いくつかの信頼できる機関から予想が示されている。IEAは，World Energy Outlook 2006において，GTL需給量として2015年30万バレル/日，2030年230万バレル/日という数字を出している。また，DOE/EIAは，International Energy Outlook 2007において，GTL需給量の基準予測として，2020年90万バレル/日，2030年120万バレル/日，という数字を出している。2030年という近未来のGTLの将来性を予想することは，上流事業としての経済性という観点のみからでも，CAPEXや油価の急上昇が起っている現時点では困難な作業となっている。

5.5.2 メタノールプロジェクト

メタノールの用途は化学原料用途と燃料用とに大きく区分できる。化学原料としてはホルマリン向けが最も多く，ついで酢酸，MMA（メタクリル酸メチル：プラスチック材料）ほかの用途となる。燃料向けでは現状，ガソリン添加用のMTBE（メチルターシャリーブチルエーテル：オクタン価向上剤）向けが多い[1]。

メタノールの世界的な需要は米国での自動車燃料向けMTBEの使用を制限する動きの影響で一時停滞したものの，近年，世界的な好景気を背景に化学原料用途を中心に着実に増加してきている。また，ガソリン添加用MTBEも中東やアジアでは消費が拡大している。

〔1〕生　　　産

製造面では，北米を中心に低 CO_2 発生の発電などの燃料としての天然ガスの需要が増加，価格高騰が常態化してきている。このため北米，欧州などで既存のメタノールプラントが停止に追い込まれる傾向が顕著になってきている。一方，中東，南米などでは豊富な天然ガス資源をもとに大型プラントの増設が相次いで計画されている。表 5.7 に地域別のメタノール生産設備能力を，表 5.8 に代表的なメタノール新規プラントを示す。

表 5.7　地域別メタノール生産設備能力（2007 年，推定）

地　域	生産能力〔万トン/年〕
北　米	100
中南米	1 280
西欧・中欧	390
東欧（CIS 諸国・ロシア）	440
中　東	970
南アジア	50
東アジア（中国）	1 180
東南アジア	250
オセアニア	50

表 5.8　代表的なメタノール新規プラント

プロジェクト	立　地	能力〔千トン/年〕	時　期	
Zagros No.1	イラン	1 700	2007 年	稼　動
Oman Sohar	オマーン	1 000	2007 年	稼　動
Zagros No.2	イラン	1 700	2008 年	建設中
Ar-Razi No.5	サウジアラビア	1 700	2008 年	建設中
Petronas No.2	マレーシア	1 700	2008 年	建設中
Kharg No.2	イラン	1 400	2009 年	建設中
Metor No.2	ベネズエラ	850	2010 年	建設中
BMC	ブルネイ	850	2010 年	建設中
Methanex	エジプト	1 300	2010 年	計画中
Oman Salalah	オマーン	1 000	2011 年	計画中

日本では戦前から戦後までは石炭を原料に，1950 年代から国産天然ガス，ナフサ，LPG などを原料にメタノールの製造が行われた。しかし，1970 年代以降 2 度の石油ショックなどで輸入原料が高騰，競争力を失い，1995 年を最後に国内での工業的なメタノール製造は中止された。現在はサウジアラビア，チリ，インドネシア，イランなどの海外からの輸入に依存している。

中国では豊富な石炭を原料に比較的小規模のプラントでメタノールの製造が行われていると見られ，生産量も 2006 年で 760 万トンに達しているとの観測もある。

北米ではかつて豊富な天然ガスを原料にメタノールの生産が行われていたが，域内の天然ガス価格の高騰のため相次いで停止，閉鎖に追い込まれている。現在ではおもに中南米からの輸入に依存している。欧州でも域内でのメタノール生産は競争力を失い，中東，アフリカなどからの輸入に依存してきている。

〔2〕需　　　要

1）化学品原料　世界的な好景気を背景にホルマリン，酢酸，MMA といった従来か

らの化学品中間原料用途向けのメタノール需要も堅調に推移してきている。また新しい用途として近年の原油，ナフサの高騰を背景にメタノールからのエチレン，プロピレン製造も検討されている。

2）エネルギー用途 クリーンな燃料としてDMEが注目されている。DMEは合成ガスから直接製造する方法と，メタノールを合成した後脱水して製造する方法がある。ディーゼルエンジンの燃料，LPGの代替，発電用途などが検討されている。

メタノールと油脂をエステル交換反応させて製造されるバイオディーゼル燃料もクリーンな代替燃料として期待されている。DMEとともに今後の成長が期待されている。

〔3〕新規商業プロジェクト

現在，中東，東南アジア，中南米，アフリカなどで豊富な天然ガスを使用した新規メタノールプラントの設置，増設が進められている。これらのプラントはいずれも日産2 000トンから7 000トンクラスの大型プラントで，2008年から2010年にかけて相次いで完工する予定となっている。

競争力を失いつつある先進国消費地のプラントはこの時期には停止されるものと考えられる。

5.5.3 DMEプロジェクト

DMEは従来はスプレー噴射剤主体の化学用途に使われており，国内では三菱ガス化学，住友精化，国外でもAkzo Nobel（オランダ），Du pont（米），Conoco（英），Stanchem（カナダ）などいずれもメタノールを原料としたメタノール脱水法が用いられている。年産3万トン弱が最大で，おおむね年産1万トン以下の比較的小型な設備であった。

しかし，最近は燃料用途を目的とした商業プロジェクトが出現している。特にエネルギーの輸入依存度が急速に高まっている中国においては国内に豊富に存在する石炭資源の有効利用が国家エネルギー政策の最優先課題となっていることから，2006年7月に国家発展改革委員会から石油代替戦略としてDMEの位置付けが明確化された[2]。すなわち①発展性のあるDME燃料を将来の燃料の一つとして位置付ける②今後，建設するDME製造プラントの経済規模は年間100万トンとし，それ以下は許可しない③DME燃料を製造する原料は石炭が基本である④DMEの生産と使用を促進するために関連基準を迅速に策定すると要約され，DME燃料を普及させることにより石油輸入の低減につなげるものである。

すでに燃料用DME製造プラントが建設され，LPガス代替燃料として市販され，工業用，家庭用，自動車用としてかなりの規模で使われだした。久泰化工技工（山東省）15万トン，久泰化工技工（広東省）20万トン，濾天化集団（四川省）12万トン（TECプロセス[3]），濾天化集団（内モンゴル）20万トン，上海焦化有限公司5千トン，新奥集団（安徽省）3万

トン，新奥集団（江蘇省）20万トン，神華寧夏煤業集団公司（寧夏回族自治区）21万トン（TECプロセス[3]）など，約100万トンの能力の製造プラントが稼動している[4]。また，建設中は，久泰化工技工（山東省）25万トン，久泰化工技工（江蘇省）30万トン，山西蘭花清潔能源有限責任公司（山西省）14万トン（TECプロセス3））など多数ある。さらに，今後10年で合計年間2 000万トンを超える能力のDME製造プラントの建設が石炭資源も産地である内モンゴルを中心に計画されている。製造プロセスとしてはメタノールを併産するかメタノールを購入するメタノール脱水法が主流である。

また，世界一のメタノール製造・販売会社であるMethanexは新奥集団とDME原料としてのメタノール輸出契約を結ぶとともに，将来のDME生産も視野に入れており，エジプトではメタノールプラントと併設して20万トンのDMEプラントを検討している。

さらにイランの国営石油化学会社は80万トン設備を建設中である。

一方，燃料DMEに普及に向けて，わが国では産官学が協力してDMEの利用・普及基盤整備などに活発な取組みが行われ，世界をリードしていたが実用化には至ってはいない。検討時は石油価格が20ドル/バレルと低水準で推移していたことと，経済性のある海外の大型プラントを建設するための大量の需要を開拓しきれていないためプロジェクトを進めることができなかったことが実用化に至らなかった原因である。最近の石油価格高騰を追い風にしてこの状況を打破するために先駆的なDMEユーザーに対して，立上がり期の需要を満たす目的で，国内において小規模なDME生産を行う普及促進プラントの建設が行われている。

三菱ガス化学，伊藤忠商事，石油資源開発，太陽石油，トタルDMEジャパン，豊田通商，日揮，三菱重工業，三菱化学の9社は，普及促進を目的として燃料DME製造を設立して三菱ガス化学新潟工場にメタノールを原料とした年産8万トン（10万トンまで増強可能）のメタノール脱水法DME生産プラント（図5.26）を建設し，2008年6月に完成した。

図5.26　新潟のメタノール脱水法DME生産プラント

5.5.4　アンモニア・尿素プロジェクト

天然ガスからアンモニア，尿素を製造するプラントは，1960年代以降，数多く建設されてきた。かつては自国の農業振興，食糧増産を目的とした窒素肥料自給のための国家プロジェクトとして，アジアを中心とした発展途上国で多くのプラントが建設されたが，最近は，

表5.9 最近の主要なアンモニア・尿素プロジェクト（出典：Nitrogen＋Syngas No.287 ほか）

地域・国	コントラクター	プロセス	事業主体, オーナー	製品	能力〔Mトン/日〕	完工年（予定）
中国	CECC	Haldor Topsoe	PetroChina	アンモニア	1 500	(2009)
	CWCEC	Snamprogetti/TEC	PetroChina	尿素	2 640	(2009)
インドネシア	TEC	KBR	PT Pupuk Kujang	アンモニア	1 000	2006
	TEC	TEC	PT Pupuk Kujang	尿素	1 725	2006
イラン	TEC	MW Kellogg UK	Ghadeer	アンモニア	2 050	2007
	Chiyoda	Stamicarbon/HFT	Ghadeer	尿素	3 250	2007
	TEC	MW Kellogg UK	Ghadeer	アンモニア	2 050	(2009)
	Chiyoda	Stamicarbon/HFT	Ghadeer	尿素	3 250	(2009)
	PIDEC	Ammonia Casale	Shiraz Petrochemical	アンモニア	2 050	(2010)
	PIDEC	TEC	Shiraz Petrochemical	尿素	3 250	(2010)
	PIDEC	Ammonia Casale	Razi Chemical	アンモニア	2 050	2007
オマーン	MHI	Haldor Topsoe	SIUCI	アンモニア	2 000	(2008)
	MHI	Snamprogetti/HFT	SIUCI	尿素	1 750×2	(2008)
カタール	Snamprogetti/Hyundai	Haldor Topsoe	QAFCO V	アンモニア	2 200×2	(2011)
	Snamprogetti/Hyundai	Snamprogetti/HFT	QAFCO V	尿素	3 800	(2011)
サウジアラビア	Uhde	Uhde	SAFCO IV	アンモニア	3 300	2006
	Uhde	Stamicarbon/HFT	SAFCO IV	尿素	3 500	2006
エジプト	Uhde	Uhde	Helwan Fertilizer	アンモニア	1 200	2007
	Uhde	Stamicarbon	Helwan Fertilizer	尿素	1 925	2007
	Uhde	Uhde	MOPCO	アンモニア	1 200	2007
	Uhde	Stamicarbon	MOPCO	尿素	1 925	2007
	KBR	KBR	EBIC	アンモニア	2 000	(2009)
トリニダード・トバコ	MAN Ferrostaal	KBR	MHTL	アンモニア	1 850	(2009)
	MAN Ferrostaal	TEC	MHTL	尿素	2 100	(2009)
ベネズエラ	MAN Ferrostaal	KBR	PEQUIVEN	アンモニア	1 800	(2010)
	TEC	TEC	PEQUIVEN	尿素	2 200	(2010)

CECC：Chenda Engineering Corporation of China
CWCEC：China Wuhuan Chemical Engineering Corporation
EBIC：Egypt Basic Industries Corporation
KBR：Kellogg Brown & Root
MHI：Mitsubishi Heavy Industries, Ltd
MHTL：Methanol Holdings Trinidad Limited
MOPCO：Misr Oil Processing Company
PIDEC：Petrochemical Industries Design and Engineering Company
QAFCO：Qatar Fartilizer Company
SAFCO：the Saudi Arabian Fertilizer Company
SIUCI：Sohar Internatioal Urea and Chemical Industries
TEC：Toyo Engineering Corporation

安価で豊富な天然ガスを産出する中東湾岸諸国や中南米カリブ海地域における，規模のメリットを追及した超大型プロジェクトが中心になってきている。1970年代以降最近まで，アンモニア1 000トン/日，尿素1 700トン/日 が，標準的な規模であったが，2000年以降，プラントの大型化が進み，かつての2倍，アンモニア1系列2 000トン/日，尿素1系列3 500トン/日 が標準になりつつある。これらの大型プロジェクトの多くは，低コストで製造したアンモニア，尿素を消費国・地域に輸出するというビジネスモデルに基づいている。

表5.9に，最近の主要なアンモニア・尿素プロジェクトを示す。

表5.9にあるとおり，中東を中心に数多くの大型プロジェクトが進行中である。これまで，全世界のアンモニア，尿素の消費量は年率2～3％のペースで伸びていたが，昨今のバイオ燃料（bio-fuel）ブームによる農作物増産のため窒素肥料の需要増，エネルギー価格上昇による産油・産ガス国の潤沢な資金が加わり，かつてない肥料プロジェクトブームも起っている。図5.27に，2006年に稼働したインドネシアPT Pupuk Kujang社の1 725トン/日 尿素プラント写真を示す。このプラントは東洋エンジニアリングの最新プロセス"ACES 21"を採用している。

図5.27　PT Pupuk Kujang社
1 725トン/日 尿素プラント

これら大型プラントが相次いで稼働する2009年から2011年にかけ，供給過剰によるアンモニア，尿素価格の下落が予想される。これにより，消費地立地の非効率あるいは原料高なプラントの閉鎖，中規模プラントの省エネルギー改造や原料転換，原料の安価な地域への中古プラントの移転などの動きが加速するであろう。

〔引用・参考文献〕

1) 平本欣司："メタノール"，化学経済，2007・3臨時増刊号，pp.67～69（2007）
2) 若狭良治："上海ショック!!　上海万博をクリーン燃料DMEバスで大気汚染の改善とエネルギー確保を図る"，石油・天然ガスレビュー，Vol.41，No.3，pp.50～60（2007）
3) 東洋エンジニアリング株式会社ホームページ：http://www.toyo-eng.co.jp/　（2008年8月20日現在）
4) Jean-Alain Taupy：4th Asian DME Conference, 25（2007）

付　　　録

1. 単位の換算

表　重量，容積，熱量，動力の単位の換算

重量の単位	トン（水は 1 m³ で 1 トン，ほかは比重をかける）
容積の単位	1 m³　　= 1 kℓ　　　= 6.29 バレル　= 35.3 ft³（=立方フィート） 1 バレル = 0.159 m³　= 0.159 kℓ　　= 5.61 ft³ 1 ft³　　= 0.0283 m³ = 0.0283 kℓ　 = 0.178 バレル
熱量の単位 （エネルギー量）	1 MJ　= 238.9 kcal　= 948 Btu　　= 0.278 kWh 1 Btu　= 1.055 kJ　　= 0.252 kcal　= 0.292 Wh 1 kcal = 4.186 kJ　　= 3.968 Btu　 = 1.16 Wh
動力の単位 （エネルギー消費量）	1 kW　　= 3.60 MJ/h　　= 860 kcal/h 1 MJ/h　= 0.278 kW　　 = 238.9 kcal/h 1 Mcal/h = 4.186 MJ/h　= 1.16 kW

※　ft³=cf で，石油・天然ガス業界では，立方フィート（cubic feet）を cf と表すことが一般的である。
※　計量法改正により 1999 年 9 月から，SI 単位表示が義務化されている。
　　ただし，本書では広く使われている単位について SI 単位に変換しないで表記しているところがある。
※　バレル：石油の国際的取引単位。bbl と表記される。
※　Btu：英国熱量単位（British thermal unit）。1 Therm=10 万 Btu。

表　単位の接頭語

			略　記	国際単位系の表記
10^3	1 000	thousand		k（キロ）
10^6	100 万	million	M または MM（m または mm）	M（メガ）
10^9	10 億	billion	B（b）	G（ギガ）
10^{12}	1 兆	trillion	T（t）	T（テラ）

※　略記は文献により大文字，小文字いずれの表記もある。本書では大文字で記した。
※　国際単位系（SI）では，表のように「1 000」を「k」（キロ），「100 万」を「M」（メガ）の接頭語で表すが，石油・天然ガス業界では慣例的に（ローマ数字の表記法を基本として）「1 000」を「M」または「m」で表し（例：1 000 立方フィート=1 mcf），さらに 100 万を 1 000×1 000 として「MM」または「mm」の接頭語で表すことが通常行われている（例：100 万立方フィート=1 MMcf，100 万 Btu=1 MMBtu）。
　　近年では国際単位系の普及に伴い，「M」の持つ意味が両方混在しているケースも見られる。石油・天然ガス業界のデータを扱う際には「M」が 1 000 を示すのか，100 万を示すのかについて十分な注意が必要である。

2. 天然ガスを中心としたエネルギー換算表

数量換算	天然ガス・LNG	天然ガス 1 ft³ = 0.0283 m³ 天然ガス 1億 ft³/日 = 10.3億 m³/年 天然ガス 100億 m³ = LNG 750万トン LPG 100万トン = 天然ガス 13.8億 m³
エネルギー換算	原油換算 38.2 MJ/kg (9 126 kcal/ℓ)	[実数] [原油換算] LNG 1万トン = 1.41万 kℓ 天然ガス 1億 m³ = 10.7万 kℓ ナフサ 1万 kℓ = 0.88万 kℓ LPG 1万トン = 1.30万 kℓ 原料炭 1万トン = 0.75万 kℓ 一般炭 1万トン = 0.69万 kℓ 電力 1億 kWh = 2.54万 kℓ

3. 都市ガスの組成例（東京ガス 13 A 供給ガス）

成　分	メタン	エタン	プロパン	ブタン	ペンタン	CO₂	O₂	N₂	合　計
組成〔%〕	89.6	5.62	3.43	1.35	…	…	…	…	100 %

※ 供給圧力（一般家庭の機器入口での圧力）：2.5 KPa（最高）〜 1.0 KPa（最低）
※ 発熱量（標準状態（0℃，1気圧））：45 MJ/m³ₙ

4. 各種エネルギーの発熱量

エネルギー源（燃料）	単　位	平均発熱量〔MJ〕	エネルギー源（燃料）	単　位	平均発熱量〔MJ〕
石　油			天然ガス（国産）	m³ₙ	40.9
原　油	ℓ	38.2	LNG（輸入天然ガス）	kg	54.5
NGL・コンデンセート	ℓ	35.3	都市ガス[1]	m³ₙ	45.0
石油製品			石　炭	kg	
LPG	kg	50.2	原料炭（輸入）	kg	28.9
ガソリン	ℓ	34.6	コークス用原料炭	kg	29.1
ナフサ	ℓ	34.1	吹込用原料炭	kg	28.2
ジェット燃料	ℓ	36.7	一般炭（国内）	kg	22.5
灯　油	ℓ	36.7	一般炭（輸入）	kg	26.6
軽　油	ℓ	38.2	無煙炭（輸入）	kg	27.2
A重油	ℓ	39.1	石炭製品		
C重油	ℓ	41.7	コークス	kg	30.1
潤滑油	ℓ	40.2	コークス炉ガス	m³ₙ	21.1
その他石油製品	kg	42.3	高炉ガス	m³ₙ	3.41
製油所ガス	m³ₙ	44.9	転炉ガス	m³ₙ	8.41
オイルコークス	kg	35.6			
電　力 （平均熱効率 39.98 % として）	kWh	9.00 (2 150 kcal/kWh)			

1) 都市ガスは，熱量調整のため天然ガスに少量の LPG を混合している。
※ 表の数値は標準値として示されている。産地，年により変化することがある。
〔出典〕経済産業省：総合エネルギー統計　平成 16 年度版

5. 世界のエネルギー資源埋蔵量

		石油		天然ガス		石炭	
		1996年	2006年	1996年	2006年	1993年	2006年
確認可採埋蔵量 (R)		1 049.0 〔十億バレル〕	1 208.2 〔十億バレル〕	147.89 〔兆m³〕	181.46 〔兆m³〕	10 316.0 〔億トン〕	9 090.64 〔億トン〕
地域別賦存状況	北米	8.5%	5.0%	5.7%	4.4%	24.2%	28.0%
	中南米	8.7%	8.6%	4.1%	3.8%	1.1%	2.2%
	西欧・ユーラシア	7.9%	12.0%	43.0%	35.3%	37.9%	31.6%
	中東	64.1%	61.5%	33.3%	40.5%	0%	<0.05%
	アフリカ	7.1%	9.7%	6.9%	7.8%	6.0%	5.6%
	アジア・太平洋	3.7%	3.4%	7.0%	8.2%	30.9%	32.7%
年生産量 (P)		25.52 〔十億バレル/年〕	29.81 〔十億バレル/年〕	222.79 〔百億m³〕	286.53 〔百億m³〕	44.7 〔億トン〕	61.951 〔億トン〕
可採年数 (R/P)		41.1年	40.5年	66.4年	63.3年	231年	146.7年

〔出典〕 BP Statistical Review of World Energy 2007
アミかけ部分のみ世界エネルギー会議（1995年10月開催）より

6. 主要国の1次エネルギー需要

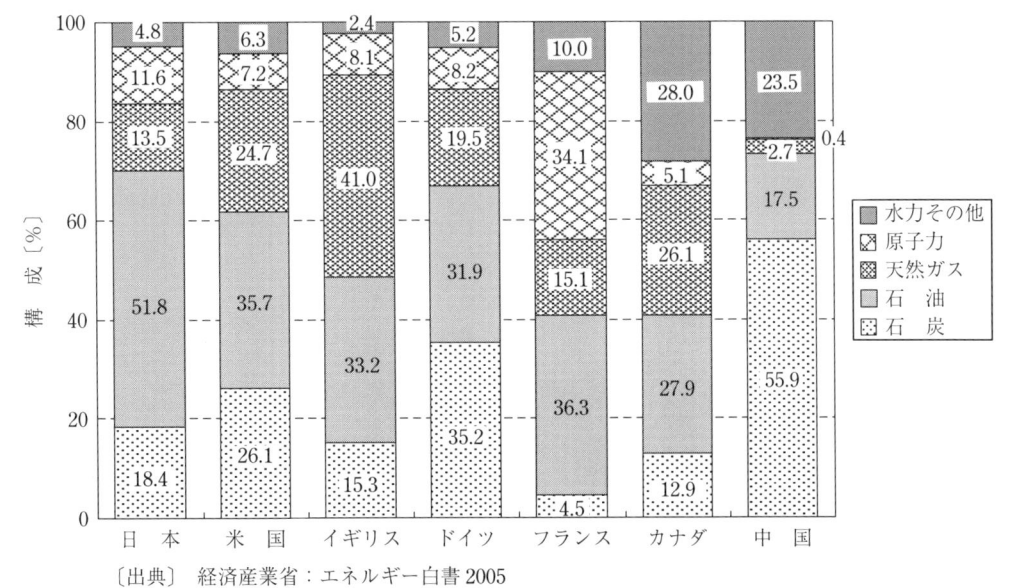

国	石炭	石油	天然ガス	原子力	水力その他
日本	18.4	51.8	13.5	11.6	4.8
米国	26.1	35.7	24.7	7.2	6.3
イギリス	15.3	33.2	41.0	8.1	2.4
ドイツ	35.2	31.9	19.5	8.2	5.2
フランス	4.5	36.3	15.1	34.1	10.0
カナダ	12.9	27.9	26.1	5.1	28.0
中国	55.9	17.5	2.7	0.4	23.5

〔出典〕 経済産業省：エネルギー白書 2005
IEA：Energy Balances of OECD countries 2001-2002, 2004 Edition

7. 世界の1次エネルギー供給

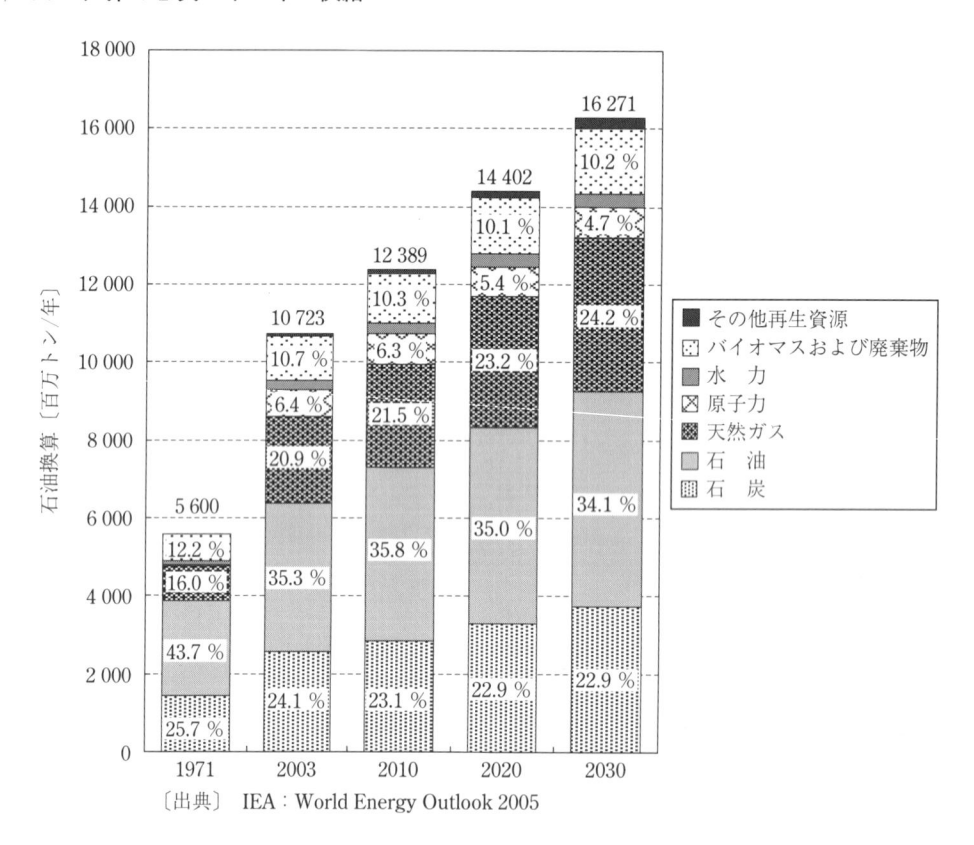

〔出典〕 IEA：World Energy Outlook 2005

凡例：
- その他再生資源
- バイオマスおよび廃棄物
- 水　力
- 原子力
- 天然ガス
- 石　油
- 石　炭

1971年（5 600）：石炭 25.7%、石油 43.7%、天然ガス 16.0%、原子力・水力等 12.2%
2003年（10 723）：石炭 24.1%、石油 35.3%、天然ガス 20.9%、原子力 6.4%、水力 10.7%
2010年（12 389）：石炭 23.1%、石油 35.8%、天然ガス 21.5%、原子力 6.3%、水力 10.3%
2020年（14 402）：石炭 22.9%、石油 35.0%、天然ガス 23.2%、原子力 5.4%、水力 10.1%
2030年（16 271）：石炭 22.9%、石油 34.1%、天然ガス 24.2%、原子力 4.7%、水力 10.2%

8. 世界の天然ガス生産量

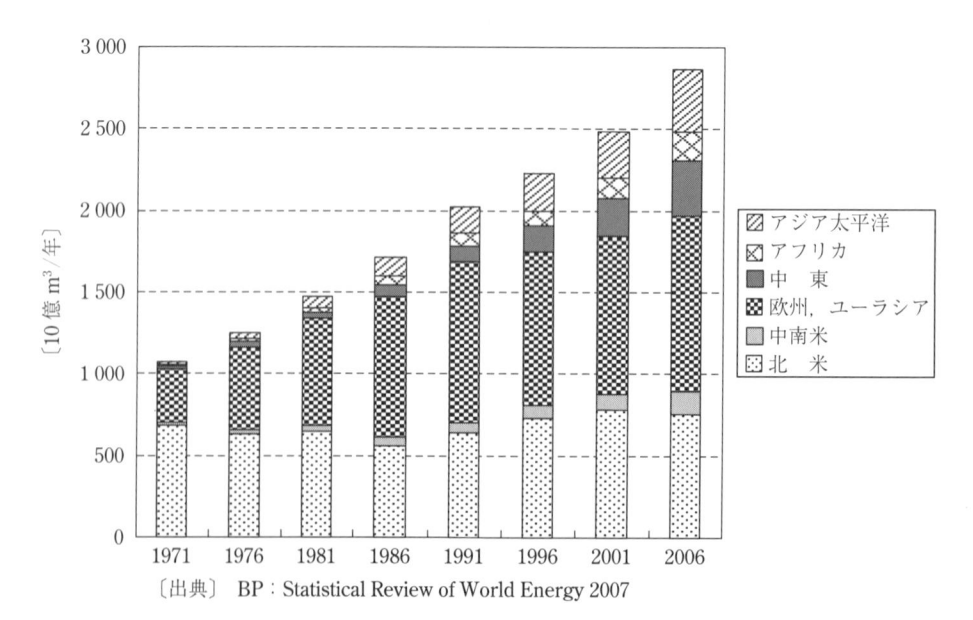

〔出典〕 BP：Statistical Review of World Energy 2007

凡例：
- アジア太平洋
- アフリカ
- 中　東
- 欧州，ユーラシア
- 中南米
- 北　米

9. 世界の天然ガス消費量

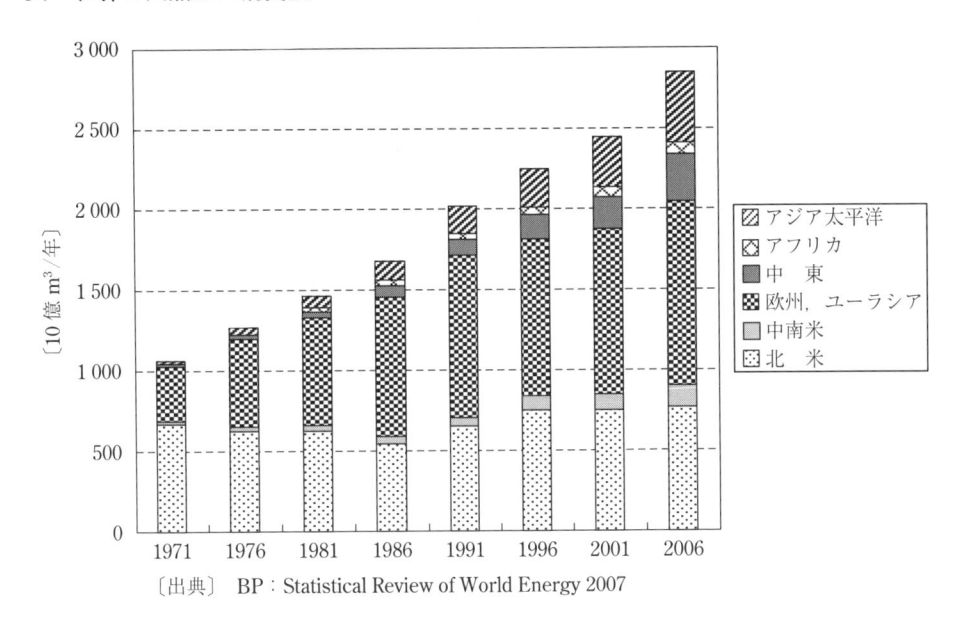

[10億 m³/年]

〔出典〕 BP：Statistical Review of World Energy 2007

凡例：アジア太平洋／アフリカ／中東／欧州, ユーラシア／中南米／北米

10. 世界の天然ガス輸出入（LNG）

〔10億 m³〕

From To	米国	トリニダード・トバゴ	オマーン	カタール	UAE	アルジェリア	エジプト	リビア	ナイジェリア	豪州	ブルネイ	インドネシア	マレーシア	合計
北米														
米　国		10.85				0.49	3.60		1.62					16.56
中南米														
ドミニカ		0.25												0.25
プエルトリコ		0.72												0.72
メキシコ		0.16		0.08			0.16		0.54					0.94
欧　州														
ベルギー		0.16		0.36		3.35	0.25		0.16					4.28
フランス						7.35	2.30		4.23					13.88
ギリシャ						0.45	0.04							0.49
イタリア						3.00	0.10							3.10
ポルトガル									1.97					1.97
スペイン		3.00	1.00	5.00		2.80	4.80	0.72	7.10					24.42
トルコ						4.60			1.12					5.72
英　国		0.60				2.00	0.96							3.56
アジア太平洋														
中　国										1.00				1.00
インド			0.24	6.80	0.08	0.08	0.55		0.08	0.08			0.08	7.99
韓　国		0.07	7.10	8.98		0.32	1.25		0.16	0.87	1.16	6.72	7.51	34.14
台　湾			0.16				0.16		0.38	0.40		4.25	4.85	10.20
日　本	1.72	0.44	3.04	9.87	7.00	0.24	0.80		0.22	15.68	8.65	18.60	15.60	81.86
合　計	1.72	16.25	11.54	31.09	7.08	24.68	14.97	0.72	17.58	18.03	9.81	29.57	28.04	211.08

〔出典〕 BP：Statistical Review of World Energy 2007

11. 世界の天然ガス輸出入 (パイプライン)

[10億m³]

From \ To	米国	カナダ	メキシコ	アルゼンチン	ボリビア	ベルギー	デンマーク	ドイツ	オランダ	ノルウェー	英国	ロシア	トルクメニスタン	ウズベキスタン	その他ユーラシア	イラン	オマーン	アルジェリア	エジプト	リビア	インドネシア	マレーシア	ミャンマー	合計
北米																								
米国	—	99.75	0.08	—	—	—	—	—	—	—	—	—	—	—	—	—	—	—	—	—	—	—	—	99.83
カナダ	9.37	—	—	—	—	—	—	—	—	—	—	—	—	—	—	—	—	—	—	—	—	—	—	9.37
メキシコ	9.85	—	—	—	—	—	—	—	—	—	—	—	—	—	—	—	—	—	—	—	—	—	—	9.85
中南米																								
アルゼンチン	—	—	—	—	1.80	—	—	—	—	—	—	—	—	—	—	—	—	—	—	—	—	—	—	1.80
ブラジル	—	—	—	0.46	9.00	—	—	—	—	—	—	—	—	—	—	—	—	—	—	—	—	—	—	9.46
チリ	—	—	—	5.56	—	—	—	—	—	—	—	—	—	—	—	—	—	—	—	—	—	—	—	5.56
ウルグアイ	—	—	—	0.12	—	—	—	—	—	—	—	—	—	—	—	—	—	—	—	—	—	—	—	0.12
欧州																								
ドイツ	—	—	—	—	—	—	1.92	—	21.30	26.80	3.08	36.54	—	—	—	—	—	—	—	—	—	—	—	90.84
イタリア	—	—	—	—	—	—	—	2.50	8.70	7.20	0.80	22.92	—	—	1.20	—	—	24.46	—	7.69	—	—	—	74.27
フランス	—	—	—	—	—	1.90	—	0.10	9.50	14.50	0.20	9.50	—	—	—	—	—	—	—	—	—	—	—	35.70
英国	—	—	—	—	—	1.80	1.00	—	0.60	14.10	—	—	—	—	—	—	—	—	—	—	—	—	—	17.50
トルコ	—	—	—	—	—	—	—	—	—	—	—	19.65	—	—	—	5.69	—	—	—	—	—	—	—	25.34
ベルギー	—	—	—	—	—	—	1.00	7.60	8.50	—	0.63	—	—	—	—	—	—	—	—	—	—	—	18.37
オランダ	—	—	—	—	—	2.24	4.50	—	—	7.00	1.82	2.97	—	—	—	—	—	—	—	—	—	—	—	18.53
その他	—	—	—	—	—	0.80	0.93	5.63	5.90	5.90	3.40	59.25	0.21	—	6.32	0.00	—	11.16	0.00	0.00	—	—	—	94.50
中東																								
イラン	—	—	—	—	—	—	—	—	—	—	—	—	5.80	—	—	—	—	—	—	—	—	—	—	5.80
ヨルダン	—	—	—	—	—	—	—	—	—	—	—	—	—	—	—	—	—	—	1.93	—	—	—	—	1.93
UAE	—	—	—	—	—	—	—	—	—	—	—	—	—	—	—	—	1.40	—	—	—	—	—	—	1.40
アフリカ																								
チュニジア	—	—	—	—	—	—	—	—	—	—	—	—	—	—	—	—	—	1.30	—	—	—	—	—	1.30
アジア太平洋																								
シンガポール	—	—	—	—	—	—	—	—	—	—	—	—	—	—	—	—	—	—	—	—	4.83	1.78	—	6.61
タイ	—	—	—	—	—	—	—	—	—	—	—	—	—	—	—	—	—	—	—	—	—	—	8.98	8.98
合計	19.22	99.75	0.08	6.14	10.80	4.50	5.09	14.73	48.60	84.00	9.94	151.46	6.01	7.52	5.69	1.40	36.92	1.93	7.69	4.83	1.78	8.98	537.06

[出典] BP: Statistical Review of World Energy 2007

索　　引

【あ】
揚　荷　　　　　　　　　103
圧縮天然ガス　　　　　　121
アルミ合金　　　　　　　 92
安全対策　　　　　　　　167
アンモニア　　　　　 200,220
アンモニア・尿素合成技術　200
アンローディングアーム　　108

【い】
インバー鋼材　　　　　　 93

【う】
ウェットガス　　　　　　 27
ウォームアップ　　　　　104
受入設備　　　　　　　　108
受入配管　　　　　　　　108
運航経費　　　　　　　　101

【え】
エアパージ　　　　　　　102
エアレーション　　　　　104
エナシー方式　　　　　　124

【お】
オープンラック式
　ベーパライザー　　　　110
オレフィン・プロピレン
　合成技術　　　　　　　198
音波検層　　　　　　　　 37

【か】
海底擬似反射面　　　　　 51
確認埋蔵量　　　　　　　 29
確率論的手法　　　　　　 30
ガスエンジン　　　　　　143
ガス温水式床暖房　　　　160
ガスキャリア規格　　　　 96
ガス空調　　　　　　　　149
カスケードプロセス　　　 86
ガスタービン　　　　　　144
ガス導管　　　　　　　　131
ガストランスポート方式
　メンブレン　　　　　　 93
ガスパージ　　　　　　　104

ガスヒートポンプ　　　　151
ガスファンヒーター　　　160
ガス漏れ警報器　　　　　168
ガッシングアップ　　　　103
家庭用ガス機器　　　　　159
家庭用コージェネレーション
　　　　　　　　　　　　162
家庭用燃料電池システム　164
乾性ガス　　　　　　　　 27
間接合成法　　　　　　　194
間接船費　　　　　　　　100
貫流ボイラー　　　　　　140

【き】
気化設備　　　　　　　　109
究極可採資源量　　　　　 29
究極可採量　　　　　　　 29
吸収式冷凍機　　　　　　149
急速充てん設備　　　　　172
業務用ガス厨房機器　　　147
金属2重殻式地上タンク　111

【く】
掘削同時計測　　　　　　 38
掘削同時検層　　　　　　 38
掘削リグ　　　　　　　　 38
クヌッセン方式　　　　　123
クールダウン　　　　　　103

【け】
ケーシングパイプ　　　　 39
検　層　　　　　　　　　 36
減退曲線法　　　　　　　 61

【こ】
航　海　　　　　　　　　103
孔隙率　　　　　　　　　 37
高効率ガス給湯器　　　　161
合成ガス　　　　　　　　179
構造性ガス　　　　　　　 28
国際海事機構　　　　　　 91
コージェネレーションシステム
　　　　　　　　　　　　141
弧状削進工法　　　　　　118
コセル方式　　　　　　　122
固体酸化物形燃料電池　　166

コールベッドメタン　　　 46
コンデンセート　　　　27,84
コンバインドサイクル発電方式
　　　　　　　　　　　　133
コンベンショナル発電方式　132

【さ】
差圧制御　　　　　　　　 97
材料・接合技術　　　　　117
サブマージド式ベーパライザー
　　　　　　　　　　　　110
サーマルNOx　　　　　　 6
酸化カップリング技術　　179

【し】
シェールガス　　　　　　 46
資源量　　　　　　　　　 28
自己熱改質法　　　　　　182
地震対策　　　　　　　　168
湿性ガス　　　　　　　　 27
蒸気ボイラー　　　　　　139
条件付資源量　　　　　　 28
自立角型方式　　　　　　 95
シールド工法　　　　　　118
浸透率　　　　　　　　　 42

【す】
水蒸気改質法　　　　　　181
推進工法　　　　　　　　118
水素合成技術　　　　　　202
水素ステーション　　　　175
推定埋蔵量　　　　　　　 29
随伴ガス　　　　　　　　 27
水溶性ガス　　　　　　　 27
スーパーごみ発電　　　　145
スポット取引　　　　　　 55

【せ】
生物起源ガス　　　　　　 26

【そ】
増進回収法　　　　　　　 67
想定資源量　　　　　　　 28

【た】

第2世代のGTLプロジェクト	216
タイトサンドガス	44

【ち】

地域冷暖房	156
着船渡契約	99
直接合成法	196
直接船費	100
貯蔵設備	109

【つ】

積付制限	97
積荷	103

【て】

泥水	39
テクニガス方式メンブレン	93
電気検層	36
電源別設備容量	126
天然ガス液化プラント	84
天然ガス自動車	169
天然ガススタンド	169
天然ガスハイドレート	121
天然ガスパイプライン	113

【と】

特定電気事業	157
独立球形方式	92
都市ガス	128
都市ガス事業	128
ドライガス	27

【に】

尿素	220

【ね】

熱効率	132
熱分解起源ガス	26
燃料電池	154
燃料電池自動車	173

【は】

バーナー	136
反射法地震探査	34
反応器	192

【ひ】

非開削工法	118
非在来型天然ガス	44
非随伴ガス	28
ヒストリーマッチング	62
非生物起源ガス	26
微生物起源ガス	26
ビット	39
ヒューズコック	168
ヒール量	101

【ふ】

複合改質法	183
敷設技術	118
物質収支法	61
物理検層	36
部分酸化法	183
部分2次防壁	97
フューエルNOx	6
ブライトスポット	35
フラットスポット	35

【へ】

ペイアウトタイム	65
ヘンリーハブ価格	14

【ほ】

ボイルオフガス	85
本船積込渡契約	99

【ま】

マイコンメーター	167
埋蔵量	28

【む】

無機起源ガス	26

【め】

メタノール合成反応	190
メタノール合成ループ	191
メタンハイドレート	49
メンブレン方式	92

【も】

モス方式	92

【ゆ】

有機起源ガス	26
遊離型ガス	28
輸送パイプライン延長	15

【よ】

容積法	29
予想埋蔵量	29

【ら】

ライフサイクルCO_2排出量	7
ラジアントチューブバーナー	137

【り】

リジェネレイティブバーナー	138
リッチLNG	90
リーンLNG	90

【ろ】

ログ	36

【わ】

割引現金収支法	63

【数字】

2次防壁	95
2 step reforming法	180

【A】

ACC発電	136
AP-Xプロセス	88
Archie	37
ATR法	182
autothermal reforming法	180
AVO解析	35

【B】

BOG	85
BOG価格比	102
BOG処理設備	111
BSR	51

【C】

C1化学	179, 204
C3-MRプロセス	87
CBM	46
CIF価格	14
CNG	121
CNG自動車	171
CNG船	122
combined reforming法	180
compressed natural gas	121

CS1方式	95	IOR	67	【O】		
CS1方式メンブレン	95	IRR	63, 65	OCM技術	179	
【D】		【L】		open rack vaporizer	110	
DCF法	63	LHV基準	3	ORV	110	
DES契約	99	LNG受入基地	106	【P】		
DME	210	海外の――	106	partial oxidation法	180	
DME改質システム	214	――の安全対策	111	PC外槽式地上タンク	112	
DME合成技術	193	――の基本フロー	108	permeability	42	
DME自動車	214	――の主要設備	108	possible reserves	29	
DME船	125	LNG火力発電所	132	POX法	183	
DMEディーゼルエンジン	214	LNG気化器	110	probable reserves	29	
DME発電所	213	LNG基地	130	proved reserves	29	
DME利用	212	LNG船	91	【S】		
DMRプロセス	88	LNG地下タンク	112	SMV	110	
【E】		LNG地上タンク	111	SOFC	166	
EGR	67	LNG貯蔵タンク	111	SPB方式	95	
EMV	65	LNGの取引	99	SR法	181	
【F】		LNGプラント	84	steam reforming法	180	
Fischer Tropsch合成技術	179	LNG輸入量	16, 126	submerged combustion vaporizer	110	
FOB契約	99	LPG	23	【T】		
FO価格	102	LWD	38	T/C	100	
FT合成技術	179	【M】		transportation cost	100	
FT合成反応	188	MACC発電	136	【U】		
【G】		MDEA	88	ultimate recoverable resources	29	
GHP	151	MTPプロセス	199	ultimate recovery	29	
GTL	187	MWD	38	【W】		
GTLプロジェクト	214	【N】		WTI	18	
【I】		natural gas hydrate	121			
IGCコード	96	NGH	121			
IMO	91	NGH船	122			
international gas carrier code	96	NGV	171			
		NPV	63, 64			
		NYMEX	14			

天然ガスのすべて ― その資源開発から利用技術まで ―
State of the Art of Natural Gas Energy

Ⓒ 社団法人 日本エネルギー学会　2008

2008 年 10 月 3 日　初版第 1 刷発行
2009 年 5 月 15 日　初版第 2 刷発行

検印省略	編　者	社団法人　日本エネルギー学会 天　然　ガ　ス　部　会 東京都千代田区外神田6-5-4 偕楽ビル（外神田）6F
	発行者	株式会社　コ　ロ　ナ　社 代表者　牛来辰巳
	印刷所	新日本印刷株式会社

112-0011　東京都文京区千石 4-46-10
発行所　株式会社　コ　ロ　ナ　社
CORONA PUBLISHING CO., LTD.
Tokyo Japan
振替 00140-8-14844・電話(03)3941-3131(代)
ホームページ http://www.coronasha.co.jp

ISBN 978-4-339-06612-8　（柏原）　（製本：愛千製本所）
Printed in Japan

無断複写・転載を禁ずる
落丁・乱丁本はお取替えいたします